DEUTSCHES NATIONALKOMITEE
für das
UNESCO-PROGRAMM
„DER MENSCH UND DIE BIOSPHÄRE"
(MAB)

Der deutsche Beitrag zum UNESCO-Programm „Der Mensch und die Biosphäre" (MAB)

im Zeitraum Juli 1992 bis Juni 1994
mit einer englischen Zusammenfassung

von Karl-Heinz Erdmann und Jürgen Nauber

IMPRESSUM

Herausgeber:

Deutsches Nationalkomitee für das UNESCO-Programm
„Der Mensch und die Biosphäre" (MAB)
Bundesministerium für Umwelt, Naturschutz und
Reaktorsicherheit (BMU)
Postfach 120 629, D-53048 Bonn
Tel.: (02 28) 305 2660
Fax: (02 28) 305 2695

Verfasser:

Karl-Heinz Erdmann und Jürgen Nauber
MAB-Geschäftsstelle
Bundesamt für Naturschutz (BfN)
Konstantinstraße 110, D-53179 Bonn
Tel.: (02 28) 9543 405 / 400
Fax: (02 28) 9543 480

Gesamtherstellung:

Rheinischer Landwirtschafts-Verlag G.m.b.H., Abt. Druckerei, Bonn

Gedruckt auf mattgestrichenem Recyclingpapier (Innenteil) und
chlorfrei gebleichtem Umschlagkarton.

Das Werk einschließlich aller seiner Teile ist urheberrechtlich geschützt. Jede Verwertung außerhalb der engen Grenzen des Urheberrechtsgesetzes ist ohne Zustimmung der Verfasser unzulässig und strafbar. Das gilt insbesondere für Vervielfältigungen, Übersetzungen, Mikroverfilmungen und die Einspeicherung und Verarbeitung in elektronischen Systemen.

Die Deutsche Bibliothek – CIP-Einheitsaufnahme

Erdmann, Karl-Heinz:
Der deutsche Beitrag zum UNESCO-Programm „Der Mensch und die Biosphäre" (MAB) im Zeitraum Juli 1992 bis Juni 1994 : mit einer englischen Zusammenfassung / von Karl-Heinz Erdmann und Jürgen Nauber. Deutsches Nationalkomitee für das UNESCO-Programm „Der Mensch und die Biosphäre" (MAB). [Hrsg.: Deutsches Nationalkomitee für das UNESCO-Programm „Der Mensch und die Biosphäre" (MAB) ; Bundesministerium für Umwelt, Naturschutz und Reaktorsicherheit (BMU)]. – Bonn : Dt. Nationalkomitee für das UNESCO-Programm „Der Mensch und die Biosphäre" (MAB) ; Bonn : BMU, 1995
ISBN 3-927907-44-8

Inhaltsverzeichnis

1.	**EINLEITUNG**	**9**
2.	**DAS MAB-PROGRAMM. GESCHICHTE, AUFGABEN UND ZIELE**	**11**
2.1	Umweltforschung. Eine zentrale Aufgabe der UNESCO	11
2.2	Struktur, Aufgaben, Ziele des MAB-Programms	13
2.2.1	Die Organisation von MAB	14
2.2.2	Schwerpunkte der MAB-Arbeit	17
2.2.3	Internationale MAB-Pilotprojekte	18
2.2.4	Vergleichende MAB-Studien	19
2.2.5	MAB-Ausbildungsaktivitäten	19
2.3	**Das MAB-Programm in Deutschland**	20
2.3.1	Das MAB-Nationalkomitee	20
2.3.2	Die MAB-Geschäftsstelle	22
3.	**DER BEITRAG DER BUNDESREPUBLIK DEUTSCHLAND ZUM MAB-PROGRAMM IM ZEITRAUM 1992–1994 – NATIONALE PROJEKTE**	**24**
3.1	„Ballungsraumnahe Waldökosysteme" in Berlin	24
3.2	„Forschungszentrum Waldökosysteme" in Göttingen	27
3.3	„Ökosystemforschung im Bereich der Bornhöveder Seenkette"	31
3.4	„Ökosystemforschungsprogramm Wattenmeer am Beispiel der Nationalparke bzw. Biosphärenreservate Niedersächsisches und Schleswig-Holsteinisches Wattenmeer"	38
3.5	„Forschungsverbund Agrarökosysteme München", Klostergut Scheyern / Bayern	52
3.6	„Umweltbewußtsein, Umwelthandeln, Werte, Wertewandel. Zur Erforschung der Bedingungen und Formen anwendungsorientierten ökologischen Lernens." Begleituntersuchung der Etablierung des Biosphärenreservates Schorfheide-Chorin	73

4.	**DER BEITRAG DER BUNDESREPUBLIK DEUTSCHLAND ZUM MAB-PROGRAMM IM ZEITRAUM 1992–1994 – INTERNATIONALE PROJEKTE**	**97**
4.1	Management tropischer Wälder; Überregionales Projekt mit Schwerpunkten in Afrika (Madagaskar), Asien (Papua Neuguinea und Malaysia) und Lateinamerika (Bolivien, Brasilien, Mexiko und Peru)	97
4.2	„Arid Ecosystem Research Centre" in Beer Sheba / Israel	108
4.3	„Cooperative Integrated Project on Savanna Ecosystems in Ghana"	109
4.4	„Strengthening of Scientific Capacities in the Field of Agro-silvo-pastoral Management in the Sahel"	112
4.5	„Cooperative Ecological Research Project" in China	114
4.6	„Culture Area Karakorum" in Pakistan	120
5.	**DER BEITRAG DER BUNDESREPUBLIK DEUTSCHLAND ZUM MAB-PROGRAMM IM ZEITRAUM 1992–1994 – BIOSPHÄRENRESERVATE**	**128**
5.1	**Aufgaben der Biosphärenreservate**	129
5.1.1	Entwicklung nachhaltiger Landnutzungen	131
5.1.2	Schutz des Naturhaushalts und der genetischen Ressourcen	132
5.1.3	Forschung / Ökologische Umweltbeobachtung	133
5.1.4	Umwelterziehung und Öffentlichkeitsarbeit	135
5.2	**Zonierung von Biosphärenreservaten**	136
5.3	**Biosphärenreservate in Deutschland**	138
5.3.1	Biosphärenreservat Bayerischer Wald	142
5.3.2	Biosphärenreservat Berchtesgaden	149
5.3.3	Biosphärenreservat Hamburgisches Wattenmeer	152
5.3.4	Biosphärenreservat Mittlere Elbe	153
5.3.5	Biosphärenreservat Niedersächsisches Wattenmeer	164
5.3.6	Biosphärenreservat Pfälzerwald	173
5.3.7	Biosphärenreservat Rhön	177
5.3.8	Biosphärenreservat Schleswig-Holsteinisches Wattenmeer	191
5.3.9	Biosphärenreservat Schorfheide-Chorin	198
5.3.10	Biosphärenreservat Spreewald	210
5.3.11	Biosphärenreservat Südost-Rügen	217
5.3.12	Biosphärenreservat Vessertal-Thüringer Wald	223

5.4	Der Beitrag der Biosphärenreservate zur Ökologischen Umweltbeobachtung in Deutschland	227
5.5	Die MAB-Ausstellung „Biosphärenreservate in Deutschland"	230
6.	INTERNATIONALE ZUSAMMENARBEIT IM RAHMEN DES MAB-PROGRAMMS	232
6.1	EUROMAB	232
6.2	Biosphere Reserve Integrated Monitoring (BRIM)	233
7.	PERSPEKTIVEN DER KÜNFTIGEN ARBEIT DES DEUTSCHEN MAB-NATIONALKOMITEES	234
8.	ANHANG	235
8.1	Verzeichnis der Abkürzungen	235
8.2	Mitglieder des Deutschen MAB-Nationalkomitees	237
8.3	Sitzungen des Deutschen Nationalkomitees für das UNESCO-Programm „Der Mensch und die Biosphäre" (MAB) im Berichtszeitraum	243
8.4	Sitzungen der Ständigen Arbeitsgruppe der Biosphärenreservate in Deutschland (AGBR) im Berichtszeitraum	243
8.5	Publikationen des Deutschen Nationalkomitees für das UNESCO-Programm „Der Mensch und die Biosphäre" (MAB)	244
8.5.1	MAB-Mitteilungen. Schriftenreihe des Deutschen Nationalkomitees für das UNESCO-Programm „Der Mensch und die Biosphäre" (MAB)	244
8.5.2	Sonderausgaben des Deutschen Nationalkomitees für das UNESCO-Programm „Der Mensch und die Biosphäre" (MAB)	248
8.6	Aktivitäten der Geschäftsstelle des Deutschen Nationalkomitees für das UNESCO-Programm „Der Mensch und die Biosphäre" (MAB) im Berichtszeitraum	249
8.6.1	Im Berichtszeitraum führte die Geschäftsstelle des Deutschen MAB-Nationalkomitees folgende Veranstaltungen / Treffen durch	249

8.6.2	Die Geschäftsstelle vertrat das Deutsche MAB-Nationalkomitee an folgenden Veranstaltungen	252
8.7	**Liste der von der UNESCO weltweit anerkannten Biosphärenreservate**	257

9.	**SUMMARY OF THE REPORT OF THE GERMAN CONTRIBUTION TO THE UNESCO-PROGRAMME „MAN AND THE BIOSPHERE" (MAB) FOR JULY 1992 TILL JUNE 1994**	269
9.1	The German National Committee	269
9.2	German Contribution to the MAB-Programme – National Projects	270
9.2.1	Forest Ecosystems Close to Urban Agglomerations in Berlin	270
9.2.2	Stability Conditions in Forest Ecosystems, Göttingen	270
9.2.3	Ecosystem Research at the Bornhöveder Seenkette	270
9.2.4	Ecosystem Research in the Waddensea in the Länder Niedersachsen and Schleswig-Holstein	270
9.2.5	Research Network Agricultural Ecosystems Munich, Abbey Scheyern / Bavaria	271
9.2.6	Environmental Consciousness and Action, Values and Change of Values. Investigation on the conditions and forms of practice-oriented ecological learning, accompanying the establishment of the biosphere reserve Schorfheide-Chorin	272
9.3	German Contribution to the MAB-Programme – International Projects	273
9.3.1	Management of Tropical Forests; Interregional Project with main Activities in Africa (Madagascar), Asia (Papua New Guinea and Malaysia) and Latin America (Bolivia, Brazil, Mexico and Peru)	273
9.3.2	Project „Arid Ecosystem Research Centre" in Beer Sheba / Israel	281
9.3.3	„Cooperative Integrated Project on Savanna Ecosystems in Ghana"	282
9.3.4	„Strengthening of Scientific Capacities in the Field of Agro-silvo-pastoral Management in the Sahel"	282
9.3.5	„Cooperative Ecological Research Project" in China	283
9.3.6	Culture Area Karakorum in Pakistan	283

9.4	**German Contribution to the MAB-Programme – Biosphere Reserves**	**284**
9.4.1	Purpose of Biosphere Reserves	284
9.4.1.1	Development and Land Use	285
9.4.1.2	Protection of Ecosystems, Biodiversity and Genetic Ressources	285
9.4.1.3	Environmental Research and Monitoring	285
9.4.1.4	Training and Environmental Education	286
9.4.2	Zoning of Biosphere Reserves	287
9.4.2.1	Core Area	287
9.4.2.2	Buffer Zone	287
9.4.2.3	Transition Zone	287
9.4.3	Biosphere Reserves in Germany	288
9.4.3.1	Biosphere Reserve Bavarian Forest	289
9.4.3.2	Biosphere Reserve Berchtesgaden	289
9.4.3.3	Biosphere Reserve Wadden Sea of Hamburg	289
9.4.3.4	Biosphere Reserve Middle Elbe	289
9.4.3.5	Biosphere Reserve Wadden Sea of Lower Saxony	290
9.4.3.6	Biosphere Reserve Palatinate Forest	290
9.4.3.7	Biosphere Reserve Rhön	290
9.4.3.8	Biosphere Reserve Wadden Sea of Schleswig-Holstein	291
9.4.3.9	Biosphere Reserve Schorfheide-Chorin	291
9.4.3.10	Biosphere Reserve Spree Forest	291
9.4.3.11	Biosphere Reserve South-East Rügen	292
9.4.3.12	Biosphere Reserve Vesser Valley-Thuringian Forest	292
9.5	**International Cooperation within the MAB-Programme**	**292**
9.6	**Perspectives of the future work of the German National Committee for MAB**	**294**

1. Einleitung

Das MAB-Nationalkomitee legt mit dem vorliegenden Bericht die Ziele des MAB-Programms der UNESCO und eine Beschreibung seiner Aktivitäten in den letzten zwei Jahren der Öffentlichkeit vor. Der Bericht enthält neben einer Darstellung der Aufgaben und Ziele des MAB-Programms eine Beschreibung der nationalen und internationalen Beiträge der Bundesrepublik Deutschland zum MAB-Programm, einen Überblick über die internationale Zusammenarbeit im Rahmen von MAB sowie eine Übersicht über Perspektiven der künftigen Arbeit des Deutschen MAB-Nationalkomitees. Im Anhang finden sich tabellarische Aufstellungen zu den Aktivitäten der MAB-Geschäftsstelle, Veröffentlichungen des MAB-Nationalkomitees sowie eine Liste der von der UNESCO anerkannten Biosphärenreservate.

Den Projektkoordinatoren und den Leitern der Biosphärenreservate sei an dieser Stelle für das Zusammenstellen der Projektergebnisse bzw. Entwicklungen in den Biosphärenreservaten ganz herzlich gedankt. Folgende Personen haben mit der Abfassung von Beiträgen zu der Erstellung des vorliegenden Berichtes beigetragen: K.-F. Abe (Kaltensundheim; Kap. 5.3.7), Dr. M. Clüsner-Godt (Paris; Kap. 4.1), Prof. Dr. D. Dörner (Bamberg; Kap.3.6), Dr. H. Farke (Wilhelmshaven; Kap. 5.2.5), Prof. Dr. O. Fränzle (Kiel; Kap. 3.3), Frau Dr. Ch. Gätje (Tönning; Kap. 3.4), M. Geier (Oberelsbach; Kap. 5.3.7), Dr. E. Henne (Eberswalde; Kap. 5.3.9), Dr. P. Hentschel (Dessau; Kap. 5.3.4), M. Kainz (Scheyern; Kap. 3.5), Dr. D. Klärner (Göttingen; Kap. 3.2), Frau Ch. Kleimeier (Middelhagen; Kap. 5.3.11), Dr. K. Koszmagk-Stephan (Tönning; Kap. 5.3.8), Frau Prof. Dr. L. Kruse-Graumann (Hagen, Heidelberg; Kap. 3.6), Dr. H. Lange (Breitenbach; Kap. 5.3.12), Prof. Dr. E.D. Lantermann (Kassel; Kap. 3.6), Dr. W. d'Oleire-Oltmanns (Berchtesgaden; Kap. 5.3.2), Frau P. Potel (Wilhelmshaven; Kap. 5.3.5), Dr. M. Roy (Wilhelmshaven; Kap. 3.4), E. Sauer (Ehrenberg-Wüstensachsen; Kap. 5.3.7), Dr. Th. Schaaf (Paris; Kap. 4.3 und Kap. 4.5), Dr. M. Skouri (Paris; Kap. 4.4), Frau Prof. Dr. I. Stellrecht (Tübingen; Kap. 4.6), H. Strunz (Grafenau; Kap. 5.3.1), Dr. M. Weigelt (Middelhagen; Kap. 5.3.11), A. Weiß (Bad Dürkheim; Kap. 5.3.6), Dr. M. Werban (Lübbenau / Spreewald; Kap. 5.3.10).

Besonders danken wir Frau R. Müllen und Frau U. Seibt (MAB-Geschäftsstelle) für redaktionelle Mitarbeit sowie Frau F. v. Dewitz (MAB-Geschäftsstelle, Praktikantin) für die Unterstützung bei der Übertragung von Texten ins Deutsche bzw. Englische.

2. Das MAB-Programm. Geschichte, Aufgaben und Ziele

Seitdem Menschen leben, verändern sie ihre Umwelt. Stets haben sie die Natur und deren ökologisches Potential genutzt, häufig aber auch übernutzt. Die Qualität der anthropogenen Eingriffe in das ökosystemare Gefüge war jedoch jederzeit abhängig vom Entwicklungsstand seiner geistigen und technischen Möglichkeiten.

Von Beginn der Menschheitsgeschichte an haben nicht nur die Eingriffe des Menschen in den Naturhaushalt zugenommen, sondern darüber hinaus auch eine neue Dimension erhalten. Waren die ökologischen Probleme in früheren Jahrhunderten auf lokale und regionale Ebenen beschränkt, können anthropogen ausgelöste Umweltveränderungen heute die Funktionsfähigkeit der Ökosysteme global gefährden oder sogar zerstören.

Erst seit die Menschheit – durch Filmaufnahmen der Raumfahrt – die Erde als begrenzten Planeten erfahren konnte, entwickelte sich ein neues „Welt"-Bild. Es wurde immer deutlicher, daß das gesteigerte menschliche Wirken auf dem Planeten Erde eines Tages an Grenzen des Wachstums stößt. Aus diesem Grunde wurde seit Ende der 60er Jahre der Ruf nach einer Kurskorrektur des „Raumschiffs Erde" immer lauter.

2.1 Umweltforschung. Eine zentrale Aufgabe der UNESCO

Unter dem Eindruck des Zweiten Weltkrieges wurden im Oktober 1945 die Vereinten Nationen (UN) ins Leben gerufen. Ein Jahr später folgte die Gründung der UNESCO (United Nations Educational, Scientific and Cultural Organization), einer Sonderorganisation der Vereinten Nationen, deren Tätigkeit den Aufgabenbereichen Erziehung, Wissenschaft und Kultur gewidmet ist.

In der Verfassung der UNESCO erklären die Unterzeichnerstaaten, eine Organisation gründen zu wollen, die durch Zusammenarbeit aller Völker der Erde in den genannten Aufgabenbereichen „die Ziele des internationalen Friedens und des allgemeinen Wohlergehens der Menschheit" schrittweise erreichen soll.

Schon die Gründer der UNESCO hatten erkannt, daß Frieden und Wohlergehen für die Menschheit nur erreicht werden kann, wenn auch das Wissen um die Umwelt erweitert wird. Aus diesem Grund nimmt die Umweltforschung in der UNESCO seit ihrer Gründung breiten Raum ein. Schon 1948 rief die UNESCO das „Arid Zone Research Program" (1950 bis 1964) ins Leben. Im Rahmen dieses Programmes wurden u. a. in Ägypten, Indien, Israel, Pakistan und Tunesien Forschungszentren eingerichtet und eine Vielzahl internationaler Symposien veranstaltet.

1954 folgte die Organisation des „Humid Tropics"-Forschungsprogrammes, das ebenfalls 1964 endete. Ab 1965 wurden beide Programme von der „Internationalen Hydrologischen Dekade" abgelöst, die ihrerseits seit 1975 in dem „International Hydrological Program" (IHP) weitergeführt wird. 1964 gründete der „International Council of Scientific Unions" (ICSU) mit Unterstützung der UNESCO das „International Biological Program" (IBP), das bis 1974 lief. Vor allem in den Industriestaaten war das Programm sehr erfolgreich. Allerdings zeigten sich schon kurz nach dessen Gründung konzeptionelle Schwächen. Bei der Programmgestaltung waren ausschließlich naturwissenschaftliche Disziplinen beteiligt, so daß vor allem soziale und wirtschaftliche Aspekte bei der Erforschung der ökosystemaren Zusammenhänge unberücksichtigt blieben. Die Bearbeitung der komplexen Mensch-Umwelt-Beziehungen konnte deshalb im Rahmen des IBP-Programms nicht erfolgen.

Schon kurz nach Anlaufen des IBP wurde – von Seiten der Wissenschaft und verschiedener Regierungen – der Ruf laut, ein erweitertes ökologisches Programm mit neuen Schwerpunktorientierungen zu formulieren. Nicht die Erweiterung des Wissens über biologische Prozesse und die biologische Produktivität sollte künftig im Mittelpunkt der Arbeiten stehen, sondern die Erforschung der wechselseitigen Einflüsse von Mensch und Umwelt mit dem Ziel, Perspektiven für ein gemeinsames Miteinander aufzuzeigen.

Im Jahre 1966 berief daraufhin die UNESCO-Generalkonferenz eine „Zwischenstaatliche Sachverständigenkonferenz über die wissenschaftlichen Grundlagen für eine rationale Nutzung und Erhaltung des Potentials der Biosphäre" für den 4. bis 13. September 1968 nach Paris.

Diese sogenannte Biosphären-Konferenz, die von der UNESCO unter Beteiligung von FAO (Food and Agriculture Organization of the United Nations) und WHO (World Health Organization) sowie unter Mitarbeit der IUCN (International Union of Conservation of Nature and Natural Resources) und des IBP organisiert wurde, führte 240 Delegierte aus 63 Ländern sowie 90 Vertreter internationaler Organisationen zusammen.

Diese Umweltkonferenz, zu der erstmals alle Staaten der Erde eingeladen worden waren, hatte zum Ziel, den Stand der wissenschaftlichen Erkenntnisse über das Naturpotential und dessen Wechselwirkungen mit der menschlichen Gesellschaft zu beurteilen und festzustellen, in welchem Maße Daten und Methoden vorhanden oder noch zu erarbeiten sind, um Schutz, Pflege und Entwicklung des Naturpotentials nachhaltig vornehmen zu können.

Zahlreiche Tagungsteilnehmer betonten in ihren Beiträgen, daß der verwendete Terminus „rational use" nicht mit ‚rationeller Nutzung' – die nur vordergründig zweckmäßige Ergebnisse anstrebt ohne Berücksichtigung möglicher Nebenwirkungen und langfristiger Auswirkungen – gleichzusetzen sei, sondern mit dem Begriff der ‚nachhaltigen Nutzung', welche auf eine dauernde, in die Zukunft gerichtete Leistungsfähigkeit des genutzten Objektes, Standortes oder Ökosystems abzielt, übersetzt werden sollte.

Die Beiträge der an der Biosphären-Konferenz teilnehmenden Staaten bzw. Organisationen machen deutlich, daß in den 50er und 60er Jahren ökologische Probleme besorgniserregend zunahmen. Besonders die Belastung von Boden, Wasser und Luft, die Belastung natürlicher Ökosysteme und deren weitverbreitete Fehlbewirtschaftung, die Gefahr lokaler Hungersnöte und Fehlernährung der Bevölkerung, die Bedrohung der körperlichen und geistigen Gesundheit sowie die Verschlechterung der Lebensbedingungen generell wurden von den Tagungsteilnehmern als dringend zu lösende Probleme herausgestellt.

Ein international abgestimmtes, gemeinschaftliches Handeln war notwendig. Die Konferenzteilnehmer empfahlen der UNESCO die Einrichtung eines zwischenstaatlichen internationalen ökosystemaren Programmes.

2.2 Struktur, Aufgaben, Ziele des MAB-Programms

Die UNESCO nahm die Empfehlungen der Biosphären-Konferenz auf und formulierte einen Programmentwurf, der am 23. Oktober 1970 anläßlich der 16. Generalkonferenz der UNESCO in Paris beschlossen wurde. Mit Resolution 2.313 wurde das ökosystemare Programm „Der Mensch und die Biosphäre" (Man and the Biosphere; MAB) ins Leben gerufen.

Aufgabe des MAB-Programms ist es, auf internationaler Ebene wissenschaftliche Grundlagen für eine ökologisch nachhaltige Nutzung sowie für die Erhaltung der natürlichen Ressourcen der Biosphäre zu erarbeiten bzw. diese Grundlagen zu verbessern. Dieses Anliegen setzt voraus, daß der Mensch mit seinen raumwirksamen Tätigkeiten in die Betrachtungen mit einbezogen wird. Dieser erweiterte ökosystemare Ansatz bezieht neben ökologischen – im naturwissenschaftlichen Sinne – ausdrücklich auch ökonomische, soziale, kulturelle, planerische und ethische Aspekte mit ein. MAB wurde als disziplinübergreifendes Forschungsprogramm angelegt, das wissenschaftliche Erkenntnisse über Struktur, Funktion, Stoffumsatz und Wirkungsgefüge einzelner Ökosysteme fördern soll. Gleichfalls sind auch Wechselwirkungen verschiedener Ökosysteme untereinander und vom Menschen verursachte Veränderungen in der Biosphäre Gegenstand der Forschung.

Der disziplinübergreifende MAB-Gedanke fördert wissenschaftliche Erkenntnisse von naturnahen bis hin zu stark anthropogen überformten Ökosystemen (z. B. urbane Räume). Es ist das besondere Anliegen von MAB, Modelle für eine am Prinzip der Nachhaltigkeit orientierte sorgsame Bewirtschaftung der Biosphäre zu konzipieren und diese in repräsentativen Landschaften beispielgebend zu entwickeln, zu erproben und umzusetzen. D. h.:
1. Die Naturverträglichkeit des Wirtschaftens muß nachgewiesen werden.
2. Der ökonomische Gewinn des Einzelbetriebes muß auch ohne dauerhafte Subventionen gewährleistet sein.

Die Forderung nach einer nachhaltigen Entwicklung (sustainable development), d. h. umweltverträgliches Wirtschaften auf Dauer, ist zur Kernforderung der Konferenz von Rio de Janeiro 1992 (Umwelt und Entwicklung) geworden. Im Rahmen des MAB-Programms bemühen sich die UNESCO und die am Programm teilnehmenden Mitgliedsstaaten bereits seit 1970, d. h. seit 24 Jahren, erfolgreich um die Umsetzung dieses Gedankens.

Aufgrund der globalen Dimension, die Eingriffe des Menschen in den Naturhaushalt heute haben können, war das MAB-Programm von Anbeginn auf weltweite Zusammenarbeit ausgerichtet. Vor allem sollten – stärker als dies in früheren UNESCO-Programmen gelungen war – Entwicklungsländer in die Arbeiten zum MAB-Programm eingebunden werden. Schon auf der Biosphären-Konferenz hatte sich die Erkenntnis durchgesetzt, daß für die Lösung regionaler wie auch weltumspannender Umweltprobleme ein intensiver internationaler Erfahrungsaustausch nötig sei.

2.2.1 Die Organisation von MAB

Die breite Resonanz, die das MAB-Programm weltweit gefunden hat, spiegelt sich u.a. in der Teilnahme von bisher über 120 UNESCO-Mitgliedsstaaten am Programm wider.

Für die internationale Organisation, Planung und Koordination des MAB-Programms ist ein „Internationaler Koordinationsrat" (ICC) verantwortlich, der sich aus Vertretern von 30 Migliedsstaaten des MAB-Programms zusam-

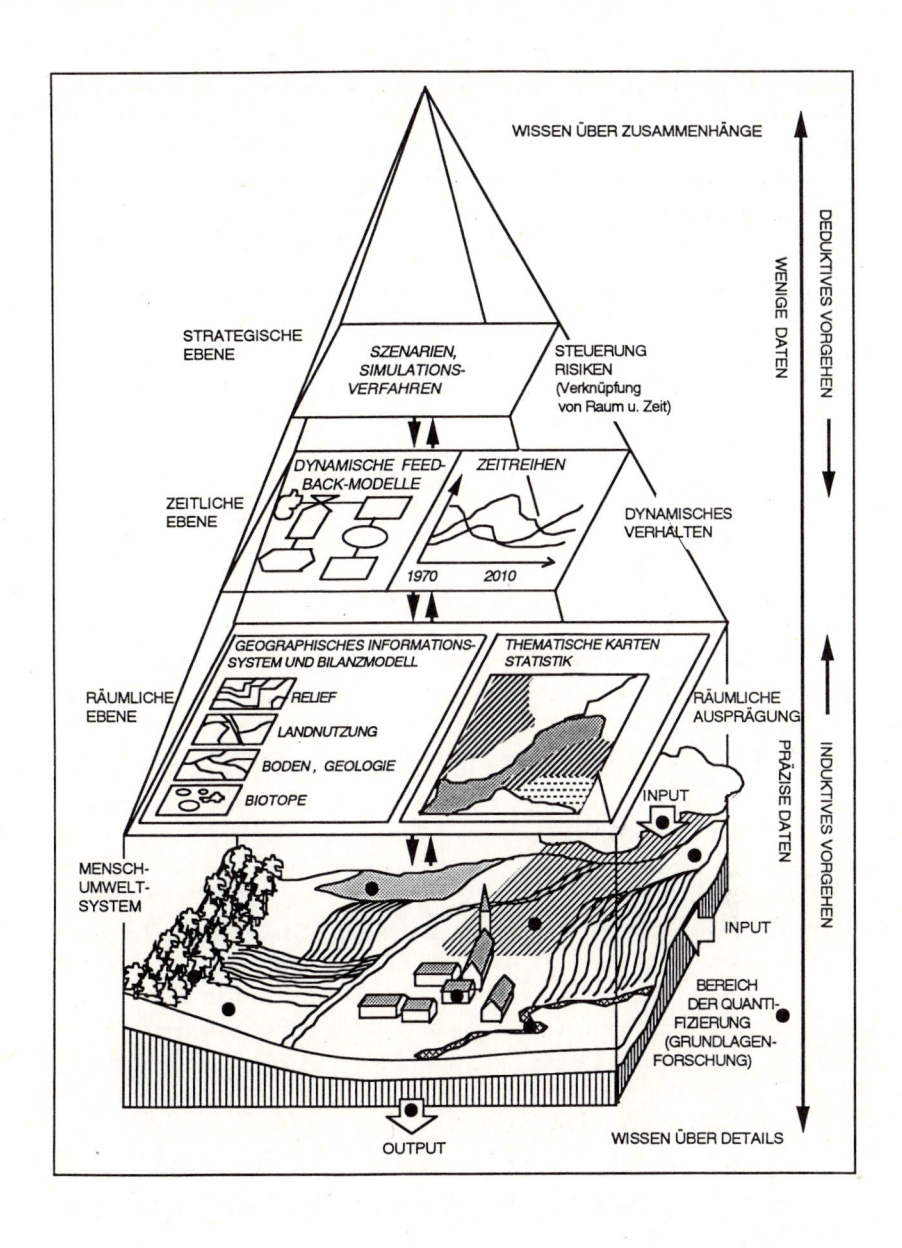

Abb. 1: *Raum-Zeit-Betrachtung des ökologisch-ökonomischen Systems (Spandau 1988, verändert nach Grossmann et al. 1983).*

mensetzt. Er wird im Vier-Jahres-Turnus auf UNESCO-Generalkonferenzen gewählt und tagt alle zwei Jahre. Der Vorsitz liegt derzeit bei Spanien. Der ICC verfügt in Paris bei der UNESCO über eine Geschäftsstelle, das MAB-Sekretariat.

Für die Durchführung und Gestaltung des MAB-Programms zwischen den Sitzungen des Koordinationsrates wurde das MAB-Büro eingerichtet, das aus je einem Vertreter der UN-Regionen Afrika, Arabien, Asien / Australien, Südamerika, Westeuropa und Osteuropa besteht und zweimal jährlich zusammentritt. Das MAB-Büro, das für eine ICC-Periode gewählt wird, setzt sich zusammen aus dem Vorsitzenden, vier Stellvertretern und einem Berichterstatter.

Auf nationaler Ebene bilden die von den Regierungen berufenen Nationalkomitees das Rückgrat des Programms. Sie haben die Aufgabe, in Verbindungen mit dem MAB-Sekretariat der UNESCO
– bei der Fortentwicklung des internationalen MAB-Programms mitzuwirken sowie
– aus dem internationalen Programm nationale Schwerpunkte zu konkretisieren und diese in nationalen Arbeitsprogrammen niederzulegen.

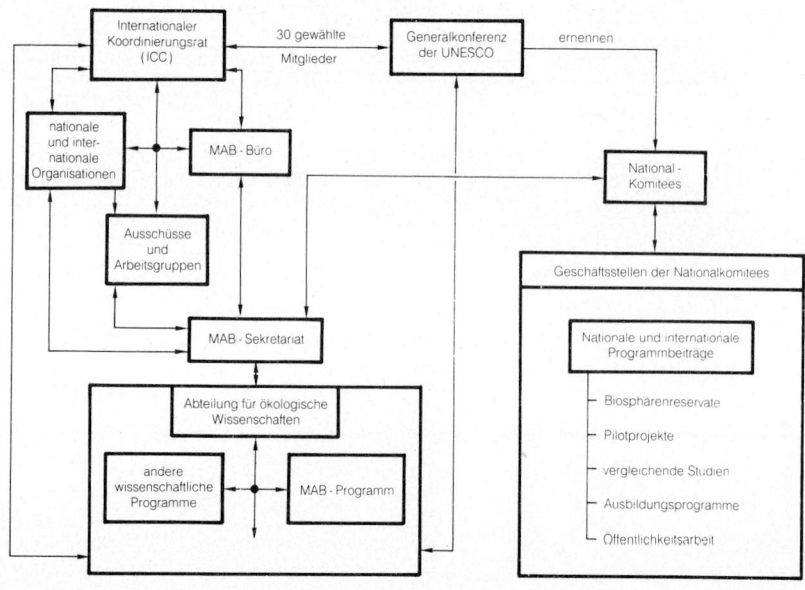

Abb. 2: Die internationale Organisation des MAB-Programms.

Trotz ihres Austrittes aus der UNESCO arbeiten Großbritannien, Singapur und die Vereinigten Staaten von Amerika auch weiterhin über ihre Nationalkomitees an dem zwischenstaatlichen Regierungsprogramm MAB mit.

2.2.2 Schwerpunkte der MAB-Arbeit

In der Anfangsphase des MAB-Programms legte der ICC als Schwerpunkte für die MAB-Arbeit folgende 14 Projektbereiche fest:
1. Ökologische Folgen der zunehmenden Einwirkung des Menschen auf Ökosysteme tropischer und subtropischer Wälder.
2. Ökologische Auswirkungen verschiedener Nutzungs- und Bewirtschaftungsarten auf Waldlandschaften der gemäßigten und der mediterranen Zone.
3. Einfluß menschlicher Aktivitäten und Nutzungspraktiken auf Weideland: Savanne und Grasland (gemäßigte bis aride Gebiete).
4. Einfluß menschlicher Aktivitäten auf die Dynamik von Ökosystemen arider und semi-arider Zonen, unter besonderer Berücksichtigung der künstlichen Bewässerung.
5. Ökologische Auswirkungen menschlicher Aktivitäten auf den Wert und die Nutzbarkeit von Seen, Sumpfgebieten, Flüssen, Deltas und Flußmündungen sowie von Küstengebieten.
6. Einfluß menschlicher Aktivitäten auf Gebirgs- und Tundraökosysteme.
7. Ökologie und rationelle Nutzung der Ökosysteme von Inseln.
8. Erhaltung von Naturgebieten und des darin enthaltenen genetischen Materials.
9. Ökologische Bewertung von Schädlingsbekämpfung und Düngung in terrestrischen und aquatischen Ökosystemen.
10. Auswirkungen großtechnischer Anlagen auf den Menschen und seine Umwelt.
11. Ökologische Aspekte von Ballungsgebieten unter besonderer Berücksichtigung der Energiewirtschaft.
12. Wechselwirkungen zwischen Umweltveränderungen und der adaptiven, demographischen und genetischen Struktur der menschlichen Bevölkerung.
13. Wahrnehmung der Umweltqualität.
14. Forschung über Umweltverschmutzung und ihre Auswirkung auf die Biosphäre.

Auf seiner 8. Sitzung beschloß der ICC 1984 die Einsetzung einer unabhängigen Expertenkommission, welche die Aufgabe hatte, die bis zu diesem Zeitpunkt im Rahmen des MAB-Programms erzielten Ergebnisse zusammenzu-

tragen und auf dieser Basis Empfehlungen für die künftige Programmarbeit auszusprechen. Auf der 9. Sitzung (1986) legte die Kommission ihren Abschlußbericht vor, der den Vorschlag enthielt, neben den 14 Projektbereichen die folgenden vier Forschungsorientierungen neu einzurichten:
1. Die Funktionsweise von Ökosystemen unter menschlichem Einfluß
2. Nutzung und Wiederherstellung der vom Menschen belasteten Ressourcen
3. Menschliche Investitionen und Ressourcen-Nutzung
4. Reaktionen des Menschen auf Umweltbelastungen.

Der ICC stimmte in seiner 9. Sitzung den Empfehlungen zu. Mit dieser Ergänzung des MAB-Programms soll in Zukunft die Suche nach Lösungen für Umweltprobleme noch effizienter gestaltet werden. Ausgehend von der lokalen und regionalen Ebene wird mit dieser Ergänzung in der künftigen MAB-Arbeit der globale Bezug stärker in den Mittelpunkt gerückt.

Anläßlich der 12. Sitzung des ICC (1993) wurden zur Umsetzung der Ergebnisse der UNCED-Konferenz in Rio de Janeiro / Brasilien im Juni 1992 für das MAB-Programm fünf prioritär zu behandelnde Themen zur Weiterentwicklung der 14 Projektbereiche und 4 Forschungsorientierungen beschlossen:
– Schutz der Biodiversität und ökologischer Prozesse,
– Erarbeitung von Strategien einer nachhaltigen Nutzung,
– Förderung der Informationsvermittlung und Umweltbildung,
– Etablierung einer Ausbildungsstruktur und
– Errichtung und Betrieb eines globalen Umweltbeobachtungssystems.

Diese Schwerpunkte sollen vorrangig in Biosphärenreservaten (vgl. Kap. 5) umgesetzt werden.

2.2.3 Internationale MAB-Pilotprojekte

Innerhalb des MAB-Programms werden besonders wegweisende Forschungsarbeiten zur Behandlung komplexer Umweltprobleme als Internationale MAB-Pilotprojekte anerkannt. Zur Prüfung der Anerkennung dienen folgende Kriterien:
1. Konzentration auf ein vorrangiges Problem der Landnutzung oder Bewirtschaftung der Ressourcen auf lokaler und nationaler Ebene, das gleichzeitig auch eine überregionale bzw. internationale Bedeutung hat, d. h. die Ergebnisse des Projektes sind auch für andere Länder von Interesse.
2. Beschäftigung mit Mensch-Umwelt-Systemen und den Schnittstellen der sozio-ökonomischen, physischen und biologischen Teilsysteme.

3. Verfügbarkeit ausreichender finanzieller und technischer Mittel, die zur Durchführung eines Pilotprojektes erforderlich sind.
4. Entwicklung von Techniken zur Auswertung und Verbreitung der Ergebnisse an Verwaltungspersonal, Planer und Manager, aber auch sonstige Interessierte.

2.2.4 Vergleichende MAB-Studien

Vergleichende Studien haben innerhalb des MAB-Programms die Aufgabe, theoretische und praktische Grundlagen für ein breites ökologisches Verständnis zu fördern. Darüber hinaus sollen sie dazu dienen, die verschiedenen Arbeitshypothesen in unterschiedlichen Landschaftsräumen und unter differierenden menschlichen Beeinflussungen der Ökosysteme zu überprüfen. Kriterien der vergleichenden Studien sind:
1. Erklärung allgemeiner und spezifischer Hypothesen in Kombination mit sowohl theoretischen wie praktischen Zielen.
2. Anwendung objektiver, verläßlicher und valider Methoden und Techniken.
3. Angemessene Auswahl der Untersuchungsgebiete in bezug auf die genannten Hypothesen. Bei der Auswahl der Regionen sollte strukturelle und / oder funktionale Ähnlichkeit Priorität haben.
4. Entwurf des Programms, so daß Theorien, Methoden und Bewirtschaftungsformen entwickelt und getestet werden und schließlich zu regionalen oder interregionalen Synthesen führen.

2.2.5 MAB-Ausbildungsaktivitäten

Schon während der Beratungen in der Gründungsphase von MAB wurde betont, daß das Forschungsprogramm eng mit Ausbildungsaktivitäten verbunden sein müsse. Auf Initiative von MAB werden sowohl in Industriestaaten (z. B. Belgien, Deutschland, Frankreich, Niederlande, Österreich, Spanien) wie auch in Entwicklungsländern (u.a. Burkina Faso, Gambia, Kapverdische Inseln, Mali, Mauritius, Niger, Senegal, Tschad) internationale Postgraduiertenkurse durchgeführt. Die MAB-Ausbildungsaktivitäten zielen auf die:
1. Ausbildung von Wissenschaftlern,
2. Ausbildung zukünftiger Entscheidungsträger,
3. Förderung der informellen Ausbildung sowie
4. Förderung der interdisziplinären Betrachtungsweise.

Die MAB-Ausbildungsaktivitäten ergänzen die formellen und informellen Erziehungsaktivitäten, die im Rahmen anderer internationaler Wissenschaftsprogramme der UNESCO durchgeführt werden. Besonders hervorzuheben sind die Bemühungen der Schwesterprogramme von MAB, der „Zwischenstaatlichen Ozeanographischen Kommission" (IOC), des „Internationalen Hydrologischen Programms" (IHP) und des „Internationalen Geologischen Korrelationsprogrammes" (IGCP). Aktivitäten bezüglich der Umwelterziehung, wie z. B. die MAB-Poster-Ausstellung „Ökologie in Aktion", werden in enger Zusammenarbeit mit dem „UNESCO / UNEP International Environmental Education Programme" (IEEP) (Internationales Umwelterziehungsprogramm der UNESCO) sowie der Ausbildungsabteilung der UNESCO durchgeführt.

2.3 Das MAB-Programm in Deutschland

Im Jahre 1972 entschieden die Vertreter der für Umweltfragen zuständigen Bundesressorts, daß die Bundesrepublik Deutschland einen Beitrag zum MAB-Programm leisten solle und daß die Teilnahme am Programm Aufgabe der Bundesregierung sei.

2.3.1 Das MAB-Nationalkomitee

Im Jahre 1972 wurde das Nationalkomitee der Bundesrepublik Deutschland gegründet und der Vorsitz dem Bundesministerium des Innern (BMI) übertragen. Mit der Gründung des Bundesministeriums für Umwelt, Naturschutz und Reaktorsicherheit (BMU) in 1986 ging dieser auf das neue Haus über. 1976 übernahm MinR Wilfried Goerke (BMI / BMU) den Vorsitz von MinDirig Peter Menke-Glückert (BMI). Seit Oktober 1992 ist RDir Dr. Andreas von Gadow (BMU) Vorsitzender des MAB-Nationalkomitees.

Das MAB-Nationalkomitee hat folgende Aufgaben:
- Entwicklung und Fortschreibung des nationalen MAB-Beitrages zum internationalen Programm,
- Wissenschaftliche Betreuung des deutschen Beitrages zum MAB-Programm (national und international),
- Identifikation neuer MAB-relevanter Themenkomplexe,
- Durchführung der deutschen MAB-Forschung,
- Organisation der Biosphärenreservate in Deutschland,
- Beratung der Bundesregierung im Bereich der UNESCO / MAB-Politik,
- Förderung des interdisziplinär angelegten MAB-Programmes durch Vorträge und Publikationen sowie
- Durchführung von MAB-Tagungen, MAB-Workshops oder MAB-Symposien.

Das Deutsche MAB-Nationalkomitee konstituierte sich am 07. September 1972. Seitens der Wissenschaft wirkten u. a. Prof. Dr. Heinz Ellenberg (Göttingen),

Prof. Dr. Hermann Flohn (Bonn), Prof. Dr. Walter Manshard (Freiburg i. Br.), Prof. Dr. Gerhard Olschowy (Bonn), Frau Prof. Dr. Lore Steubing (Gießen) und Prof. Dr. Bernhard Ulrich (Göttingen) mit. Entsprechend dem MAB-Ansatz stand nicht die Bearbeitung medienspezifischer Umweltprobleme im Mittelpunkt der nationalen MAB-Aktivitäten, sondern die Anregung und Durchführung problemorientierter Mensch-Umwelt-Forschung. Grundlegend für die neue Problemlösungsstrategie war die Annahme, daß es im ökosystemaren Gefüge naturgesetzliche Abhängigkeiten gibt, die einer – in Modellen abbildbaren – Systematik folgt. Dieser Ansatz setzt eine Loslösung von der linearen Ursache-Wirkung-Betrachtungsweise voraus. Stattdessen dienen biokybernetische Strukturmodelle als Grundlage zur Beschreibung ökosystemarer Zusammenhänge. Neben der Mitarbeit an der Lösung nationaler Probleme wurde ausdrücklich die aktive Teilnahme Deutschlands an internationalen Projekten beschlossen (vgl. Kap. 4).

Stand im Mittelpunkt der Anfangsphase vor allem die Identifikation von zu behandelnden Grundsatzfragen und die Erarbeitung erster Ansätze zur Erfassung ökosystemarer Fragestellungen, begann MAB von 1976 bis 1986 mit der inhaltlichen Umsetzung der entwickelten Modelle. Zu nennen wären u. a. das „Sensitivitätsmodell" von Prof. Dr. Frederic Vester und Dr. Alexander von Hesler und die Arbeiten im Rahmen des Berchtesgadener MAB-Projektes (Prof. Dr. Wolfgang Haber).

In der 3. Phase (1986–1991) stand vor allem die Übertragung der in den o.g. Vorhaben gewonnenen Erkenntnisse auf neue Untersuchungsräume im Vordergrund. Die MAB-Projekte in Kiel (Prof. Dr. Otto Fränzle), Osnabrück (Prof. Dr. Helmut Lieth) und Göttingen (Prof. Dr. Bernhard Ulrich) sowie die Ausweisung von Biosphärenreservaten sind hier zu nennen.

Im November 1991 – also nach der Herstellung der deutschen Einheit – berief Bundesumweltminister Prof. Dr. Klaus Töpfer das neue, erweiterte Deutsche MAB-Nationalkomitee. Entsprechend dem ökosystemaren Ansatz besteht es aus Wissenschaftlern verschiedener umweltrelevanter Fachrichtungen sowie Vertretern der Ressorts des Bundes (AA, BMF, BML, BMVg, BMV, BMU, BMBau, BMFT, BMBW, BMZ) und der Länder (Bayern, Brandenburg und Rheinland-Pfalz) sowie je eines Repräsentanten der Bundesanstalt für Gewässerkunde (BfG), des Bundesamtes für Naturschutz (BfN), der Deutschen Forschungsgemeinschaft (DFG), der Deutschen UNESCO-Kommission (DUK), des Deutschen Wetterdienstes (DWD) und des Umweltbundesamtes (UBA).

Das Deutsche MAB-Nationalkomitee tagt ein- bis zweimal jährlich. Die Sitzungen im Berichtszeitraum sind im Anhang (vgl. Kap. 8.3) wiedergegeben.

Um die Arbeit des Nationalkomitees künftig zu straffen, hat das Nationalkomitee vier Ausschüsse gegründet. Sie haben die Aufgabe, Themen für das Nationalkomitee inhaltlich vorzubereiten. Nach den Ausschußberatungen legen die Ausschuß-Vorsitzenden dem Vorsitzenden des Nationalkomitees einen Entwurf bezüglich der behandelten Fragestellungen für eine Beschlußfassung im Nationalkomitee vor. Folgende Ausschüsse wurden vom Nationalkomitee gebildet:
– „Biosphärenreservate"
  (Vorsitz: Prof. Dr. Michael Succow, Greifswald),
– „Ökologische Umweltbeobachtung und -bewertung"
  (Vorsitz: Prof. Dr. Otto Fränzle, Kiel),
– „Umweltbewußtsein – Umwelthandeln"
  (Vorsitz Frau Prof. Dr. Lenelis Kruse-Graumann, Hagen / Heidelberg)
  sowie
– „Landnutzungswandel"
  (Vorsitz: Dr. Alexander v. Heßler, Frankfurt / Main).

2.3.2 Die MAB-Geschäftsstelle

Das BMU hat für das Nationalkomitee eine Geschäftsstelle eingerichtet. Von 1977 bis 1985 war diese am Institut für landwirtschaftliche Zoologie und Bienenkunde der Universität Bonn (Prof. Dr. Hartmut Bick) und von 1986 bis 1989 am Institut für Wirtschaftsgeographie der Universität Bonn (Prof. Dr. Klaus-Achim Boesler) angesiedelt. Seit Januar 1990 ist sie als eigenständige Organisationseinheit dem Bundesamt für Naturschutz (BfN) in Bonn-Bad Godesberg zugeordnet. Sie hat folgende Aufgaben:
– Führung der Geschäfte des Nationalkomitees und seines Vorsitzenden,
– Koordination und Mitwirkung bei der Entwicklung und Fortschreibung des deutschen Programmbeitrages und bei der Forschungsdurchführung,
– Beratung der Bundesregierung im Bereich der UNESCO / MAB-Politik,
– Unterstützung der Bundesregierung in Fachgremien der UNESCO,
– Mitwirkung bei der Vertretung des MAB-Programms in nationalen und internationalen Gremien,
– Geschäftsführung der „Ständigen Arbeitsgruppe der Biosphärenreservate in Deutschland" (AGBR),
– Harmonisierung der Entwicklung der Biosphärenreservate in Deutschland,
– Führung des Archivs der Biosphärenreservate,
– Koordination der Zusammenarbeit mit MAB-relevanten Institutionen (DUK, IHP, ATSAF etc.) sowie
– Öffentlichkeitsarbeit und Veröffentlichungen zum MAB-Programm (insbesondere zu Biosphärenreservaten).

Hierzu gehören Tätigkeiten wie:
- Durchführung der Sitzungen des Nationalkomitees (ein- bis zweimal jährlich) sowie der vier Ausschüsse des Nationalkomitees,
- Bereitstellung von Arbeitsstrukturen für die Programmentwicklung und -fortschreibung, u. a. durch Betreuung von sowie Mitwirkung in MAB-Ausschüssen und MAB-Arbeitsgruppen,
- inhaltliche Planung und organisatorische Durchführung von Statusseminaren zu MAB-Projekten, (internationalen) Forschungsplanungs- und Koordinationssitzungen,
- inhaltliche und organisatorische Unterstützung des Vorsitzenden und der Mitglieder des Nationalkomitees,
- Planung und Durchführung von MAB-Veranstaltungen,
- Mitwirkung bei der Mittelbeschaffung für Projektförderung durch Dritte (z. B. Ressorts, DFG und Stiftungen),
- Erstellung und Abstimmung fachlicher Beiträge für die Vertretung von MAB in Gremien z. B.:
  * Generalkonferenz UNESCO,
  * Internationaler Koordinationsrat für MAB (ICC),
  * Fachausschuß Naturwissenschaften der Deutschen UNESCO-Kommission (DUK),
  * bi- und multilaterale Zusammenarbeit des MAB-Nationalkomitees sowie
  * andere staatliche und nichtstaatliche Programme (u.a. IHP).
- Herausgabe der Schriftenreihe „MAB-Mitteilungen" und Sonderpublikationen zum MAB-Programm sowie
- Konzeptionelle Vorbereitung und Durchführung von Öffentlichkeitsarbeit u. a. in Vorträgen, Aufsätzen, Ausstellungen, Fortbildungsveranstaltungen.

3. Der Beitrag der Bundesrepublik Deutschland zum MAB-Programm im Zeitraum 1992–1994 – nationale Projekte

Bereits im Jahre 1972 begann das Deutsche MAB-Nationalkomitee mit der Konzeption nationaler Beiträge. Es galt, die Lücke zwischen einer umfangreichen, komplexen Datenbasis einerseits und deren Nutzung zum Zwecke einer nachhaltigen Umweltplanung andererseits zu schließen. Das erste deutsche MAB-Projekt „Ökologie und Planung in Verdichtungsgebieten" schuf hierzu grundlegende Lösungsansätze, die für alle folgenden MAB-Vorhaben orientierende Bedeutung hatten.

Bereits abgeschlossen sind die folgenden Projekte:
- „Ökologie und Planung in urbanen Systemen, am Beispiel der ‚Regionalen Planungsgemeinschaft Untermain'"; BMI
- „Einfluß des Menschen auf Hochgebirgsökosysteme im ‚Nationalpark Berchtesgaden'"; BMI / BMU und der Freistaat Bayern
- „Intensivlandwirtschaft und Nitratbelastung des Grundwassers im Kreis Vechta"; BMFT
- „Agrarökosystemmodelle: Landnutzungs-änderungen im stadtnahen Raum am Beispiel des Rhein-Sieg-Kreises"; DFG und Land Nordrhein-Westfalen.

Die laufenden Vorhaben werden im folgenden zusammenfassend dargestellt. Bis auf das Projekt „Umweltbewußtsein, Umwelthandeln, Werte, Wertewandel. Zur Erforschung der Bedingungen und Formen anwendungsorientierten ökologischen Lernens" werden alle anderen Vorhaben bereits über einen längeren Zeitraum durchgeführt, so daß Ergebnisse vorliegen. Da es sich bei diesem Projekt, das im Ausschuß des MAB-Nationalkomitees „Umweltbewußtsein – Umwelthandeln" entwickelt wurde, um einen wirklich neuartigen Ansatz handelt, wird die Projektkonzeption ausführlich dargelegt.

3.1 „Ballungsraumnahe Waldökosysteme" in Berlin

Von Anfang 1986 bis 1990 führte das Bundesministerium für Umwelt, Naturschutz und Reaktorsicherheit (BMU) gemeinsam mit dem Senator für Stadtentwicklung und Umweltschutz Berlin das Forschungs- und Entwicklungsvorhaben „Ballungsraumnahe Waldökosysteme" (BallWös) durch. Im Vordergrund der Untersuchungen standen die Erforschung der komplexen Wirkungsbeziehungen im Ökosystem Wald, die Erarbeitung und Absicherung des erforderlichen Grundlagenwissens für eine standortgerechte, nachhaltig angelegte Waldsanierung und die beispielhafte Entwicklung eines entsprechenden Maßnahmenprogrammes. Besonderes Augenmerk galt den auf dem Luftweg eingetragenen Schadstoffen, dies vor allem auch im Hinblick auf generelle Empfehlungen für wirkungsvollere Depositionsbegrenzungen. Als Untersuchungsstandort wurde Berlin gewählt, da hier die Zunahme der Waldschäden, hauptsächlich die rasch anwachsenden Schäden an der Hauptbaumart Kiefer, besorgniserregende Ausmaße erreicht hatte. Von 1990 an wurde das Projekt durch Eigenmittel des Landes Berlin fortgeführt. Neben den schon beteiligten Instituten der TU und FU Berlin bestand eine enge wissenschaftliche Zusammenarbeit mit der Forstwissenschaft in Eberswalde-Finow. Die Projektarbeiten wurden Ende 1992 beendet.

Umsetzung der Ergebnisse: Von den zahlreichen neuen Erkenntnissen sollen Erwähnung finden,
– daß die Kennwerte des Wasserhaushaltes von der Bestandesstruktur abhängig sind,
– daß der Bodenwasserhaushalt der wesentliche wachstumslimitierende Faktor auf den untersuchten Standorten ist,
– daß die Schadensymptome in trockenen Jahren auf trockenen Standorten verstärkt auftreten,
– daß sowohl der Stickstoff als auch die Schwermetalle im Ökosystem akkumulieren,
– daß der Großteil des potentiellen Säureeintrags in der Atmosphäre gepuffert wird (60 bis 90 %), somit größte Sorgfalt und Gleichmaß bei der Reduktion der basischen Stäube und potentiellen Säurebildner in der Atmosphäre erforderlich ist,
– daß seit Mitte 1990 ein dramatischer Rückgang der Schwefel- und Kalziumeinträge zu verzeichnen ist.

Als wichtigstes Ergebnis erscheint die Erkenntnis, daß die Auswirkungen der Kalkungs- / Düngungsmaßnahme das Ökosystem Grunewald so stark stören (instabilisieren), daß die Meliorationsmaßnahmen durch das stärkere Gewicht der impliziten negativen Folgen gegenüber den positiven für diesen Standort nicht geeignet erscheinen. Diese Empfehlung des Projekts wurde von der Verwaltung der Berliner Forsten aufgegriffen.

Ausgewählte Literatur aus dem Projekt:
ALTEN, H. von und F. SCHÖNBECK (1993): Untersuchungen zur Langzeitwirkung einer Kalkungsmaßnahme auf den Mykorrhizastatus von Kiefern.

Abschlußbericht „Ballungsraumnahe Waldökosysteme". – Senatsverwaltung für Stadtentwicklung und Umweltschutz, Berlin

BROSE, A. / M. PETERS / G. LANG und G. KRAEPELIN (1993): Erfassung und Analyse mikrobieller Aktivitäten in differenzierten Bodenbereichen. Abschlußbericht „Ballungsraumnahe Waldökosysteme". – Senatsverwaltung für Stadtentwicklung und Umweltschutz, Berlin

FISCHER, U. (1993): Regionale Depositionsmessungen. Abschlußbericht „Ballungsraumnahe Waldökosysteme". – Senatsverwaltung für Stadtentwicklung und Umweltschutz, Berlin

GENSIOR, A. und W. WILCZYNSKI (1992): Nährstoff- und Schadstoffdynamik von Rostbraunerden unter Kiefernforst. Abschlußbericht „Ballungsraumnahe Waldökosysteme". – Senatsverwaltung für Stadtentwicklung und Umweltschutz, Berlin

HECK, M. / W. KRATZ / D. NÜSS / U. RINK und G. WEIGMANN (1992): Untersuchungen zur Bioindikatoreignung von Bodentieren und bodenökologischen Prozessen für die Bewertung des Zustandes urbaner Waldökosysteme in Berlin. Abschlußbericht „Ballungsraumnahe Waldökosysteme". – Senatsverwaltung für Stadtentwicklung und Umweltschutz, Berlin

KALHOFF, M. (1993): Diagnostik und Schadsymptome. Abschlußbericht „Ballungsraumnahe Waldökosysteme". – Senatsverwaltung für Stadtentwicklung und Umweltschutz, Berlin

LINSE, A. / Chr. SCHÄPEL / A. von STÜLPNAGEL und M. HORBERT (1993): Geländeklimatologie. Abschlußbericht „Ballungsraumnahe Waldökosysteme". – Senatsverwaltung für Stadtentwicklung und Umweltschutz, Berlin

LÜHRTE, A. von (1992): Wachstumsanalysen an Kiefern im Raum Berlin unter besonderer Berücksichtigung der Bestandesgeschichte. Abschlußbericht „Ballungsraumnahe Waldökosysteme". – Senatsverwaltung für Stadtentwicklung und Umweltschutz, Berlin

MARKAN, K. (1993): Biomasse und Pflanzeninhaltsstoffe. Abschlußbericht „Ballungsraumnahe Waldökosysteme". – Senatsverwaltung für Stadtentwicklung und Umweltschutz, Berlin

RIEK, W. (1992): Boden- und Bestandeskennwerte von Kiefern- und Eichenstandorten im Raum Berlin und Umgebung. Abschlußbericht „Ballungsraumnahe Waldökosysteme". – Senatsverwaltung für Stadtentwicklung und Umweltschutz, Berlin

SCHILLER, I. / M. RENGER / R. PLAGGE / W. RIEK und G. WESSOLEK (1994): Räumliche Variabilität von Wasserhaushaltsparametern in Kiefern-Eichen-Forsten im Berliner Grunewald. Abschlußbericht „Ballungsraumnahe Waldökosysteme". – Senatsverwaltung für Stadtentwicklung und Umweltschutz, Berlin

SEIDLING, W. (1992): Vergleichende Untersuchungen des Unterwuchses repräsentativer Waldstandorte. Abschlußbericht „Ballungsraumnahe Wald-ökosysteme". – Senatsverwaltung für Stadtentwicklung und Umweltschutz, Berlin

Anschrift: Senatsverwaltung für Stadtentwicklung und Umweltschutz
Lindenstraße 20-25, D-10958 Berlin
Tel.: (0 30) 25 86 0
Fax: (0 30) 25 86 30 13

3.2 „Forschungszentrum Waldökosysteme" in Göttingen

Anknüpfend an langjährige Göttinger Erfahrungen in der Ökosystemforschung wurde 1988 im Rahmen der vom BMFT geförderten Einrichtung von Ökosystemforschungszentren das „Forschungszentrum Waldökosysteme" aufgebaut. 1989 wurde dieses Forschungsprojekt in das MAB-Programm aufgenommen. Es beschäftigt sich damit, welche Auswirkungen Stoffeinträge und Bewirtschaftung auf Waldökosysteme haben und welchen Einfluß Stoffausträge auf die Umgebung von Waldökosystemen ausüben. Eine kausale Analyse dieser Zusammenhänge ist Voraussetzung für die Ausweisung von Belastungsgrenzen (z. B. Belastung durch Luftverunreinigungen), für die Herleitung von Maßnahmen zur Stabilisierung und Bewirtschaftung destabilisierter Waldökosysteme unter Gewährleistung der Nachhaltigkeit und für die Vermeidung unerwünschter Auswirkungen von Umweltveränderungen auf Waldökosysteme (z. B. Beeinträchtigung der Wasserqualität). Gefördert wird das Forschungszentrum durch das Bundesministerium für Forschung und Technologie (BMFT) sowie durch das Niedersächsische Ministerium für Wissenschaft und Kultur.

Mitwirkende Institutionen und Personen: Beteiligt am Forschungszentrum Waldökosysteme sind neben vielen Instituten des Forstwissenschaftlichen Fachbereichs auch der Biologische und der Geographische Fachbereich der Universität Göttingen sowie Arbeitsgruppen der Gesamthochschule Kassel, der Bundesforschungsanstalt für Landwirtschaft in Braunschweig, der Forstlichen Versuchsanstalten Niedersachsens und Hessens, der Humboldt-Universität Berlin sowie der Universität Mainz.

Arbeitsschwerpunkte der letzten zwei Jahre: In dem laufenden Forschungsvorhaben arbeiten ca. 70 Wissenschaftler, 40 Doktoranden und 60 technische Angestellte. In den vergangenen Jahren haben sich die Wissenschaftler darauf konzentriert, die Stabilitätsbedingungen von Waldökosystemen zu untersuchen. Waldökosysteme sind seit dem vergangenen Jahrhundert neuartigen Umweltbelastungen ausgesetzt. Auch in Zukunft werden solche externen Einflüsse wohl andauern, wie z. B. die steigenden Stickstoffeinträge zeigen. Das Forschungszentrum Waldökosysteme versucht daher, die kurz- und langfristige Belastung durch verschiedenartige Stoffeinträge (z. B. von Säuren, Stickstoff, Schwermetalle) zu erfassen und die vielfältigen Reaktionen des Ökosystems Wald zu analysieren und zu verstehen.

Im Mittelpunkt des Forschungsprojektes stehen die Wechselwirkungen zwischen den Organismen und ihrer abiotischen Umgebung. Dabei können die Forscher auf teils sehr aufwendig instrumentierte Versuchsflächen zurückgreifen. Diese schon seit langem intensiv untersuchten Waldflächen liegen im Solling, im Harz, in der Lüneburger Heide und am Zierenberg bei Kassel. In einem Zentrallabor mit angeschlossener Datenbank werden die Pflanzen-, Boden- und Wasserproben analysiert und die Ergebnisse gespeichert.

Im Freiland läßt sich zum Beispiel das Wurzelwachstum im ungestörten Boden beobachten und so die Auswirkung von Wassermangel unmittelbar sichtbar machen. Oberirdisch kann mit automatisch gesteuerten Bodenhauben registriert werden, wieviel Kohlendioxid, Methan und Distickstoffoxid aus dem Waldboden entweicht. All diese Gase zählen zu den Treibhausgasen. Gezielte Manipulationen an Ökosystemen, etwa die Verregnung unbelasteten Wassers in einem überdachten Fichtenwald, liefern zudem wertvolle Informationen, die mit messender Beobachtung allein nicht zu erhalten wären.

Laborversuche sind jedoch eine unerläßliche Ergänzung zu den Freilanduntersuchungen. Durch den Einsatz von markiertem Stickstoff läßt sich zum Beispiel klären, wo die hohen Stickstoffimmissionen im Ökosystem verbleiben. Auch die Auswirkungen saurer Beregnung auf bestimmte Bodentiere und Mikroorganismen können im Labor unter kontrollierten Bedingungen untersucht werden. Die Ergebnisse der Freiland- wie der Laborversuche finden Eingang in computergestützte Simulationsmodelle, mit denen zukünftige Entwicklungen prognostiziert werden können.

Ergebnisse: Das Ausmaß der Deposition von Stoffen aus der Atmosphäre in den Wald konnte mit Feldmessungen der Ein- und Austräge beschrieben werden. Im Wurzelbereich vieler Waldböden wurde aufgrund der atmosphärischen Deposition eine Versauerung und Verarmung an Nährstoffen festgestellt. Langfristig ist zu erwarten, daß die Belastung durch Luftschadstoffe zu einer zunehmenden Schwächung der Wälder führt, daß sich die Zusammensetzung der Baumarten ändert, daß sich die Qualität der Gewässer und letztlich auch des Trinkwassers verschlechtert und daß der Wald zusätzliche Treibhausgase in die Atmosphäre emittiert. Daraus läßt sich folgern, daß die Stoffemissionen in die Atmosphäre – vor allem die Emission von Schwefel- und Stickstoffverbindungen – reduziert werden müssen, um die Versauerung der Waldböden nicht weiter zu verstärken und um eine ausgewogene Nährstoffversorgung der Bäume wieder herzustellen.

Umsetzung der Ergebnisse in die Praxis: Die Ergebnisse der Forschungsprojekte fließen in ein „Forstliches Informationssystem" ein, das mit seinen Modellberechnungen der forstlichen Praxis dienen soll. Die sich verändernden Wälder bedürfen eines angemessenen Managements.

Künftige Arbeitsschwerpunkte: Nachdem die bisherige Projektphase „Stabilitätsbedingungen von Waldökosystemen" Ende 1993 abgeschlossen wurde, begann 1994 die zweite Projektphase „Veränderungsdynamik von Waldökosystemen". Waldökosysteme verändern sich im Laufe der Zeit. Um diese Dynamik angesichts von Umweltveränderungen hinreichend genau zu

Foto 1: Buchenwald-Versuchsfläche im Solling, im Vordergrund wird der Stammabfluß zweier Buchen aufgefangen (Foto: Volz, Agentur Bilderberg).

beschreiben oder gar zu prognostizieren, bedarf es einer fundierten Wissensbasis.

Hauptsächlich untersuchen die Wissenschaftler des Forschungszentrums folgende Themen:
- Einfluß des Klimas auf den Wasserfluß zwischen Boden, Baumbestand und Atmosphäre,
- Abhängigkeit des Eintrages von Stoffen von ihren atmosphärischen Konzentrationen,
- Auswirkungen des durch hohe Einträge hervorgerufenen Stickstoffüberangebots auf die Vegetation sowie auf gasförmige und flüssige Stickstoffausträge,
- Steuerung der Zersetzung, Mineralisation und Humifikation durch Witterung, Bodenchemie und Bodentiere,
- Veränderung der Produktion von Einzelbäumen und Waldbeständen in Abhängigkeit von Stickstoffeinträgen und Klima,
- Auswirkung von Waldbewirtschaftungsmaßnahmen auf die Baumverjüngung, Stoffkreisläufe und die Sukzession der Waldbodenvegetation,
- Reaktion eines versauerten Waldökosystems auf Niederschläge, die vorindustriellen Verhältnissen entsprechen,
- Möglichkeiten der Restauration des versauerten Waldbodens durch Melioration mittels Kalkung und Düngung,
- Bedeutung der Bodentierwelt, der Bodenmikroflora und der Mykorrhiza für Stoffumsätze im Ökosystem und ihre Reaktionen auf Streß,
- Funktion von Wurzelsystemen und ihren Mykorrhizen sowie ihre Reaktionen auf zunehmende Bodenversauerung und
- genetische Anpassung von Buchenbeständen an unterschiedliche Umweltbedingungen.

Ausgewählte Literatur aus dem Projekt:

- Berichte des Forschungszentrums Waldökosysteme (z. Zt. umfaßt diese Schriftenreihe 114 Bände),
- Publikationsliste (ab 1989) des Forschungszentrums Waldökosysteme der Universität Göttingen (umfaßt z. Zt. 103 Veröffentlichungen).

Schriftenverzeichnis und Publikationsliste können beim Forschungszentrum Waldökosysteme bestellt werden.

Anschrift: Forschungszentrum Waldökosysteme der Universität Göttingen
Habichtsweg 55, D-37075 Göttingen
Tel.: (05 51) 39 35 12 bzw. 39 35 09
Fax: (05 51) 39 97 62

3.3 „Ökosystemforschung im Bereich der Bornhöveder Seenkette"

Das Projektzentrum Ökosystemforschung wurde 1988 als eine zentrale Einrichtung für das Forschungsvorhaben „Ökosystemforschung im Bereich der Bornhöveder Seenkette" gegründet. Das interdisziplinäre Forschungsprojekt wird vom Bundesministerium für Forschung und Technologie (BMFT) und vom Land Schleswig-Holstein gefördert.

Das Forschungsvorhaben wurde 1990 von der UNESCO im Rahmen des MAB-Programms als Internationales Pilotprojekt anerkannt. Weiterhin ist das Projektzentrum Mitglied im deutschen Ökosystemforschungsverbund TERN (Terrestrial Ecosystem Research Network) sowie im Internationalen Biosphären-Geosphären-Programm (IGBP-Teilprogramme GCTE: Global Change and Terrestrial Ecosystems, BAHC: Biospheric Aspects of the Hydrological Cycle und IGAC: International Global Atmospheric Chemistry). Darüber hinaus bestehen enge internationale Kontakte bzw. gemeinsame Projekte mit Institutionen im Ostseeraum (Dänemark, Norwegen, Estland), zu russischen und israelischen Forschungsgruppen.

Mitwirkende Institutionen und Personen: Im Projekt arbeiten neben mehreren Instituten aus der Mathematisch-Naturwissenschaftlichen und der Agrarwissenschaftlichen Fakultät der Universität Kiel Forschungseinrichtungen aus Schleswig-Holstein, Hamburg, Niedersachsen und Bayern in 40 Teilvorhaben zusammen. Der Personalstamm des Vorhabens umfaßt 70 Wissenschaftler, 16 Techniker und rund 100 Wissenschaftliche Hilfskräfte.

Arbeitsschwerpunkte der letzten zwei Jahre: Die allgemeinen Forschungsziele des Bornhöved-Projektes erstrecken sich auf die
– Erfassung und Modellierung der Struktur und Dynamik repräsentativer Forst-, Acker- und Grünlandökosysteme sowie von Seen und Fließgewässern unterschiedlicher Belastungsgrade,
– Untersuchung des natürlichen Gleichgewichtszustandes und der Belastbarkeit von Kompartimenten und ganzen Ökosystemen gegenüber äußeren und inneren Störungen,
– Bestimmung und Modellierung der Beziehung zwischen Diversität (i. S. von Taxon- und Biotopvielfalt), Produktivität, Stabilität und Resilienz.

Diese Zielsetzungen verknüpfen das Bornhöved-Projekt – im Hinblick auf die Analyse terrestrischer Ökosysteme – mit den Arbeiten der Ökosystemforschungszentren Göttingen (Forschungszentrum Waldökosysteme), Bayreuth (Bayerisches Institut für Terrestrische Ökosystemforschung) und mit dem Forschungsverbund Agrarökosysteme München (FAM). Beziehungen bestehen

ferner zum MAB-6-Projekt Berchtesgaden, dem Bodenseeprojekt der Universität Konstanz sowie den Forschungen in den Nationalparks und Biosphärenreservaten Niedersächsisches und Schleswig-Holsteinisches Wattenmeer. Entsprechend der entwicklungsgeschichtlich begründeten komplizierten Struktur des Untersuchungsgebietes tritt zu den o. g. allgemeinen eine Reihe spezieller Aufgabenstellungen:
– Erfassung der Wechselwirkungen zwischen aquatischen und terrestrischen Ökosystemen unterschiedlicher Struktur und Nutzung,
– Erarbeitung der standörtlich differenzierten Beziehung zwischen den einzelnen Seen und ihrem Umland,
– Überprüfung der räumlichen Extrapolationsmöglichkeiten von partiellen und integrierten Ökosystemmodellen durch die Kombination von Standortmessungen und Geographischem Informationssystem (GIS),
– Ökotoxikologische Untersuchungen durch ökologische Kataster und Experimente zur Bestimmung des Verhaltens von Umweltchemikalien,
– Untersuchungen zur Effizienz von Umwelt- und Naturschutzmaßnahmen,
– Paläoökologische Charakterisierung des Untersuchungsraumes seit Ende der letzten Eiszeit als umfassende Grundlage der aktuoökologischen Forschungen.

Forschungsstruktur und ausgewählte Ergebnisse: Die Untersuchungen im Bereich der Bornhöveder Seenkette, die auf der Grundlage regionalstatistischer Befunde als Hauptforschungsraum ausgewählt wurde, finden auf mehreren hierarchisch vernetzten räumlichen Ebenen statt. Ziel ist es, auf unterschiedlichen Aggregationsstufen die Maßstabsebenen des Einzugsgebiets der gesamten Bornhöveder Seenkette (41 km^2), des Einzugsgebiets des Belauer Sees (4,5 km^2) und des Schwerpunktraums bei Altekoppel streng und durchgehend zu verknüpfen. Im Rahmen der zweiten Projektphase werden dabei zur kontinuierlichen Weiterführung der GIS-Datenbasis folgende Arbeiten durchgeführt:
– Regelmäßige Aufnahme und Digitalisierung der Landnutzung (Kartierungen, Luft- und Satellitenbildauswertungen) sowie Fortführung der Befragungsaktionen über den Einsatz von Agrochemikalien,
– Vergleichskartierungen der Vegetationsstruktur für die Entwicklung von Zeitkarten (Dokumentation langfristiger Veränderungen),
– Einbeziehung der räumlichen Verteilung von Tiergesellschaften und Verknüpfung dieser Informationen mit den vegetationskundlichen Daten,
– Fortführung der ökonomisch orientierten Zeitkarten,
– Erstellung von Bewertungsskalen als Grundlagen für landschaftsökologische Planungskonzepte.

Foto 2: Meßeinrichtung in der Bornhöveder Seenkette (Foto: Fränzle).

Weiterhin werden im Rahmen des Heterogenitäts- und des Gradientenprogramms räumliche Strukturen einzelner Ökosysteme hochauflösend untersucht, um durch Verschneidungen der unterschiedlichen Verteilungsmuster bodenphysikalischer, bodenchemischer, mikroklimatischer, faunistischer und vegetationskundlicher Parameter die ökologische Bedeutung von Gradienten und heterogenen Strukturen präzise zu erfassen.

Nährstoffflüsse

Das Verhalten der drei Metalle Calcium, Natrium und Kalium im Boden ist durch ihre unterschiedlichen Mobilitätsraten gekennzeichnet. So wird der Natriumhaushalt hauptsächlich durch den Bodenwasserhaushalt reguliert, während der Kaliumaustrag aus dem Acker in starkem Maße durch Düngergaben und Pflanzenentzüge gesteuert wird. Im Buchenwald ist dieses Element umfangreichen internen Kreisläufen unterworfen. Die Messungen der Kalium- und Calciumgehalte in der Blattmasse der Buchen sowie die Bilanzwerte lassen darauf schließen, daß dieser Bestand Mangelerscheinungen bezüglich dieser Nährstoffe aufweist.

Die Transfers der Elemente im Grundwasser wurden durch Modellrechnungen anhand der Profildaten und der Konzentrationen in den Porenlösungen aus unterschiedlichen Tiefen abgeschätzt. Hierbei konnten auch im Grundwasser die Einflüsse der Landbewirtschaftung nachgewiesen werden, und auch die im Boden festgestellten unterschiedlichen Sorptionscharakteristika treten im Grundwasserleiter auf. Im Belauer See weisen weder Kalium noch Natrium ausgeprägte Jahresgänge auf. Von besonderer Bedeutung für das Gesamtsystem ist das Calcium, von dem wichtige Reaktionen ausgehen und das einen ausgeprägten Jahresgang aufweist, in dessen Verlauf durch die Calcitfällung bis zu 25 % des im See vorhandenen Kohlenstoffs gespeichert werden.

Zur Verfeinerung der Bilanzen und für eine vertiefte Prozeßbeschreibung der ökosystemaren Stoffflüsse laufen in der zweiten Förderphase des Vorhabens mehrere ergänzende Untersuchungen ab:
– die verstärkte Bearbeitung der Stoffaufnahme durch die Pflanzenwurzeln, der Koppelung des ober- und unterirdischen Stoffhaushalts der Pflanzen sowie eine konsequente Einbeziehung von Stofftransfers in den Nahrungsnetzen,
– eine vertiefte Bearbeitung mikrobieller Umsetzungen und ihrer Steuermechanismen vor allem im terrestrischen Bereich,
– die Analyse der Humus- und Detritus-Dynamik,
– die Berücksichtigung gasförmiger Kohlenstoff- und Stickstoffflüsse im Boden und Wasserkörper,
– die Einbeziehung von Arbeiten zum Stoffhaushalt der Seesedimente und Koppelung der terrestrischen und limnischen Stoffflüsse sowie
– eine Ausweitung des Analysenspektrums auf Schwermetalle und organische Umweltchemikalien.

Räumliche Heterogenität limnischer Systeme

Seen werden meist als in horizontaler Richtung homogene Systeme angesehen; Messungen dienen deshalb vornehmlich der Erfassung der vertikalen Struktur. Die vertikale Dynamik steht auch bei den Ergebnissen und darauf aufbauenden Interpretationen im Vordergrund, die dann für den gesamten See als gültig angesehen werden. Viele typische Eigenschaften von Seen, wie die Artenvielfalt des Phytoplanktons während der Sukzession im vertikal durchmischten Epilimnion, lassen sich dadurch jedoch kaum erklären, sondern erst durch Berücksichtigung horizontaler Heterogenitäten des Lebensraumes. Diese ermöglichen die Nischenbildung und das gleichzeitige Überleben einer großen Artenvielfalt, die das Ökosystem stabilisiert, indem sie eine rasche Anpassung der Lebensgemeinschaften an wechselnde Bedingungen ermöglicht. Sie beeinflußt gleichzeitig die Artensukzession und prägt damit auch die Stoffkreisläufe.

Seen sind also durch ausgeprägte zeitliche und räumliche Heterogenitäten und Strukturen in vertikaler und horizontaler Richtung geprägt. Sie zeigen sich sowohl im Pelagial als auch im Litoral und Sediment und werden durch physikalische, chemische und biologische Prozesse, die morphometrischen Eigenschaften des Sees sowie seine geographische Lage bestimmt. Eine wesentliche Aufgabe der Zukunft ist die Untersuchung der Ursachen, Dynamik und Stabilität von Heterogenitäten auf unterschiedlichen Maßstabsebenen sowie ihre ökologische Funktion und praktische Bedeutung.

Spurenmetallimitierung als Möglichkeit der Seesanierung

Spurenelemente wie Eisen (Fe), Mangan (Mn), Zink (Zn), Kupfer (Cu), Nickel (Ni), Jod (J), Fluor (F), Bor (B), Kobalt (Co), Molybdän (Mo), Selen (Se), Chrom (Cr) und Vanadium (V) stellen teilweise schon seit langem bekannte Mikronährelemente für Lebewesen dar. Einige Beispiele können die ökologische Bedeutung von Spurenelementen in Gewässern verdeutlichen: Der Dinoflagellat Peridium cinctum benötigt etwa 50 ng / l für optimales Wachstum; geringe V- und Cr-Konzentrationen fördern die Diatomeenentwicklung, wohingegen hohe Konzentrationen Blaualgen begünstigen. Gleiches gilt für Mn; denn gemeinsame Gaben von Phosphor und Mangan konnten beispielsweise die Primärproduktion im Lake Superior erheblich mehr steigern als P alleine. Eisen-Mangel wurde mehrfach in Seen, vor allem in Hartwässern, zu denen auch der Belauer See gehört, beobachtet. Auf der anderen Seite wirken manche Spurenmetalle toxisch und auch essentielle Elemente können negative Wirkungen hervorrufen, wie dies beim Cu bekannt ist.

Insgesamt sind die Kenntnisse über Spurenelemente, deren Kreisläufe, Bindungsformen und ökologische Bedeutung in Gewässern jedoch nur sporadisch und unzureichend. Dies liegt wesentlich an den sehr geringen Konzentrationen der Spurenelemente, die eine äußerst aufwendige Analytik erfordern. Erst seit wenigen Jahren sind Geräte und Methoden verfügbar und erprobt, wie die ICP-MS, die einen hohen Probendurchsatz, extrem geringe Nachweisgrenzen und eine Simultanbestimmung von 37 Spurenelementen erlauben.

Die ersten Spurenmetallmessungen mit der ICP-MS im Belauer See zeigen bei mehreren Elementen eine teilweise unerwartete Dynamik und bei Fe und Mn beispielsweise zeitweise sehr geringe Konzentrationen im sommerlichen Epilimnion von weniger als 0,03 μmol / l bzw. 0,08 μmol / l. 0,1 μmol Fe / l und bei Grünalgen weniger als 1 μmol Mn / l können wachstumshemmend wirken.

Die Untersuchung der Spurenelementdynamik in Gewässern mittels ICP-MS kann neue essentielle Mikronährelemente aufdecken und bezüglich der möglichen Nährstofflimitierung durch Spurenelemente neue Erkenntnisse bringen. Daraus ergibt sich eine wichtige praktische Seite der Spurenelementuntersuchungen: Bei der Reduktion der Eutrophierung in Gewässern stellt Phosphor die wesentliche Steuergröße dar. Das liegt daran, daß Phosphor oft das bzw. eines der produktionslimitierenden Elemente und gleichzeitig technischen Klärverfahren zugänglich ist. Die Dynamik der Spurenmetalle im Belauer See legt nahe, daß auch diese potentiell limitierend für das Phytoplankton sein können. Es ist deshalb denkbar, daß sich durch künstliche Spurenmetallimitierung die Möglichkeiten bei der Seesanierung erheblich erweitern lassen.

Modellierung

Die Modellbildung hat sich zu einer zentralen Integrationsebene entwickelt. Mit Hilfe eines überarbeiteten Modellierungskonzepts wird intensiv an einer Abbildung des Hypothesensystems durch kompatible Teilmodelle gearbeitet. Während des Berichtszeitraums lag der Schwerpunkt der Arbeiten auf den abiotisch dominierten Prozessen. Dabei wurden Teilmodelle zu den folgenden Themenkreisen entwickelt, (z. T.) validiert und angepaßt:

Windmantel im Einzugsgebiet Belauer See, Bodenwärmehaushalt, Verdunstung, Bodenwasserhaushalt (a. terrestrische Standorte im Schwerpunktraum, b. Uferzone [Kompartimentmodelle], c. Flächenanwendung [GIS-Koppelung]), Hydrogeologie (Grundwasserdynamik und -chemie), hydrologische Einzugsgebietsbilanzen, Ammoniakemission, Stickstoffhaushalt des Bodens (a. Ertragsbezug, b. Ökosystembezug, c. Flächenanwendung), Stickstoffhaushalt Uferzone, Ertrag (Acker, Buche), Photosynthese, Bodenatmung, Kohlenstoffhaushalt (Acker), Hydrochemie (a. Gewässereutrophierung und Produktion, b. Calzitfällung), Populationsdynamik, Fuzzy-Set-Modelle (Lerche, Böden).

Ausgewählte Literatur aus dem Projekt:

BÖTTGER, K. und R. PÖPPERL (1992): Aussagen zum Natürlichkeitsgrad von Bächen anhand rheotypischer Faunenelemente, dargestellt unter besonderer Berücksichtigung der Tieflandsbäche Schleswig-Holsteins in: FRIEDRICH, G. und J. LACOMBE (Hrsg.): Ökologische Bewertung von Fließgewässern. – Stuttgart-New York, S.159–165

FRÄNZLE, O. (1993): Contaminants in Terrestrial Environments. Springer Series in Physical Environment, Vol. 13. – Berlin-Heidelberg u. a.

KLUGE, W. und O. FRÄNZLE (1992): Einfluß von terrestrisch-aquatischen Ökotonen auf den Wasser- und Stoffaustausch zwischen Umland und See in: Verh. Ges. Ökol. 21, S.401–407

MÜLLER, F. (1992): Hierarchical Aspects in Ecosystem Theory. – Ecological Modelling 63, S.215–242

MÜLLER, F. und C. MÜLLER (1992): Umweltqualitätsziele als Instrumente zu Integration ökologischer Forschung und Anwendung. – Kieler Geogr. Schriften

MÜLLER, F. / W. WINDHORST und S. E. JØRGENSEN (Hrsg.) (1992): Special Issue on Ecosystem Theory. – Ecological Modelling 63

SCHRAUTZER, J. / W. HÄRDTLE / G. HEMPRICH und C. WIEBE (1992): Zur Synökologie und Synsystematik anthropogen beeinflußter Erlenwälder im Bereich Bornhöveder Seenkette in: Tüxenia 11, S.293–307

SCHRÖDER, W. / L. VETTER und O. FRÄNZLE (Hrsg.) (1994): Neuere statistische Verfahren und Modellbildung in der Geoökologie. – Wiesbaden

SPRANGER, T. (1992): Erfassung und ökosystemare Bewertung der atmosphärischen Deposition und weiterer oberirdischer Stoffflüsse im Bereich der Bornhöveder Seenkette. – Diss. Univ. Kiel. ECOSYS Suppl. Bd. 3

STAMM, S. von (1992): Untersuchungen zur Primärproduktion von Corylus avellana an einem Knickstandort in Schleswig-Holstein und Erstellung eines Produktionsmodells. – Diss. Univ. Kiel. ECOSYS Suppl. Bd. 4

Anschrift: Prof. Dr. Otto Fränzle
Geographisches Institut der Christian-Albrechts-Universität
Olshausenstraße 40, D-24118 Kiel
Tel.: (04 31) 8 80 29 43 bzw. 8 80 34 26
Fax: (04 31) 8 80 46 58

3.4 „Ökosystemforschungsprogramm Wattenmeer am Beispiel der Nationalparke bzw. Biosphärenreservate Niedersächsisches und Schleswig-Holsteinisches Wattenmeer"

Seit 1989 fördert das Bundesministerium für Umwelt, Naturschutz und Reaktorsicherheit gemeinsam mit dem Bundesministerium für Forschung und Technologie (BMFT) und den Ländern Niedersachsen und Schleswig-Holstein das MAB-Projekt „Ökosystemforschungsprogramm Wattenmeer". Die in den Nationalparken und Biosphärenreservaten Niedersächsisches und Schleswig-Holsteinisches Wattenmeer durchgeführten Untersuchungen haben die Ziele,
– zu einem grundlegenden Verständnis des Systems Natur-Mensch im Wattenmeer zu gelangen,
– Kenntnisse bereitzustellen, die zur Lösung bzw. Entschärfung aktueller Umweltprobleme in der Küstenregion benötigt werden,
– Bewertungskriterien zu erarbeiten und Instrumentarien bereitzustellen, mit deren Hilfe der langfristige Schutz des Ökosystems Wattenmeer verbessert werden kann sowie
– Grundlagen für eine Ökologische Umweltbeobachtung (Monitoring) zu schaffen.

In dem umfangreichen Forschungsprogramm werden sowohl ökologische als auch sozioökonomische Teilsysteme erfaßt. Die erhobenen Daten werden zentral in der Wattenmeerdatenbank im GKSS-Forschungszentrum Geesthacht aufbereitet und gespeichert.

Teilvorhaben: Ökosystemforschung Niedersächsisches Wattenmeer

Der Nationalpark Niedersächsisches Wattenmeer wurde 1986 eingerichtet und 1992 von der UNESCO als Biosphärenreservat anerkannt. Die Ökosystemforschung im niedersächsischen Wattenmeer begann 1989 auf Grundlage einer 1988 erstellten Programmkonzeption mit einer Vorphase des angewandten Teils A. Der grundlagenorientierte Teil B begann 1991 mit einer Pilotphase. Beide Teile befinden sich derzeit in den Hauptuntersuchungsphasen, die bis Ende 1995 bzw. Ende 1996 andauern werden (vgl. Abb. 3).

Der Schwerpunkt der Forschungen im niedersächsischen Teilvorhaben liegt in der Analyse der natürlichen Dynamik des Wattenmeeres und der Auswirkungen von Eutrophierung, Störungen und anderen anthropogenen Einflüssen auf die Funktionsmechanismen des Ökosystems. Die Relevanz der natürlichen Dynamik für den Bestand des Systems wird durch Kausalanalyse ökologischer Prozesse in mehreren Bereichen des Ökosystems erforscht. Die Ergebnisse der Forschung werden bei der Erarbeitung und Etablierung von Schutzkonzepten für das Wattenmeer einfließen. Die fischereiliche Nutzung stellt eine der ältesten und direktesten Einflußnahmen auf das Wattenmeer durch den Menschen dar. Eine Abschätzung der Auswirkungen der Fischerei und die Entwicklung von Vorschlägen zu einer naturnahen Fischerei unter Berücksichtigung der sozioökonomischen Strukturen in der Fischereiwirtschaft wird ebenfalls im Rahmen der ÖSF durchgeführt.

Mitwirkende Institutionen und Personen: In den gegenwärtig laufenden Untersuchungen der A- und B-Hauptphasen sind insgesamt 11 Professoren, 69 wissenschaftliche Mitarbeiter, 21 Diplomanden und zeitweilig mehr als 70 Hilfskräfte und Praktikanten von insgesamt 10 mitwirkenden Institutionen beschäftigt (Forschungszentrum Terramare e.V., Wilhelmshaven; die Universitäten Oldenburg, Bremen und Münster; Alfred-Wegner-Institut, Bremerhaven; Forschungsinstitut Senckenberg am Meer, Wilhelmshaven; Institut für Vogelforschung, Wilhelmshaven; Nationalparkverwaltung Niedersächsisches Wattenmeer, Wilhelmshaven; Niedersächsisches Landesamt für Ökologie / Forschungsstelle Küste, Norderney; GKSS-Forschungszentrum Geesthacht).

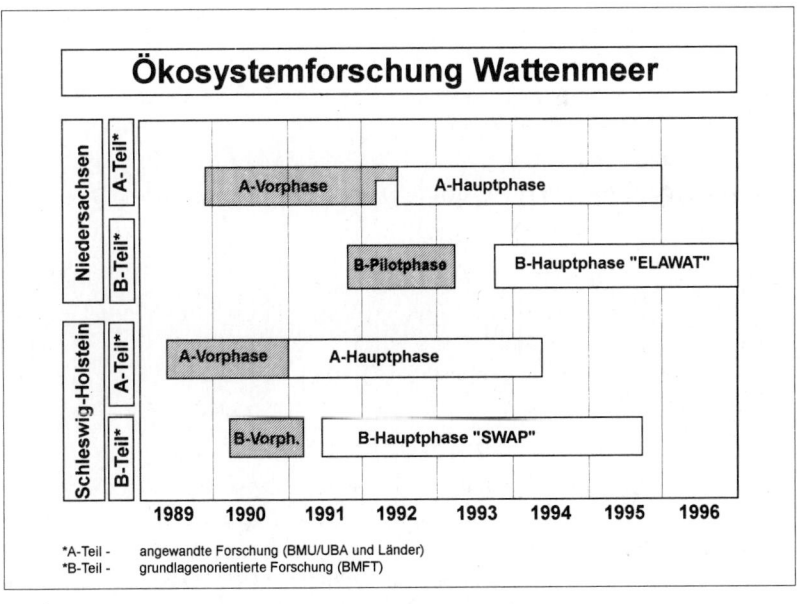

Abb. 3: Ablauf der Ökosystemforschung Wattenmeer.

Arbeitsschwerpunkte der letzten zwei Jahre:

Teil A

Im A-Teil standen die letzten zwei Jahre im Zeichen der im Juni 1992 begonnenen Hauptuntersuchungsphase der insgesamt 19 Teilprojekte mit folgenden thematischen Schwerpunkten:
- Anoxische Sedimentoberflächen („Schwarze Flecken") als Indikatoren für den ökologischen Zustand des Wattenmeeres (Biochemie, Mikrobiologie, Benthos, Erosion),
- Miesmuschelbänke (Eutrophierungsfolgen, Phytoplankton, Einfluß von Predatoren und Fischerei) sowie
- Umweltbeobachtung / Umweltqualitätsziele (Umweltbeobachtungsstrategien für das Benthos, für Fische und Krebse, für Schadstoffe in den verschiedenen Trophieebenen, Einsatz von Fernerkundungsdaten).

Die Arbeiten zu diesen Schwerpunkten werden koordiniert, zusammengefaßt und unterstützt durch teilprojektübergreifende Vorhaben (Entwicklung mathematischer Modelle, Hydrodynamik, Fernerkundung, Projektkoordination, Eingabe und Verarbeitung der Daten in einem zentralen Informationssystem).

Hauptuntersuchungsgebiet ist das Rückseitenwatt der Insel Spiekeroog (vgl. Abb. 4).

Teil B

Im Grundlagenforschungsteil der Ökosystemforschung erfolgte eine Pilotphase, in deren Mittelpunkt die Klärung raum-zeitbezogener Maßstabsfragen stand. 15 Projekte aus 10 Institutionen waren über 10 Monate mit einer Methodenentwicklung beschäftigt, um für sedimentologische, hydrographische, faunistische und ornithologische Bereiche geeignete Skalen der Bearbeitung zu finden. Diese Phase endete im Februar 1993.

Die Hauptphase zur Grundlagenforschung wurde zum Oktober 1993 mit 36monatiger Laufzeit bewilligt. Unter dem Titel „Elastizität des Ökosystems Wattenmeer" (ELAWAT) wird nach inneren Funktionsmechanismen des Ökosystems Wattenmeer geforscht. 11 Projekte widmen sich grundlegenden Prozessen und Ursachen von Mustern und Zyklen, sowie der Auswirkung von Störungen in dem komplexen System Wattenmeer. Folgenden Fragen soll dabei schwerpunktmäßig nachgegangen werden:
- Was sind die inneren Funktionsmechanismen des Ökosystems Wattenmeer?
- Welche Prozesse und Systemkomponenten bewirken ein (elastisches) Systemverhalten?
- Wie können die Komponenten eines komplexen Systems zusammenwirken, um kohärent zu agieren?

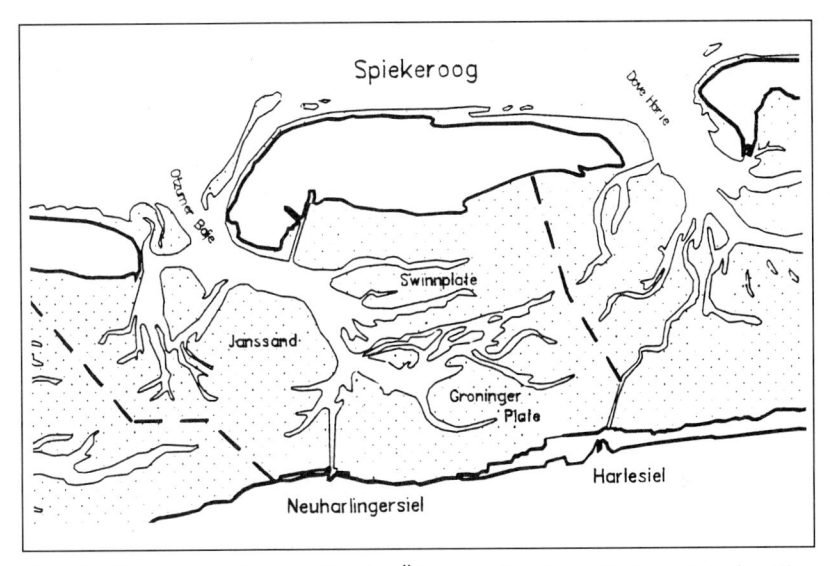

Abb. 4: Hauptuntersuchungsgebiet der Ökosystemforschung Niedersächsisches Wattenmeer.

Die Untersuchungen konzentrieren sich dabei auf zwei Teilsysteme – das bioturbate System des Sand- und Mischwatts und das biosedimentäre System am Beispiel Miesmuschelbank (vgl. Abb. 5). Hauptuntersuchungsraum ist ebenso wie im A-Teil das Spiekerooger Rückseitenwatt.

Forschungsergebnisse:

Teil A

Zur 1992 abgeschlossenen Vorphase des A-Teils liegen umfangreiche Ergebnisse in Form der Abschlußberichte vor. Sie sind in der Reihe „Berichte aus der Ökosystemforschung Wattenmeer" bzw. in der Reihe „Texte" des Bundesumweltamtes (UBA) erschienen (vgl. Literaturliste).

In der Hauptphase des A-Teils werden derzeit noch Freiland- und Laborarbeiten durchgeführt. Es liegen Ergebnisse aus den 19 Teilprojekten in Form von Zwischen- und Jahresberichten vor.

Teil B

Eine erste zusammenfassende Auswertung der Untersuchungen der ELAWAT-Teilprojekte wird Ende 1994 während des ersten Statusseminars erfolgen. Die

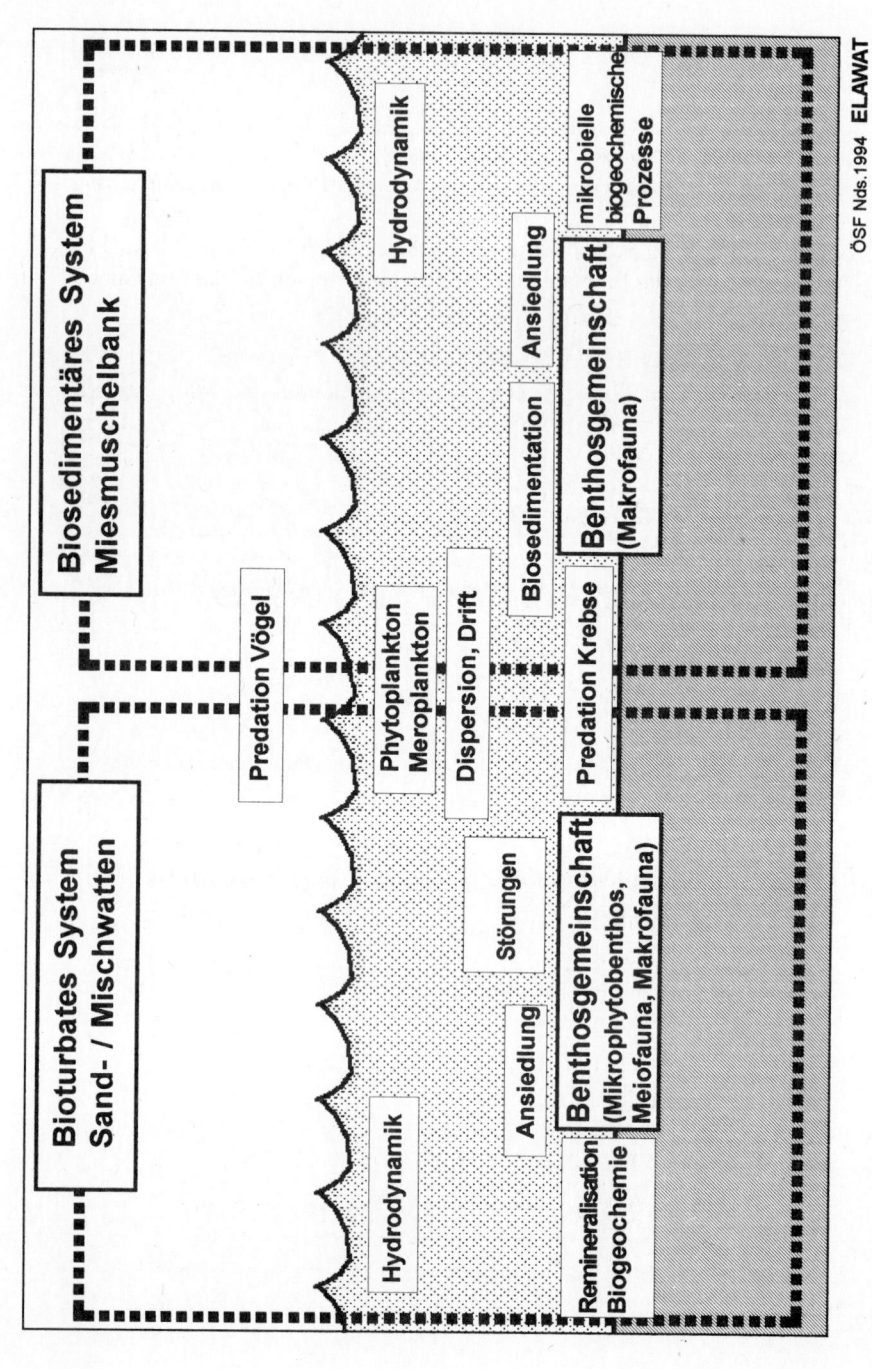

Abb. 5: *Das bioturbate System des Sand- und Mischwatts und das biosedimentäre System der Miesmuschelbank.*

Ergebnisse der B-Pilotphase liegen als Abschlußberichte der Teilprojekte mit einer Zusammenfassung durch die Projektleitung vor.

Umsetzung der Ergebnisse in die Praxis: Am Ende des umfangreichen Forschungsvorhabens sollen durch eine Synthese die gewonnenen Ergebnisse in einer wissenschaftlichen und umweltpolitischen Bewertung zusammengefaßt werden. Im Mittelpunkt wird dabei die Zusammenführung der Erkenntnisse für die Zwecke des Monitorings und der Erarbeitung von Qualitätszielen sowie die Empfehlungen zu Schutzkonzepten für das Wattenmeer stehen (vgl. Abb. 6).

Bereits während des Berichtszeitraums konnten Erkenntnisse aus der Ökosystemforschung für die Verwaltung des Nationalparks bzw. Biosphärenreservates und die trilaterale Zusammenarbeit der drei Wattenmeer-Anrainerstaaten genutzt werden:

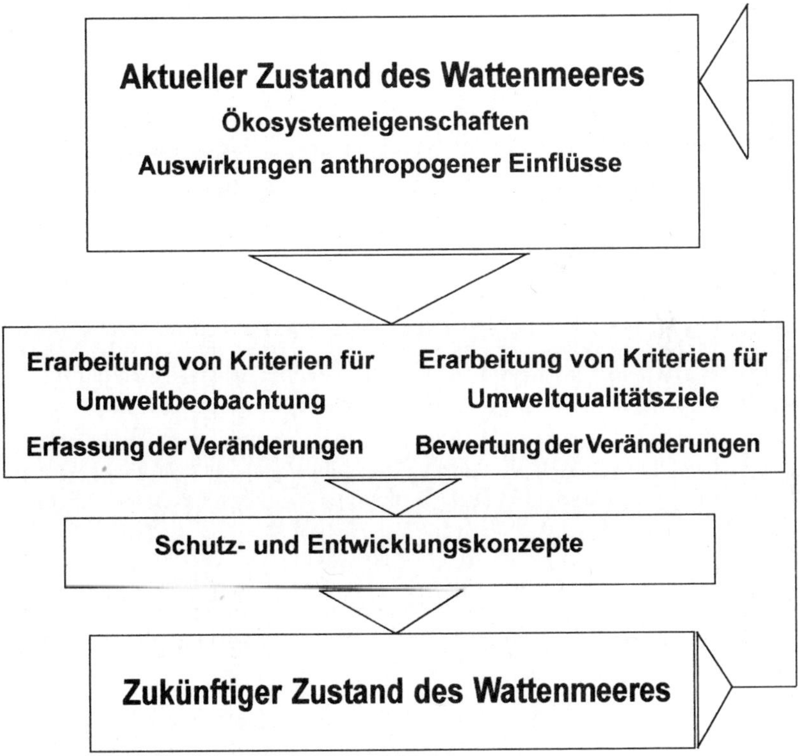

```
┌─────────────────────────────────────────┐
│   Aktueller Zustand des Wattenmeeres    │
│        Ökosystemeigenschaften           │
│   Auswirkungen anthropogener Einflüsse  │
└─────────────────────────────────────────┘
                    ▽
┌──────────────────────┬──────────────────────┐
│ Erarbeitung von      │ Erarbeitung von      │
│ Kriterien für        │ Kriterien für        │
│ Umweltbeobachtung    │ Umweltqualitätsziele │
│ Erfassung der        │ Bewertung der        │
│ Veränderungen        │ Veränderungen        │
└──────────────────────┴──────────────────────┘
                    ▽
┌─────────────────────────────────────────┐
│     Schutz- und Entwicklungskonzepte    │
└─────────────────────────────────────────┘
                    ▽
┌─────────────────────────────────────────┐
│   Zukünftiger Zustand des Wattenmeeres  │
└─────────────────────────────────────────┘
```

Abb. 6: *Weg und Ziel der Ergebnissynthese.*

- Die in der Ökosystemforschung erarbeiteten Ergebnisse zu sozioökonomischen Aspekten der Fischereiwirtschaft sowie die Beifanguntersuchungen in der Krabbenfischerei finden zunehmend Berücksichtigung in Fischereikonzepten und -strategien der Verwaltung des Nationalparks bzw. Biosphärenreservates.
- Die Ergebnisse eines internationalen Workshops „Miesmuscheln" der Ökosystemforschung und die Ergebnisse der Teilprojekte fließen in das Konzept der Verwaltung des Nationalparks bzw. des Biosphärenreservates zum Miesmuschelmanagement ein (Einfluß bestandsreduzierender Faktoren).

Durch die enge Anbindung der Ökosystemforschungsprojekte an die Verwaltung des Nationalparks bzw. Biosphärenreservates gelangen die Ergebnisse unmittelbar in die entsprechenden trilateralen Gremien und Programme:
- Trilateral Monitoring and Assessment Programm (TMAP); Empfehlungen zum Monitoring von Benthos, Fischen, Schadstoffen und Eutrophierungsfolgen.
- Ecological Targets (Eco Targets); Mitarbeit der Ökosystemforschung in der Eco Target Group (ETG).
- Teilnahme von Mitarbeitern an trilateralen Workshops zu Eutrophication, Dunes and Islands, Tidal Flats.

Ergebnisse aus den Ökosystemforschungsprojekten werden dazu genutzt, die laufenden Überwachungsprogramme (z. B. Algenmonitoring, Miesmuschelkartierungen) zu verbessern.

Die Nutzung von Fernerkundungsdaten ist auf Grundlage der in der Ökosystemforschung entwickelten Methoden zur Überwachung, Kartierung und als Hilfsmittel für Entscheidungen der Nationalparkverwaltung verstärkt möglich.

Künftige Arbeitsschwerpunkte: Die weiteren Arbeitsschwerpunkte der Ökosystemforschung Niedersächsisches Wattenmeer werden im Abschluß und in der Zusammenfassung der Ergebnisse des A-Teils sowie in der Weiterführung der B-Hauptphase „ELAWAT" liegen. Eine umfassende Synthese aller Ergebnisse unter o. g. Aspekten soll an die Hauptuntersuchungsphasen anschließen.

Ausgewählte Literatur aus dem Projekt:

ANONYM (1992): 2. Wissenschaftliches Symposium der Ökosystemforschung Wattenmeer, Büsum, 4.–5. März 1991. – Berichte aus der Ökosystemforschung Wattenmeer 1

ANONYM (1994): 3. Wissenschaftliches Symposium Ökosystemforschung Wattenmeer, 15.–18. 11. 1992, Norderney. – Berichte aus der Ökosystemforschung Wattenmeer 3, Band 1 und 2

ARBEITSGRUPPE FÜR REGIONALE STRUKTUR- UND UMWELTFORSCHUNG GMBH (1989): Programmkonzeption zur Ökosystemforschung im Niedersächsischen Wattenmeer. – Texte 11 / 1989

BERBERICH, W. und B. MÜLLER (1993): Ökosystemforschung Wattenmeer – Teilvorhaben Niedersächsisches Wattenmeer, Vorphase – Das Geographische Informationssystem im Nationalpark Niedersächsisches Wattenmeer – Testlauf, Konzeption und Realisierung im Rahmen der Ökosystemforschung. – Berichte aus der Ökosystemforschung Wattenmeer 3

BRÖRING, U. / R. DAHMEN / V. HAESELER / R. v. LEMM / R. NIEDRINGHAUS und W. SCHULTZ (1993): Ökosystemforschung Wattenmeer – Teilvorhaben Niedersächsisches Wattenmeer, Vorphase – Dokumentation der Daten zur Flora und Fauna terrestrischer Systeme im Niedersächsischen Wattenmeer. – Berichte aus der Ökosystemforschung Wattenmeer 2, Band 1 und 2

EBENHÖH, W. und H. SIEMONEIT (1994): Ökosystemforschung Wattenmeer – Teilvorhaben Niedersächsisches Wattenmeer, Vorphase – Mathematische Modellierung von aquatischen Ökosystemen. – Texte 5 / 1994

EITNER, V. (1994): Ökosystemforschung Wattenmeer – Teilvorhaben Niedersächsisches Wattenmeer, Vorphase – Untersuchungen zur Morphologie und Sedimentologie des Einzugsgebietes der Otzumer Balje (Niedersächsisches Wattenmeer). – Texte 25 / 1994

FARKE, H. / T. HÖPNER / H. KUNZ / W. BERBERICH / G. EICHWEBER / G. HILGERLOH und G. LIEBEZEIT (1993): Ökosystemforschung Wattenmeer – Teilvorhaben Niedersächsisches Wattenmeer, Vorphase – Zusammenfassender Abschlußbericht. – Texte 48 / 1993

HEIDER, S. (1994): Ökosystemforschung Wattenmeer – Teilvorhaben Niedersächsisches Wattenmeer, Vorphase – Historische Entwicklung – Aufbau einer Literaturdatenbank. – Texte 23 / 1994

JAX, K. / E. VARESCHI und G.-P. ZAUKE (1993): Ökosystemforschung Wattenmeer – Teilvorhaben Niedersächsisches Wattenmeer, Vorphase – Entwicklung eines theoretischen Konzepts zur Ökosystemforschung Wattenmeer. – Texte 47 / 1993

KNAUER, P. / W. HABER / L. SPANDAU / K. TOBIAS / C. LEUSCHNER / T. HÖPNER / W. EBENHÖH / G.-P. ZAUKE / B. SCHERER / E. SCHREY / H. FARKE / H. KUNZ / K.-H. von BERNEM / H.-L. KRASEMANN / A. LISTEN / A. MÜLLER / S. PATZIG / R. RIETHMÜLLER und K. REISE (1990): Ökosystemforschung Wattenmeer, Konzepte und Zwischenergebnisse des Ökosystemforschungsprogramms des Bundesministers für Umwelt, Naturschutz und Reaktorsicherheit und des Umweltbundesamtes. – Texte 7 / 1990

KOHL, M. / E. WITTROCK / J. WINDELBERG und T. HÖPNER (1994): Ökosystemforschung Wattenmeer – Teilvorhaben Niedersächsisches Wattenmeer, Vorphase – Nutzungen und Belastungen im Niedersächsischen Wattenmeer. – Texte 4 / 1994

LEUSCHNER, C. (1989): Ökosystemforschung Wattenmeer – Hauptphase Teil 1 – Erarbeitung der Konzeption sowie der Organisation des Gesamtvorhabens (Forschungsverbund). – Texte 10 / 1989

MICHAELIS, H. und B. BÖHME (1994): Ökosystemforschung Wattenmeer – Teilvorhaben Niedersächsisches Wattenmeer, Vorphase – Benthosforschung im Ostfriesischen Wattenmeer. – Texte 24 / 1994

NIEMEYER, H. D. und R. KAISER (1994): Ökosystemforschung Wattenmeer – Teilvorhaben Niedersächsisches Wattenmeer, Vorphase – Hydrodynamik im Ökosystem Wattenmeer. – Texte 26 / 1994

(Die Reihe „Texte" kann über das Umweltbundesamt, Postfach 330022, D-14191 Berlin und die Reihe „Berichte aus der Ökosystemforschung Wattenmeer" über die Geschäftsstelle Ökosystemforschung Wattenmeer c/o Umweltbundesamt, Postfach 330022, D-14191 Berlin bezogen werden.)

Anschrift: Steuergruppe Ökosystemforschung Niedersächsisches Wattenmeer
Verwaltung des Nationalparks bzw. Biosphärenreservates
Niedersächsisches Wattenmeer
Virchowstraße 1, D-26382 Wilhelmshaven
Tel.: (0 44 21) 40 82 73 bzw. 40 82 78
Fax: (0 44 21) 40 82 80

Teilvorhaben: Ökosystemforschung Schleswig-Holsteinisches Wattenmeer

Mitwirkende Institutionen und Personen: Am Gesamtvorhaben sind eine Reihe von wissenschaftlichen Einrichtungen und Behörden beteiligt: die Universitäten Hamburg, Kiel, Odense, Kopenhagen, die Biologische Anstalt Helgoland, das GKSS-Forschungszentrum Geesthacht, das Deutsche Wirtschaftswissenschaftliche Institut für Fremdenverkehr an der Universität München, das Fraunhofer-Institut für Atmosphärische Umweltforschung, das Institut für Vogelforschung mit der Vogelwarte Helgoland, der World Wide Fund for Nature (WWF) und das Landesamt für Wasserhaushalt und Küsten. Im Projekt arbeiten 12 Professoren, mehr als 70 wissenschaftliche Mitarbeiterinnen und Mitarbeiter, 22 Diplomandinnen und Diplomanden sowie zeitweilig bis zu 108 wissenschaftliche Hilfskräfte mit. Die fachliche und administra-

Foto 3: *Strömungskanal bei Niedrigwasser im Sylter Königshafen: Ein speziell für das Watt konstruierter Doppelkanal ermöglicht Untersuchungen zum Stoffaustausch zwischen Wattboden und Wasserkörper (Foto: Gätje).*

tive Koordination des Projektes liegt in den Händen einer dreiköpfigen Steuergruppe im Nationalparkamt Tönning.

Arbeitsschwerpunkte der letzten zwei Jahre: Aus inhaltlichen und organisatorischen Gründen ist das Projekt aus zwei Arbeitsbereichen zusammengesetzt:

Teil A

Der angewandte Teil A, dessen Hauptphase nach 5jähriger Laufzeit im Mai 1994 abgeschlossen wurde, befaßte sich mit der Erfassung von Strukturen und der Analyse von Nutzungskonflikten im Schleswig-Holsteinischen Wattenmeer. Zu den Aufgaben dieser Naturschutzforschung gehörten flächendeckende Erhebungen durch Kartierungen von Sedimenten, Schadstoffen und Organismen ebenso wie von menschlichen Einflüssen verschiedenster Art. Die Auswirkungen der verschiedenen Nutzungsformen auf die Lebensgemeinschaften des Wattenmeeres wurden untersucht und daraus Vorschläge für entsprechende Schutzmaßnahmen abgeleitet. In den letzten zwei Jahren wurde neben diesen laufenden Arbeitsprogrammen inhaltliche Zuarbeit zur Entwicklung des trilateralen Wattenmeer-Monitoringprogramms geleistet.

Teil B

Der grundlagenorientierte Teil B, genannt SWAP (Abkürzung für „Sylter Wattenmeer Austauschprozesse"), konzentriert sich auf die Untersuchung von

Funktionen sowie die Bilanzierung von Transport und Austauschprozessen. Dieser Teil der Arbeiten findet im Wattenmeer zwischen den Inseln Sylt und Rømø statt. Das Untersuchungsgebiet ist durch die Dämme zu den beiden Inseln nach Norden und Süden hin abgeschlossen und mit der Nordsee nur durch eine schmale Rinne, das Lister Tief verbunden. Das Sylt-Rømø-Watt ist durch diese Konstellation für eine Bilanzierung von Stofftransporten besonders geeignet.

Die logistische Basis für die Hauptmeßphasen bildet – wie in den Jahren zuvor – die Wattenmeerstation der Biologischen Anstalt Helgoland in List / Sylt. Verschiedene Aufbauten im Watt (Meßplattformen, Beobachtungstürme, Strömungskanal, meteorologische Meßgeräte, Gaswechsel-Meßboxen, Porenwassersammler) wurden zur Datenerhebung eingesetzt. Auch Forschungsschiffe dienten zur Durchführung von interdisziplinären Meßprogrammen im Untersuchungsgebiet. So wurde das BAH-Forschungsschiff „Heincke" im März, August und Oktober 1993 jeweils für zwei Wochen im Lister Tief verankert. Im Rahmen dieser Einsätze wurden hydrographische Parameter sowie die Nährstoff- und Schwebstoffkonzentration simultan erfaßt und die Transporte von Seston, Sedimenten und verschiedener Benthosorganismen sowie von Megaplankton quantifiziert.

Der geplante Einsatz eines für das niederländische Wattenmeer entwickelten Ökosystemmodells (ECOWASP) ermöglicht Inter- und Extrapolationen der zeitlich und räumlich begrenzten Messungen im Untersuchungsgebiet und wird dazu beitragen, die Aussagen über Austauschvorgänge und Transportprozesse zu vervollständigen.

Das im Nationalparkamt Tönning aufgebaute Geographische Informationssystem ermöglicht die Darstellung und Verschneidung flächenbezogener Parameter in Form von thematischen Karten.

Forschungsergebnisse: Zu Beginn der Synthesephase im Teil A wurden von der Steuergruppe Leitfragen formuliert, die in den Schlußberichten der Teilprojekte beantwortet werden. Die ersten drei Leitfragen beziehen sich auf die Definition von Räumen besonderer ökologischer Bedeutung, besonderer Empfindlichkeit und besonderer Belastung. Zur Definition von Räumen besonderer ökonomischer Bedeutung wurde im Rahmen der sozioökonomischen Untersuchungen eine differenzierte Analyse der Wirtschaftsstruktur der Küstenregion durchgeführt. Eine Kosten-Nutzen-Analyse des ökonomischen Systems Nationalpark bzw. Biosphärenreservat ergab, daß der Tourismus der tragende Wirtschaftssektor ist und zudem der einzige, von dem Wachstumsimpulse ausgehen.

Weitere Leitfragen beziehen sich auf vorzuschlagende Schutzstrategien. Auf der Grundlage der regionalen Differenzierung („Räume besonderer . . .") der Nationalpark- bzw. Biosphärenreservatregion sind Folgerungen und Vorschläge für Schutzgebietsgrenzen (äußere Grenzen und innere Zonierung des Nationalparks bzw. Biosphärenreservats) sowie für weitere Schutzstrategien abzuleiten. Die ökologischen und ökonomischen Auswirkungen der vorgeschlagenen Schutzstrategien sollen aufgezeigt werden.

Die Teilprojekte geben Empfehlungen für die Öffentlichkeitsarbeit, Umweltbildung und Schutzgebietsbetreuung ab. In teilprojektübergreifender Zusammenarbeit wird ein Szenario „Ungestörte ökologische Entwicklung des Wattenmeeres" ausgearbeitet. Die ebenfalls in einer Leitfrage geforderte Zuarbeit zu einem Wattenmeer-Monitoringprogramm erfolgte zum großen Teil bereits in 1992 und ging in das Konzept einer Ökologischen Umweltbeobachtung (ÖUB) ein, die von der Trilateralen Monitoring-Expertengruppe erarbeitet wurde. Im Rahmen der Rastvogelerfassung („Joint Monitoring Project for Migratory Birds") sowie der Brutbestandserfassung („Joint Monitoring Project for Breeding Birds") wurde die Weiterentwicklung und trilaterale Harmonisierung der Untersuchungsmethoden vorangetrieben. Ein Konzept zur Bruterfolgskontrolle wurde erarbeitet und erprobt.

Umsetzung der Ergebnisse in die Praxis: Schon im bisherigen Verlauf hat die Ökosystemforschung wesentliche Entscheidungen über Schutzmaßnahmen im Nationalpark bzw. Biosphärenreservat fachlich vorbereitet. An dieser Stelle können nur einige Beispiele angeführt werden. So lieferten die Forschungsergebnisse die wissenschaftlichen Grundlagen für ein Extensivierungsprogramm zur Schafbeweidung in den Salzwiesen. Wurden 1985 noch 90 % der Salzwiesen im Nationalpark bzw. Biosphärenreservat intensiv beweidet, so sind zum jetzigen Zeitpunkt 60 % unbeweidet und können sich ungestört entwickeln.

Im Bereich Miesmuschelfischerei konnte im Einvernehmen mit den Betroffenen eine naturverträglichere Nutzung erreicht werden, indem weitgehend auf die Anlage von Miesmuschelkulturen in der Zone 1 (des Nationalparks) verzichtet wird. Die im Projekt erarbeiteten Informationen zur Lage, Art und Dynamik der Miesmuschelbestände sowie zu den Auswirkungen der Fischerei auf dieses Geschehen lieferten die Grundlage für ein neues Muschelfischereikonzept. Danach sollen, neben weiteren Neuregelungen, die Muschelkulturen sowie die Saat- und Konsummuschelfischerei nicht nur aus der Zone 1, sondern aus dem gesamten Eulitoral herausverlagert werden.

Gemeinsam mit Garnelenfischern und Netzherstellern wurde im Rahmen der Ökosystemforschung ein bodenschonendes Rollengeschirr entwickelt, das den befischten Wattboden einschließlich seiner Lebewesen weniger beeinträchtigt als herkömmliche Fanggeschirre. Möglichkeiten zur Reduzierung des Beifangs durch die Verwendung selektiver Netze und zur Verringerung der Beifangsterblichkeit durch alternative Methoden der Fangsortierung an Bord wurden aufgezeigt.

Künftige Arbeitsschwerpunkte: In der seit Juni 1994 laufenden Synthesephase, gefördert vom Bundesministerium für Forschung und Technologie (BMFT), werden die Ergebnisse der Teilprojekte zusammengeführt, abschließend ausgewertet und aus der umfangreichen Datenbasis Schutzkonzepte für das Wattenmeer erarbeitet. Die Abschlußberichte des Teils A und die Forschungsarbeiten im Teil B werden u.a. die Grundlagen für ein optimiertes Zonierungskonzept im Nationalpark bzw. Biosphärenreservat liefern. Bereits jetzt zeichnet sich der Vorschlag ab, das bisherige Mosaik mehrerer kleiner Zone-1-Gebiete durch großflächige Kernzonen, die ganze Wattstromeinzugsgebiete umfassen, zu ersetzen. Diese naturräumlich definierten Zonen besonderen Schutzes, die von binnendeichs gelegenen Feuchtgebieten über Salzwiesen, Watten und Priele bis zur offenen Nordsee reichen, sind nach den vorläufigen Erkenntnissen besser geeignet, den weitgehend ungestörten Ablauf der Naturvorgänge zu gewährleisten. Die zu erarbeitenden Vorschläge für Schutzkonzepte erstrecken sich auch auf die an den Nationalpark bzw. das Biosphärenreservat angrenzenden seewärtigen und landseitigen Gebiete, denn viele Gefährdungen des Lebensraums Wattenmeer reichen über dessen Grenzen hinaus.

Die Auswertung der Ökosystemforschungsergebnisse im Hinblick auf die Installation und Entwicklung des trilateralen Wattenmeermonitoring-Programms bildet einen weiteren Arbeitsschwerpunkt. Während der Synthesephase sind weitere Ergebnisse insbesondere im Hinblick auf ein erweitertes regionalisiertes Monitoring zu erwarten. Die Festlegung von nutzungsfreien Referenzgebieten und von repräsentativen Monitoringflächen wird ebenso auf der Basis der Projekterkenntnisse erfolgen wie der Aufbau eines begleitenden Forschungsprogramms, das ergänzend anthropogene und natürliche Veränderungen im Detail untersucht und Grundlagen für die Weiterentwicklung und Effizienzsteigerung des Monitoringprogramms liefert.

Ausgewählte Literatur aus dem Projekt:

BERGHAHN, R. und R. VORBERG (1993): Auswirkungen der Garnelenfischerei im Wattenmeer. – Arbeiten des Deutschen Fischerei-Verbandes 57, S.103–126

FLEET, D. M. und B. HÄLTERLEIN (1994): Anleitung zur Brutbestandserfassung von Küstenvögeln im Wattenmeerbereich in: Seevögel (im Druck)

KELLERMANN, A. / K. LAURSEN / R. RIETHMÜLLER / P. SANDBECK / R. UYTERLINDE und B. van de WETERING (1994): Concept for a trilateral integrated monitoring program in the Wadden Sea in: Proc. 8th Intern. Wadden Sea Symp. Esbjerg, Denmark, 29. Sept.–2. Oct. 1993. – Ophelia (im Druck)

NATIONALPARK SCHLESWIG-HOLSTEINISCHES WATTENMEER (Hrsg.): Ökosystemforschung Schleswig-Holsteinisches Wattenmeer – Eine Zwischenbilanz. – Schriftenreihe Nationalpark Schleswig-Holsteinisches Wattenmeer 5

NEHLS, G. (1994): Eiderenten und Muschelfischer im Wattenmeer – ist eine friedliche Koexistenz möglich ? – Arbeiten des Deutschen Fischerei-Verbandes 60 (im Druck)

REISE, K. und C. GÄTJE (Hrsg.) (1994): Königshafen – Natural History of an Intertidal Bay in the Wadden Sea. – Helgoländer Meeresuntersuchungen 48 (2 / 3) (im Druck)

RÖSNER, H.-U. (1994): Population indices for migratory birds in the Schleswig-Holstein Wadden Sea from 1987 to 1993. – Ophelia (im Druck)

RUTH, M. (1993): Auswirkungen der Miesmuschelfischerei auf die Struktur des Miesmuschelbestandes im schleswig-holsteinischen Wattenmeer – mögliche Konsequenzen für das Ökosystem. – Arbeiten des Deutschen Fischerei-Verbandes 57, S.85–102.

STOCK, M. / H.-H. BERGMANN / H.-W. HELB / V. KELLER / R. SCHNIDRIG-PETRIG und H.-C. ZEHNTER (1994) Der Begriff „Störung" in naturschutzorientierter Forschung: ein Diskussionsbeitrag in: Zeitschrift für Ökologie und Naturschutz 3, S.49–57

WILHELMSEN, U. / E. SCHREY / C. GÄTJE und A. KELLERMANN (1994): Ökosystemforschung im Nationalpark Schleswig-Holsteinisches-Wattenmeer in: Zeitschrift für Ökologie und Naturschutz 2 / 4, S.77–78.

Anschrift: Steuergruppe Ökosystemforschung
Landesamt für den Nationalpark
Schleswig-Holsteinisches Wattenmeer
Schloßgarten 1, D-25832 Tönning
Tel.: (0 48 61) 6 16 40; 6 16 45; 6 16 46
Fax: (0 48 61) 4 59

3.5 „Forschungsverbund Agrarökosysteme München", Klostergut Scheyern / Bayern

Mitwirkende Institutionen:

Der Forschungsverbund Agrarökosysteme München wurde 1990 gegründet; Träger sind die Technische Universität München – Weihenstephan (TUM) und das GSF-Forschungszentrum für Umwelt und Gesundheit, Neuherberg. Der Freistaat Bayern (Ministerium für Unterricht und Kultus, Wissenschaft und Kunst) hat die Pacht- und Bewirtschaftungskosten für das FAM-Versuchsgut Scheyern für 15 Jahre übernommen. Das Bundesministerium für Forschung und Technologie (BMFT) unterstützt das Projekt seit dem 01.11.1990 als eines der fünf Zentren für Ökosystemforschung, die im nationalen Forschungsnetz TERN (Terrestrial Ecosystem Research Network) zusammengeschlossen sind. Dort werden Prozesse und Wechselbeziehungen in unterschiedlichen Landschaftstypen – Agrarlandschaft, Gewässerlandschaft, Waldlandschaft und Industrielandschaft – untersucht. Gemeinsam leisten die fünf Zentren Beiträge für internationale Forschungsprogramme wie dem „Internationalen Geosphären- und Biosphären-Programm" (IGBP). Seit 1991 ist der FAM als MAB-Projekt anerkannt.

Nach einer Aufbauphase (1990–1992), in der die organisatorisch-infrastrukturellen Voraussetzungen geschaffen wurden und der Ausgangszustand der Flächen des Versuchsgutes Scheyern vermessen wurde, befindet sich der FAM derzeit in der Hauptphase (1993–1997). Das Projekt ist für eine Laufzeit von 15 Jahren konzipiert.

Derzeit werden 49 Projekte im FAM durchgeführt, 32 Projekte der TUM, 1 Projekt der Uni Marburg und 16 Projekte der GSF. Mehr als 100 Personen, davon 40 Doktoranden, tragen die Forschung im FAM. Beteiligte Lehrstühle und Institute:
– TUM-Lehrstuhl für Pflanzenbau und Pflanzenzüchtung
– TUM-Lehrstuhl für Pflanzenernährung
– TUM-Lehrstuhl für Phytopathologie
– TUM-Lehrstuhl für Grünland und Futterbau
– TUM-Institut für Landtechnik
– TUM-Lehrstuhl für Bodenkunde
– TUM-Lehrstuhl für Physik
– TUM-Lehrstuhl für Landschaftsökologie II
– TUM-Lehrstuhl für Botanik
– TUM-Abteilung für Mathematik und Statistik
– TUM-Lehrstuhl für Wirtschaftslehre des Landbaues

- TUM-Lehrstuhl für Agrarpolitik und landwirtschaftliches Marktwesen
- TUM-Geodätisches Institut
- GSF-Institut für Bodenökologie
- GSF-Institut für Biochemische Pflanzenpathologie
- GSF-Institut für Hydrologie
- GSF-Institut für Ökologische Chemie
- GSF-Projektgruppe Umweltgefährdungspotentiale von Chemikalien
- GSF-Institut für Strahlenschutz
- Philipps-Universität Marburg, Fachbereich Biologie, Fachgebiet Naturschutz

Ziele und Forschungsansatz

Ziel des Forschungsverbundes Agrarökosysteme München (FAM)

Der Strukturwandel in der Landwirtschaft äußert sich in einem markanten Rückgang der Zahl landwirtschaftlicher Betriebe, in einem veränderten sozialen Leitbild und in einer immer engeren Abhängigkeit von der Verfügbarkeit überregionaler Vorleistungen (fossile Energie, externe Futtermittel). Dies führte zu einem Rückgang regionaltypischer Arten und Lebensgemeinschaften, zur stellenweise erheblichen Belastung abiotischer Ressourcen (Boden, Luft, Wasser) mit überschüssigen Dünge- und Pflanzenschutzmitteln, zur Verminderung der „Leistungsfähigkeit" des Naturhaushalts sowie zu einer Vereinheitlichung des Landschaftsbildes. Ziel des FAM ist es, die Auswirkungen von derzeit für umweltschonend erachteten Formen der Landwirtschaft auf die Qualität biotischer und abiotischer Ressourcen zu untersuchen und daraus Strategien für die künftige Behandlung der mitteleuropäischen Kulturlandschaft abzuleiten. Hierzu gehören Methoden der Erfassung und Vorhersage nutzungsbedingter Änderungen im Landschaftshaushalt ebenso wie Verfahren zur Vermeidung und Sanierung von Belastungen und die Umsetzung von Naturschutzzielen in die landwirtschaftliche Praxis.

Forschungsansatz

Im FAM werden nicht vorrangig bestimmte Wirtschaftssysteme oder Geländeausschnitte miteinander verglichen; vielmehr wird die Entwicklung von Zuständen (wie die Nährstoffsituation von Böden oder die Artenzusammensetzung von Ackerrainen) und Prozessen (wie Bodenabtrag, Grundwasserneubildung, Ab- oder Zuwanderung von Arten) im geographischen Raum nach Änderung der Flächennutzung in Form von Zeitreihen untersucht. Hierfür steht das Versuchsgut Scheyern zur Verfügung. Der Forschungsansatz ist also prozeßorientiert und ökosystemar. Damit aber Stoff-, Energie- und Informa-

Foto 4: *Klostergut Scheyern; oberes und unteres Hohlfeld von Süden (Foto: Kainz).*

tionsflüsse für Prognosemodelle hinreichend sicher quantifiziert werden können, werden die Untersuchungen auch auf weniger komplexe Teilsysteme (Mikrokosmen) ausgedehnt. Parzellen- (beispielsweise Düngungs-, Bodenbearbeitungs-, Wildkrautregulierungs-Varianten) und Lysimeterversuche ergänzen das Forschungsprogramm. Hierdurch werden die Ergebnisse auch auf andere Landschaftsausschnitte des Naturraums übertragbar. Durch Vergleich mit gängigen (gegebenenfalls zu modifizierenden) Umweltstandards kann schließlich die Entwicklung der Ressourcenqualität bewertet werden; hieraus lassen sich Empfehlungen für eine künftige Agrarumweltpolitik ableiten.

Das Versuchsgut Scheyern

Im Zentrum der Untersuchungen steht das 153 ha große Versuchsgut Scheyern (40 km nördlich von München), das der Freistaat Bayern von der Benediktinerabtei Scheyern für den FAM angepachtet hat. Der Landschaftsausschnitt des Versuchsgutes ist mit seinem Wechsel von steilen und flachen Hängen, mit dem engen Wechsel verschiedener Böden repräsentativ für den Naturraum Tertiärhügelland, in dem etwa ein Drittel der Ackerflächen Bayerns liegen. Die typischen Folgeprobleme einer intensiven und einseitigen Bewirtschaftung sind hier anzutreffen: Erosion, Bodenverdichtung, Belastung von Grund- und Oberflächenwasser mit Nährstoffen und Pflanzenschutzmitteln, Artenarmut. Auf Flächen des Versuchsgutes sind die Osthänge vergleichsweise flach, die Nord- und Westhänge steil. Die steilen Flächen und Feuchtflächen der Bachauen werden als Grünland genutzt. Ackerflächen dominieren an den Osthängen und in Kuppenlagen. Im Gelände liegen zwei Teichketten und verlaufen zwei stets wasserführende Gräben, die den am Beginn einer Teichkette liegenden regelmäßig beprobten Teufelsweiher speisen. Mehrere große, geschlossene Hangmulden erlauben, Stoffflüsse infolge von oberflächlichem Abfluß zu erfassen. Im Süden und Westen schließt Wald auf Wasserscheiden das Gebiet ab.

Projektaufbauphase auf dem Versuchsgut (1990–1992)

Während der Projektaufbauphase wurden die Flächen des Versuchsgutes einheitlich und konventionell bewirtschaftet. Ziel war es, Standortunterschiede zu messen und relativ gleiche Ausgangsbedingungen für die Projekthauptphase zu schaffen. Eine wichtige Voraussetzung für die punktgenaue Durchführung der Inventur und für alle fortlaufenden Messungen ist die geodätische Detailvermessung. Nach jeder Bearbeitung wird ein 50-m-Rasternetz mit 500 Meßpunkten neu eingemessen. Die Erhebungen erfolgen in festgelegten Transekten an den Rasterpunkten. Der Ausgangszustand wurde von den Mitarbeitern je nach Teilgebiet entweder an allen 500 Meßpunkten oder an repräsentativen Dauerbeobachtungspunkten erfaßt. Boden- und vegetationskundliche Erhebungen wurden im gesamten Raster durchgeführt, 19 Musterprofile wurden ausgehoben und 11 hydrologische Meßschächte installiert. Mit Hilfe moderner Verfahren (Geostatistik, Pedotransferfunktionen, etc.) lassen sich aus punktförmig erhobenen Daten Flächenaussagen treffen.

Umgestaltung des Versuchsgutes und Einrichtung von 2 Betrieben (Herbst 1992)

Nach der zweijährigen Projektaufbauphase wurde das Versuchsgut unter Beachtung von Umweltqualitätszielen umgestaltet. Die Flächeneinteilung ist der Versuch einer Optimierung zwischen den bisher bekannten Flächenansprüchen des Naturschutzes und der Landbewirtschaftung. Die Forschung im Projekt soll zeigen, ob die Umgestaltung als tragfähiges Modell für eine zukunftsweisende Landnutzung unter Beachtung der agrarpolitischen Rahmenbedingungen angesehen werden kann.

Zeitgleich mit der Umgestaltung wurde das Versuchsgut in zwei Bewirtschaftungssysteme unterteilt: Integrierter Pflanzenbau und Ökologischer Landbau. Entsprechend wurden auch Flächen für Parzellenversuche ausgewiesen. Von beiden auf dem Versuchsgut praktizierten Bewirtschaftungssystemen wird angenommen, daß sie eine Verbesserung hinsichtlich des abiotischen und biotischen Ressourcenschutzes nach sich ziehen. Dies wird fortlaufend erfaßt und dokumentiert.

Integrierter Pflanzenbau

Bei der Bewirtschaftung werden die Ziele des Boden-, Luft- und Gewässerschutzes berücksichtigt, indem die Intensität der Bodenbearbeitung reduziert wird, Pflanzenrückstände an der Oberfläche verbleiben, Breitreifen eingesetzt werden und Pflanzenschutzmittel nach ökonomischen Schadensschwellen angewendet werden. Stickstoff wird entsprechend dem Pflanzenentzug gedüngt.

Im integrierten Betrieb wird eine Tierhaltung simuliert. Der Betrieb soll unter Einsatz derzeit zugelassener Betriebsmittel eine optimale Kombination von Umweltqualität und Einkommen verwirklichen.

Ökologischer Landbau

Der Betrieb versucht, nach dem Prinzip möglichst geschlossener Stoffkreisläufe zu arbeiten. Phosphor und Kalium sollen aus dem Bodenvorrat mobilisiert, Stickstoff durch Leguminosen eingebracht werden. Weder mineralischer N-Dünger noch chemische Pflanzenschutzmittel werden in diesem Betrieb eingesetzt. Zum Betrieb gehört eine Mutterkuhherde, die im Sommer die stellenweise steilen Grünlandflächen beweidet und im Winter Ackerfutter und Heu nutzt. Ziel ist ein Maximum an Umweltqualität. Direkte Einkommensübertragungen durch verschiedene Programme werden ausgenutzt. Der Betrieb ist Mitglied bei den Anbauverbänden für Ökologischen Landbau „Bioland" und „Naturland".

Probleme der intensiven Landbewirtschaftung

Erosion, Verdichtung

Durch die große Vielfalt der Böden kommen auf dem Versuchsgut Scheyern alle Probleme vor, die eine intensive Landbewirtschaftung im Bereich Boden nach sich zieht. Dies fängt an mit der Auswaschung von Agrochemikalien auf sandigen Böden und geht über die Freisetzung von Treibhausgasen und die Erosion bis hin zur Verdichtung. Da sich häufig einzelne Schädigungen überlagern oder sogar gegenseitig verstärken, wird in der Bewirtschaftung eine umfassende Lösung angestrebt. So sollen Breitreifen Verdichtungen verhindern und gleichzeitig vor Erosion schützen. In der jüngsten Vergangenheit lassen sich durch Erosion Bodenverluste von über 20 cm in 20 Jahren an Hand von Radiotracern des Kernwaffenfallouts (Cs, Pu) nachweisen. Obwohl auf dem Versuchsgut im Zuge der Landschaftsumgestaltung die erosionswirksame Schlaglänge verkürzt und Rückhaltebecken geschaffen wurden, quer bearbeitet wird, Mais und Kartoffeln in Mulchsaat angebaut werden, kam es 1993 zu über 50 Erosionsereignissen.

Abflüsse und Abträge werden nahezu flächendeckend in 16 Teileinzugsgebieten mit einer mittleren Flächengröße von 3,5 ha erfaßt. Um die Stoffflüsse nicht zu stören, werden für die Quantifizierung und chemische Analyse (Nährstoffe, Pestizide, Radiotracer etc.) nur 1–3 % des Abflusses entnommen, der Rest fließt ungehindert weiter. Mehrere Einzugsgebiete sind kaskadenartig ineinander geschachtelt. Damit läßt sich prüfen, wie sich die Frachten zwischen zwei Meßpunkten durch Erosion oder Deposition verändern. Auflandungen lassen sich zusätzlich hoch auflösend durch Markierungsstäbe und Detailvermessungen bilanzieren. Mittels Modellberechnungen und Radiotracer können räumlich noch genauere Aussagen erzielt werden. Zusätzlich werden lineare Erosionsformen am Boden und aus Luftbildern kartiert und volumen- und mengengetreu erfaßt.

Es geht sogar noch höher auflösend: Im Quadratmetermaßstab lagern Regen und Frost Boden um und ebnen dadurch die Bodenoberfläche ein. Dieser Rauhigkeitsverlust läßt Abfluß schneller fließen und erhöht seine Transportkapazität. Durch ein berührungsloses Abtasten der Bodenoberfläche mit einem Laserstrahl kann dieses Einebnen im Jahresverlauf erfaßt werden. Diese Daten lassen sich ebenso wie geodätische Vermessungen der Landschaft in Digitalen Höhenmodellen weiterverarbeiten.

Auswaschung und Verdriftung von Pflanzenschutzmitteln

Die Belastung von Oberflächen- und Grundwasser mit Pestiziden und polyzyklischen aromatischen Kohlenwasserstoffen (PAK) wird im Teufelsweiher, seinen Bachzuläufen und im Grundwasser gemessen. Die Untersuchungen des Grundwassers in verschiedenen Tiefen ergab, daß die Belastung mit den früher ausgebrachten Pestiziden sehr gering ist – mit zwei Ausnahmen: Atrazin und dessen Abbauprodukt Desethylatrazin. Die Konzentrationen für Atrazin mit bis zu 270 ng / l und Desethylatrazin mit bis zu 520 ng / l überschritten damit deutlich den Trinkwassergrenzwert von 100 ng / l. Unbelastet ist das Wasser der sehr tiefen Pegel, die ein altes Grundwasser erreichen. Hohe Atrazin- und

Desethylatrazinwerte wurden auch in den Oberflächengewässern und an der Quelle eines Baches gemessen: Bodenwasser tritt an Hängen in Form vernäßter Stellen und Quellen zu Tage; da die Quelle des Baches an einem Hang im Wald liegt, wurde das Atrazin wohl in horizontaler Richtung auf einer undurchlässigen Bodenschicht von einer entfernt gelegenen Ackerfläche durch den Hügelrücken transportiert. Aus ausgewählten Meßpunkten werden auf dem Versuchsgut eingesetzte Pestizide auch im Boden in unterschiedlicher Tiefe hinsichtlich Persistenz (Langlebigkeit) und Mobilität untersucht. Sie stellen ein Maß für die Bewertung des Mittels dar.

Ertragssituation

Umweltorientierte Maßnahmen müssen auf die Variabilität des Standortes eingehen, um einerseits die natürlichen Produktionsreserven auszuschöpfen und um andererseits Belastungen zu minimieren. Mit Hilfe eines Satellitenortungssystems (Global Positioning System) und einem Ertragsmeßsystem im Mähdrescher wird die Ertragsfähigkeit der Standorte kleinräumig gemessen. So schwankte beispielsweise bei Sommergerste 1992 der Kornertrag innerhalb des 16,6 ha großen „Flachfeldes" von 13 bis 88 dt / ha. Die Sommergerste reagierte in ihrer Ertragsbildung vorwiegend auf Bodeneigenschaften: Schwere Tonböden waren im Ertrag genauso schlecht wie sehr leichte Sandböden. Allen überlegen waren Kolluvien und Lehmstandorte. Die Durchwurzelung variierte wie die Ertragsbildung sehr kleinräumig, was in der Vielfalt des geologischen Ausgangsmaterials und der daraus sich entwickelten Böden zu ersehen ist. Sie kann durch mechanische oder chemische Maßnahmen oder auch indirekt über pflanzliche Maßnahmen wie Sorten, Saatstärke und Nährstoffversorgung erfolgen. Als Antwort auf die hohe Standortvariabilität wird die Umsetzung einer teilschlagbezogenen Applikationstechnik für Düngung, Pflanzenschutz und Wildkrautregulierung angestrebt.

Wie indirekte Maßnahmen die Licht-, Wasser- und Nährstoffkonkurrenz von Kulturpflanzen und Wildkräutern beeinflussen, wird in beiden Anbausystemen untersucht. Die Wirkung verschiedener Regulierungsverfahren wird auch hinsichtlich des Artenschutzes beurteilt.

Stickstoff-Dynamik

Die verschiedenen N-Fraktionen im Boden unterliegen einer Vielzahl physikalischer, chemischer und biologischer Transformationsprozesse. Der weitaus überwiegende Teil des Bodenstickstoffes (häufig > 98 %) ist in der organischen Substanz gebunden. Bodenmikroorganismen fungieren sowohl als Transformatoren als auch als Puffer bei der Mineralisierung dieses organischen Stickstoffes.

Der zu Vegetationsbeginn im durchwurzelbaren Boden vorhandene anorganische N stellt eine wesentliche N-Quelle für landwirtschaftliche Kulturpflanzen dar. Daher wird der im zeitigen Frühjahr ermittelte N_{min}-Gehalt zur Optimierung der Düngung herangezogen. Probenahmen nach der Ernte dienen dazu, in Abhängigkeit von Bodenart und Fruchtfolgegestaltung, das Nitrat-Auswaschungsrisiko im Winterhalbjahr abzuschätzen.

Wie umfangreiche Flächenbeprobungen (45–65 ha) in der Projektaufbauphase zeigten, ist selbst bei einheitlicher Bewirtschaftung der Ackerflächen eine erhebliche Spannweite der N_{min}-Vorräte festzustellen. So wurden beispielsweise im August 1991 zwischen 20 und 98 kg N / ha und im April 1992 von 31 bis 130 kg N / ha gemessen. Da verschiedene Fruchtfolgeglieder die Heterogenität noch vergrößern, verdeutlicht dieses Ergebnis die Schwierigkeit für den Landwirt, den N-Status aller seiner Schläge zuverlässig zu charakterisieren. Die große Bedeutung, die der Vorgehensweise bei der Probenahme zukommt, belegen Intensivraster-Beprobungen, die an ausgewählten Quadraten durchgeführt wurden. Auch bei sorgfältigster Probenahme muß nach diesen Ergebnissen mit einem weiten Vertrauensbereich von nährungsweise 15 % um den Mittelwert gerechnet werden.

Zur Beschreibung der Stickstoffkreisläufe der beiden Betriebssysteme werden verschiedene Input- und Outputgrößen herangezogen:

N-Input:
– atmosphärische Deposition (ca. 25 kg / ha / Jahr)[1]
– N_2-Bindung nicht symbiontisch (bis 10 kg N / ha / Jahr)
– N_2-Bindung symbiontisch in Grünland und Acker (Lupinen, Kleegras, Kleegras-Untersaaten)[1] im ÖL
– N-Düngung (mineralisch, organisch)[1]

N-Output:
– Erntegut[1]
– Fleisch[1] im ÖL
– Auswaschung (NO_3)[1]
– gasförmige Verluste durch organische Düngung (NH_3) und Verlust auf den Flächen (N_2O[1], N_2)

Mangel wie auch Überschuß wirken sich bei Stickstoff gravierender aus als bei allen anderen Nährstoffen. Durch Auswaschung, Denitrifikation und Emission entstehen beachtliche Schäden. Dabei sind die Verluste bei organischen

---
[1] wird im FAM gemessen

Düngern (z. B. Stallmist, Gülle) erheblich größer als bei mineralischen. Die Höhe der Verluste wird von der Witterung, dem Boden, der Applikationstechnik, dem Anwendungszeitpunkt und dem Kulturpflanzenbestand beeinflußt. Ziel im FAM ist es, die Verwertung von Stickstoff durch die Kulturpflanzen zu maximieren und die Verluste zu minimieren. Zur Erreichung dieses Zieles wird in der Bewirtschaftung der Flächen des Versuchsgutes stets nach dem „derzeitigen Stand des Wissens und der Technik" verfahren.

Im Ökologischen Landbau ist eine ausreichende N-Versorgung in der Fruchtfolge ein Schlüsselproblem der Betriebsplanung. Ein N-Eintrag erfolgt hauptsächlich über die Leguminosen-Rhizobium-Symbiosen des Ackers wie auch des Grünlandes. Die Höhe der N_2-Bindung durch die Leguminosen als auch z. T. die Verwertung des gebundenen N in der Fruchtfolge wird durch Messungen verfolgt. Die Bestimmung der N_2-Bindung im Feld erfolgt im wesentlichen nach zwei Methoden und ist mit großen Schwierigkeiten behaftet:
1. Erweiterte Differenzmethode: Vergleich der N-Menge in der Leguminosen-Biomasse mit einer nicht-N_2-bindenden Pflanze, korrigiert um mögliche Unterschiede im verfügbaren Boden-N (N_{min}).
2. 15N / 14N-Isotopenverhältnis: Untersuchung der relativen Anreicherung des Boden-Ns an 15N (natürlich und künstlich) gegenüber der Luft (0,3663 at% 15N), um über den Vergleich mit dem Isotopenverhältnis einer nicht-N_2-bindenden Pflanze die N_2-Bindung in % des Leguminosen-N zu bestimmen.

Freisetzung klimarelevanter Spurengase

Die weltweit wichtigsten Quellen für die klimawirksamen Spurengase N_2O und CH_4 sind terrestrische Böden (N_2O) bzw. Sedimente aquatischer Ökosysteme (CH_4). Die Spurengase werden dort von Bakterien im Zuge der Stickstoff- und Kohlenstoffumsetzung gebildet. Erhöhte Emissionen aus landwirtschaftlich genutzten Böden gelten als eine wesentliche Ursache für den derzeit zu beobachtenden deutlichen Konzentrationsanstieg dieser Gase in der Atmosphäre. In Agrarökosystemen wird die Spurengasfreisetzung durch einen bewirtschaftungsbedingt hohen C- und N-Umsatz und einen regelmäßigen Eintrag von Nährstoffen beeinflußt.

Auf dem FAM-Versuchsgut in Scheyern wird sowohl auf landwirtschaftlich genutzten Flächen, die unterschiedlich bewirtschaftet werden, als auch im Bereich des Teufelsweihers, der durch Stoffeinträge aus der Landwirtschaft belastet wird, der jahreszeitliche Verlauf der Freisetzung bzw. die Aufnahme von N_2O und CH_4 gemessen. Ziel der Untersuchung ist es, die Stoffflüsse dieser Spurengase flächenrepräsentativ zu beschreiben, die wesentlichen Steuergrößen der Freisetzung als Grundlage der Modellierung der Flußraten zu erfassen und den Einfluß unterschiedlicher Bewirtschaftungssysteme auf die Freisetzungsraten aufzuzeigen und zu bewerten. Hieraus lassen sich Nutzungsstrategien ableiten, die der Forderung nach Reduzierung der Freisetzung klimarelevanter Spurengase gerecht werden. Eine erste Bilanzierung für den Zeitraum Juli 1992 bis August 1993 zeigte, daß die N_2O-Austräge auf den ackerbaulich genutzten Flächen beträchtlich sein können. Die Jahresemissionen in Abhängigkeit von Standorteigenschaften und Bewirtschaftungsart variierten zwischen 6 kg und 16 kg N_2O pro ha und Jahr. Für Methan stellten diese Böden eine Senke dar, während der Teufelsweiher mit seinen Uferbereichen hohe Methanfreisetzungsraten aufwies.

Laborexperimente ergänzen die Freilanduntersuchungen in Scheyern. Unter kontrollierten Bedingungen wird an terrestrischen und aquatischen Modellsystemen (Mikrokosmen) gezielt der Einfluß einzelner Parameter auf die Freisetzung bzw. Aufnahme von N_2O und CH_4 untersucht.

Bodenleben

Auf den Versuchsflächen in Scheyern werden die mikrobielle Biomasse und ausgewählte Tiergruppen in ihrer räumlichen und zeitlichen Dynamik erfaßt und in Bezug zu bodenchemischen und -physikalischen Zuständen gesetzt. Die mehrmalige, teilweise flächendeckende Bestandesaufnahme der Projektaufbauphase dient als Grundlage zur Beschreibung nutzungsbedingter Veränderungen in den Folgejahren. Schwerpunktmäßig werden Regenwürmer (Lumbriciden), Laufkäfer (Carabiden), Springschwänze (Collembolen) und Milben (Acari) erfaßt.

Der auf dem Versuchsgut vorgefundene Ausgangszustand zeichnet ein relativ einheitliches Bild für die biotische Ausstattung der Ackerflächen. Lediglich auf Teilflächen, auf denen früher Hopfen angebaut wurde, sind die Werte deutlich niedriger, während sie auf dem Grünland wesentlich höher liegen. Dieses Ergebnis zieht sich durch die Meßgrößen mikrobielle Biomasse, Individuen- und Artenzahlen der Mesofauna und Individuenzahlen und Biomasse der Lumbriciden. Im Falle der Regenwurmindividuenzahl läßt sich ein eindeutiger Zusammenhang zur Kupferbelastung (durch Fungizide) der ehemaligen Hopfenflächen herstellen.

Flora

An den 343 in Ackerflächen gelegenen Meßpunkten wurde eine durchschnittliche Artenzahl von 23 festgestellt. Dieses Ergebnis liegt unter den Werten, die aus der Literatur für das oberbayerische Tertiärhügelland belegt sind. Signifikant größer als auf den klostereigenen Flächen war der Artenreichtum dagegen auf einigen angrenzenden Feldern, die von extensiver wirtschaftenden Betrieben zugepachtet worden waren. Als dominante „Problemunkräuter" traten auf dem Versuchsgut die Quecke (Agropyron repens), der Windhalm (Aapera spicaventi), verschiedene Kamille-Arten (Matricaria und Anthemis spp.), das Kletten-Labkraut (Galium aparine) und das Acker-Stiefmütterchen (Viola arvensis) auf. In weiten Teilen des Untersuchungsgebietes überschritten diese Arten im Frühjahr 1992 mit durchschnittlich 72 Individuen / m^2 deutlich die wirtschaftliche Schadensschwelle. Fünf der gefundenen Ackerwildkraut-Arten gelten bundesweit oder landesweit als gefährdet bzw. sehr gefährdet: die Kornblume (Centaurea cyanus), der Acker-Hahnenfuß (Ranunculus arvensis), der gewöhnliche Frauenspiegel (Legousia speculum-veneris), das Mäuseschwänzchen (Myosurus minimus) und der Acker-Kleinling (Centunculus minimus). Diese populationsbiologische Untersuchungen sollen die Bewirtschaftungseinflüsse auf solche Arten dokumentieren.

Das Verbreitungsmuster der Pflanzengesellschaften im Grünland dagegen ist sehr differenziert, da hier die Standortsunterschiede stärker durchschlagen. So wurden im Untersuchungsgebiet neben artenarmen Queckenrasen und Glatthafer-Fragmentgesellschaften auch reich ausgestattete Glatthafer- und Kohldistel-Wiesen kartiert. Von den Arten der Roten Listen wurden im Grünland das Breitblättrige Knabenkraut (Dactylorhiza majalis) und das Mäuseschwänzchen (Myosurus minimus) gefunden.

Renaturierung – ein Weg zur Bereicherung der Artenvielfalt in der Agrarlandschaft?

Untersuchungen in Agrarökosystemen haben gezeigt, daß eine Extensivierung der Nutzung und das Auflassen unbewirtschafteter Bereiche in vielen Fällen nicht reicht, die Artenvielfalt in der gewünschten Weise zu erhöhen. So entwickeln sich auf vielen brachgefallenen Äckern mittelfristig artenarme und wenig ansprechende Reinbestände von Quecken und ähnlichen Arten. Ein weiteres Beispiel sind neu angelegte Hecken und Raine, die in ausgeräumten Agrarlandschaften mangels entsprechender Regenerationsquellen nicht den für viele Tierarten wichtigen Struktur- und Artenreichtum entwickeln können.

Die Möglichkeiten und die Effizienz von Maßnahmen zur Renaturierung solcher Flächen sind daher ein Schwerpunkt der durchgeführten Untersuchungen. Im einzelnen werden folgende Fragestellungen behandelt:
– die Steuerung der Sukzession auf brachgefallenen Äckern durch Einsaat und unterschiedliche Pflegeverfahren,

- die Neuanlage landschaftstypischer Hecken und der dazugehörigen Säume durch Ansaat, Pflanzung und Aufbringung von Mähgut sowie
- die Aufwertung artenarmer Grünlandbestände durch Einbringung landschaftstypischer Arten bei unterschiedlich starker Störung der Grünlandnarbe.

Fauna

Welchen Einfluß haben unterschiedliche Bewirtschaftungsformen oder unbewirtschaftete Biotope wie Brachen und Saumstrukturen auf die Tierarten der Agrarlandschaft? Wie wirkt sich die Neuanlage unbewirtschafteter Biotope auf die Bestände dieser Arten aus? Diesen Fragen sind die Zoologen auf der Spur. Ziel der Untersuchungen ist eine naturschutzfachliche Bewertung verschiedener Landschaftsausschnitte der Agrarlandschaft. Bisherige Untersuchungen zeigen die große Bedeutung von Grünland und Randstrukturen als Lebensraum für Tiere. Sie bieten Nahrung, Brutstätten (Vögel, Heuschrecken), ungestörte Vegetation (Spinnen) und einen Platz zum Überwintern. Von diesen Flächen aus können die im Sommer nach der Ernte vorübergehend vegetationslosen Felder wieder besiedelt werden.

z. B. Spinnen

Die Spinnen der Krautschicht stellen erhöhte Ansprüche an die Ausprägung der Vegetationsstruktur, da sie diese zum Aufhängen ihrer Nahrungsnetze, Retraites (Gespinste im Unterschlupf) und Kokons (Eigelege) benötigen. Sie sind somit weniger für die Bewertung angrenzender unbewirtschafteter Kleinstrukturen geeignet. Andere Arten wie die Vierfleck-Radnetzspinne oder die Trichterspinne sind in Scheyern fast nur in unbewirtschafteten Biotopen anzutreffen, wo sich diese Arten auch fortpflanzen können. Weiterhin wurden in Scheyern auch seltene und / oder gefährdete Arten nachgewiesen, so z. B. Araneu alsine. Diese orangerot gefärbte Radnetzspinne ist bundesweit gefährdet.

z. B. Heuschrecken

In den unbewirtschafteten Biotopen lebt eine reichhaltige Heuschreckenfauna. Ihre Arten unterscheiden sich von denen des Grünlandes. Ackerflächen werden nur vorübergehend von sehr mobilen Arten als Lebensraum genutzt. Die angetroffenen Arten gelten im allgemeinen als weit verbreitet und häufig. Bemerkenswert ist jedoch das Auftreten des an Feld- und Wegrändern vorkommenden Feldgrashüpfers (Chorithippus apricarius). Ihre örtliche Population von mehr als 1 000 Individuen ist von überregionaler Bedeutung. Er gilt gemäß der Roten Liste als gefährdet.

z. B. Vögel

Eine vergleichsweise hohe Artenvielfalt bietet auch die Vogelwelt in Scheyern. Von den bislang 110 festgestellten Vogelarten sind 30 in der „Roten Liste Deutschland" erwähnt. Allerdings traten in der Aufbauphase nur 2 davon als Brutvögel im Untersuchungsgebiet auf: der Zwergtaucher (Tachybaptus ruficollis) und das Blaukehlchen (Luscinia svecica). Ursache für die reichhaltige Avifauna im Versuchsgelände ist die Vielfalt an Biotoptypen. Die relativ seltenen Brutvogelarten waren in der Aufbauphase auf die Bereiche ohne bzw. mit nur eingeschränkter Nutzung (z. B. Weiher, Feuchtbrachen) beschränkt. Es wird angenommen, daß das Versuchsgut durch die Maßnahmen der Landschaftsumgestaltung insbesondere für die typischen Vogelarten der Agrarlandschaft attraktiver wird: So zeigte sich bereits im ersten Jahr nach der Einbringung von Brachen und der Aufschüttung der Benjes-Hecken, daß Neuntöter (Lanius collurio) und Rebhuhn (Perdix perdix) erfolgreich brüteten. Beide sind charakteristisch für kleinstrukturierte Agrarlandschaften und wurden zuvor nur in der Umgebung des Untersuchungsgeländes nachgewiesen.

Flora und Fauna der Gewässer

Gewässersysteme, die intensiv landwirtschaftlich genutzte Flächen entwässern, verlieren ihren Charakter als eigenständige Ökosysteme. Sie bekommen die Aufgabe von landwirtschaftlichen Drainagen. Als Folge davon geht die Artenvielfalt zurück, die Gewässer verschlammen und Erhaltungsmaßnahmen werden erforderlich, um zumindest die Dränfunktion zu erhalten. Durch die Umgestaltung der Landwirtschaft zu größerer Heterogenität mit Rand-, Uferstreifen und Rainen sollte die Artendiversität steigen und die Gewässer wieder einen naturnäheren Zustand erreichen.

In den Bächen und dem Teufelsweiher werden die aquatischen Lebensgemeinschaften in der jahreszeitlichen Sukzession untersucht: Bakterien, Phytoplankton, Periphyton, Makrophyten, Zooplankton, Makrozoobenthos. Der Teufelsweiher wird in künstlichen Systemen modelliert werden, um die Übertragbarkeit der Modelle auf die realen Verhältnisse des Weihers zu überprüfen und den Einfluß der Bewirtschaftung zu charakterisieren. Ein Beispiel hierfür ist die Abgrenzung eines Teichausschnittes über ein enclosure (Plexiglasröhre von 1,25 m Durchmesser und 1,60 m Höhe, die in den Teich eingebracht ist), um die Entwicklung der Wasserqualität vergleichend zu beobachten.

Hydrologie, Stoffein- und -austräge

Nährstoffe und Pflanzenschutzmittel verlassen über oberirdische und unterirdische Wasserpfade die landwirtschaftlichen Flächen. Die Bedeutung der einzelnen Wasserpfade für die Stoffausträge gilt es, in Abhängigkeit von Witterung und Vegetation sowie boden- und gesteinsphysikalischen Gegebenheiten zu erfassen. Durch Tensiometrie, Saugkerzen und Einsatz von Markierungsstoffen (Tracern) kann die Wasser- und damit verbundene Nährstoffbewegung beobachtet werden.

An elf Bodenmeßschächten werden die chemische Zusammensetzung und die Bewegung und Neubildung des Sickerwassers verfolgt. Von den Meßschächten reichen Tensiometer zur Messung der Saugspannung und Saugkerzen zur Entnahme von Bodenlösung horizontal in die angrenzenden Felder. Die Meßdaten werden automatisch und niederschlagsabhängig erfaßt. Sechs Brunnen bis zum Grundwasser wurden auf dem Versuchsgut gebohrt, und sieben zusätzliche Multilevelbrunnen ermöglichen eine horizontgebundene Entnahme von Grundwasserproben im 1-m-Abstand zur chemischen und isotopischen Wasseruntersuchung. Über die elektrische Leitfähigkeit, das Sauerstoff-18-Isotop und Tritium können Rückschlüsse auf Herkunft und Alter des Abflusses gezogen und die Sickerwasserbewegung beobachtet werden. Wegen des hohen apparativen Aufwandes und der erheblichen Eingriffe in den Boden werden nur an repräsentativen Stellen Daten intensiv erhoben. Die Modellierung des Wasserhaushalts nimmt einen hohen Stellenwert ein: Über Boden- und Substratvergleiche werden die Daten auf die Fläche übertragen: Aus Fernerkundungsdatensätzen sollen Boden- und Bestandesparameter flächig abgeleitet werden. Dazu werden neue, flugzeuggetragene Sensoren im nahen Infrarotbereich und im Mikrowellenbereich eingesetzt: Sensorsysteme, die im thermischen Infrarot arbeiten (8–12 μm Wellenlänge) und die Strahlungstemperatur der Boden- und Bestandesoberfläche aufzeichnen, sind besonders aussagekräftig für den Feuchtezustand des Bodens und des Bestandes; Sensorsysteme im Mikrowellenbereich besitzen darüber hinaus ein Durchdringungsvermögen für die aufgenommenen Objekte.

Die Nährstoffbelastung der Oberflächengewässer wird anhand gewässerchemischer Parameter im Teufelsweiher und seinen Bachzuläufen untersucht. Bisherige Messungen haben gezeigt, daß ein eindeutiger Einfluß durch die Nutzung der angrenzenden Flächen (Wald, Wiese, Acker) auf die Bachabschnitte besteht. Bei der Reduzierung der eingetragenen Nährstoffkonzentrationen kommt dem Teufelsweiher eine bedeutende Rolle zu: Es werden z. B. ein Großteil der eingetragenen Stickstofffrachten zum einen im Sediment festgelegt und zum anderen über den Prozeß der Denitrifikation als gasförmiges N_2 an die Atmosphäre abgegeben.

Daten- und Modellverbund

Modelle haben für die Beschreibung von Ökosystemen eine zentrale Bedeutung: Nur mit Modellen lassen sich die vielfältigen Einflüsse in einem Ökosystem, die z. B. die Nährstoffauswaschung oder das Ausbreitungsverhalten von Organismen steuern, überschaubar machen. Modelle erlauben Untersuchungen die notwendigerweise nur punktuell durchgeführt werden können, auf einen größeren Raum zu übertragen und damit beispielsweise für Planungsentscheidungen zu nutzen. Mit Modellen können auch Szenarien untersucht werden, die sonst nur sehr schwer greifbar sind, z. B. weil sie wie das hundertjährige Hochwasser zu selten auftreten und solche Katastrophenereignisse mit konventionellen Meßgeräten kaum beherrschbar sind. Nur mit Modellen lassen sich daher objektive Prognosen machen. Mit Modellen können Untersuchungen auf unterschiedlichen Ebenen – im Labor oder im Freiland – zusammengeführt werden.

Zunächst bildet eine gemeinsame Datenbank, in der die Daten aller Teilprojekte gespeichert werden, die Basis, um die verschiedensten Daten zu verknüpfen und gemeinsam auszuwerten. Ein Modellverbund erlaubt es dann, diese Daten für Modellierungen (z. B. von Erosionsprozessen oder der Auswaschung von Nährstoffen und Pflanzenschutzmitteln) zu nutzen. Dieser Modellverbund muß nicht nur unterschiedliche Prozesse abdecken, sondern auch noch verschiedene Maßstäbe. Die Skala reicht von Prozessen im Millimeterbereich, über Prozesse, die das ganze Versuchsgut erfassen, bis zu Prozessen, die auch noch in der Umgebung von Scheyern berechnet werden können. Je nach Maßstab müssen die Modelle ganz unterschiedlich aufgebaut sein, da sich die Gewichte zwischen den verschiedenen Einflußgrößen verschieben, die Datengüte sich verändert und auch die Rechenkapazität nicht überschritten werden kann.

Mit Hilfe des Daten- und Modellverbundes können Stoffbilanzen erstellt und die Ökosystemverträglichkeit der Nutzung geprüft werden. Dazu werden die Ergebnisse mit Umweltstandards verglichen. Dies zeigt dann, ob z. B. der Bodenabtrag oder die Emission von Treibhausgasen noch tolerierbar sind. Ökonomische Modelle erlauben es, auch die Kosten zu ermitteln, die entstehen, wenn die landwirtschaftliche Produktion gleichzeitig Umweltleistungen erbringen soll. Dadurch kann die Gesellschaft entscheiden, ob sie den finanziellen Ausgleich, der für eine bestimmte Leistung notwendig wird, z. B. für ein als ästhetisch empfundenes Landschaftsbild, zu zahlen bereit ist.

Ökonomie und Akzeptanzforschung

Ein ökonomisch-ökologischer Vergleich der beiden Bewirtschaftungssysteme begleitet die naturwissenschaftlichen Untersuchungen auf dem Versuchsgut. Neben ökonomischen Kennzahlen wie Gewinn und Arbeitsproduktivität fließen ökologische Parameter (z. B. Energieaufwand für Düngemittelherstellung, Belastung durch N-Düngung) in den Vergleich ein. Alle dem Betrieb zugeführten Ergebnisse werden durch Einbeziehung weiterer Faktoren wie Marktrisiko oder Beeinträchtigung von Flora und Fauna zu einem Kennzahlensystem erweitert. Verschiedene Bewirtschaftungssysteme können somit sowohl flächen- als auch produktbezogen hinsichtlich ökonomischer und ökologischer Parameter verglichen werden.

Ein entscheidendes Votum für die Akzeptanz und Unterstützung einer bestimmten Form des Landbaus gibt der Verbraucher / die Verbraucherin mit dem Kauf der entsprechend erzeugten Lebensmittel ab. Mittels Marktstudien wird das Verbraucherverhalten beschrieben. „Ab Hof" können die Verbraucher Produkte aus dem Betrieb des ökologischen Landbaus beziehen.

Es wird angenommen, daß das Einkaufsverhalten u. a. vom Kenntnisstand der Bevölkerung über die Auswirkungen unterschiedlicher landwirtschaftlicher Produktionsweisen (konventionell, ökologisch) beeinflußt wird. Daher werden Befragungen in der landwirtschaftlichen und nichtlandwirtschaftlichen Bevölkerung wiederholt durchgeführt, um zu sehen, ob und wie begleitende Informationen zu konventioneller (integrierter) und ökologischer Landwirtschaft das Akzeptanzverhalten beeinflussen.

Umsetzung der Ergebnisse

Die Ergebnisse des FAM sollen für einen möglichst großen Nutzerkreis verfügbar gemacht werden. Deshalb wird nicht nur in wissenschaftlichen Zeitschriften, sondern auch in populärwissenschaftlichen Organen und in der Tagespresse veröffentlicht. Durch Führungen, Kinderfeste und Veranstaltungen für Schulen wird an Verbraucher und vor allem Jugendliche appelliert. Es ist geplant, mit einem Info-Pfad durch das Gelände in Scheyern den zahlreichen Wochenendbesuchern die Forschungsansätze und -ergebnisse nahe zu bringen.

Kartoffeln und Fleisch des Ökobetriebes werden ab Hof vermarktet; im Zuge des Einkaufsbesuches werden den Kunden Informationen zur Bewirtschaftung und den wissenschaftlichen Projekten „mitverkauft". Besonders gut gelingt das im Rahmen von Hoffesten: beim Hoffest 1993 wurden ca. 5000 Besucher gezählt.

Literatur

Wissenschaftliche Veröffentlichungen – Stand Sept. 1994

ANDERLIK-WESINGER, G. und N. KÜHN (1992): Zu einem Fund der Apiaceae Ammi visnaga in Scheyern (Landkreis Pfaffenhofen) <u>in:</u> Berichte der Bayer. Botanischen Gesellschaft 63, S.145–147

AUERNHAMMER, H. / M. DEMMEL / T. MUHR / J. ROTTMEIER und P. v. PERGER (1993): Ortung und Ertragsermittlung in den Erntejahren 1991 und 1992 in: Zeitschrift für Agrarinformatik I / 1, S.26–29

AUERNHAMMER, H. und T. MUHR (1991): The Use of GPS in Agriculture for Yield Mapping and Tractor Implement Guidance. – DGPS 1991 – First International Symposium „Real Time Applications of the Global Positioning System", Düsseldorf, Vol. II, S.455–465

AUERNHAMMER, H. und T. MUHR (1991): GPS in a Basic Rule for Environment Protection in Agriculture in: Proceeding of the 1991 Symposium „Automated Agriculture in the 21st Century", St. Joseph / USA, S.394–402

AUERNHAMMER, H. (1992): Rechnergestützter Pflanzenbau am Beispiel der umweltorientierten Düngung. – VDI / MEG Kolloquium Agrartechnik 14, S.1–15

AUERNHAMMER, H. und M. DEMMEL (1993): Lokale Ertragsermittlung beim Mähdrusch in: Landtechnik 48 / 6, S.315–319

AUERSWALD, K. und J. HAIDER (1992): Eintrag von Agrochemikalien in Oberflächengewässer durch Bodenerosion in: Zeitschrift für Kulturtechnik und Landentwicklung 33, S.222–229

AUERSWALD, K. / W. SINOWSKI und W. HÄUSLER (1992): Gewässerversauerung und Gewässereutrophierung – Ökologische Folgen lateraler Stoffflüsse in Böden in: Bayerisches Landwirtschaftliches Jahrbuch, SH 2 / 92, S.87–96

BEESE, F. (1990): Bodenbewirtschaftung aus ökosystemarer Sicht in: Landwirtschaftliches Jahrbuch, SH 2 / 90, S.19–32

DEMMEL, M. / T. MUHR / J. ROTTMEIER / P. v. PERGER und H. AUERNHAMMER (1992): Ortung und Ertragsermittlung beim Mähdrusch in den Erntejahren 1990 und 1991. – VDI / MEG Kolloquium Agrartechnik, Düsseldorf, 14, S.107–122.

FILSER, J. / H. FROMM / R. NAGEL und K. WINTER (1994): Long-lasting negative effects of intensive agricultural management on the biodiversity of the soil fauna in: Plant and Soil (in press)

FLESSA, H. (1993): Strategien zur Verminderung der N_2O-Emissionen aus landwirtschaftlich genutzten Böden in: ALFRED-WEGENER-STIFTUNG (Hrsg.): Die benutzte Erde. – Berlin, S.341–352

FROMM, H. / R.F. NAGEL und F. BEESE (1992): Methoden zur Funktionsüberprüfung bei Bodentieren. – Schriftenreihe VDLUFA

FROMM, H. / K. WINTER / J. FILSER / R. HANTSCHEL und F. BEESE (1993): The influence of soil type and cultivation system on the spatial distributions of the soil fauna and microorganisms and their interactions in: Geoderma 60, S.109–118

HANTSCHEL, R. und R. J. M. LENZ (1993): Management induced changes in agroecosystems – aims and research approach of the Munich research network on agroecosystems in: EIJSACKERS, H. J. P. and T. HAMERS (Eds): Integrated Soil and Sediment Research: A Basis for Proper Protection. – Maastricht, S.142–144

HANTSCHEL, R. / E. PRIESACK und R. HOEVE (1994): Effects of mustard residues on the carbon and nitrogen-cycle in undisturbed soil microcosms in: Zeitschrift für Pflanzenernährung und Bodenkunde 157, S.319–326

HANTSCHEL, R. / H. FLESSA und F. BEESE (1994): An automated microcosm system for studying soil ecological processes in: Journal of the Soil Science Society of America 58, S.401–404

HAUK, S. / R. GUTSER und N. CLAASSEN (1991): Wurzelwachstum von Winterweizen auf unterschiedlich texturierten Böden. – 2. Wiss. Arbeitstagung in Borkheide. Ökophysiologie des Wurzelraumes, 2, S.18–21

KUCHENBUCH, R. / S. HAUK / R. GUTSER und N. CLAASSEN (1992): Heterogenität des Wurzelwachstums unter Winterweizen im Feld. – 3. Wiss. Arbeitstagung in Borkheide. Ökophysiologie des Wurzelraumes, 3, S.13–16

MORGENSTERN, M. und V. EFIMOV (1993): Investigation of the Influence of Lateral Flow Components on Suction Head Time Series by Two Dimensional Soil Water Modelling. – Modelling Geo-Biosphere Processes 2, S.15–24

MUHR, T. und H. AUERNHAMMER (1992): Technische Möglichkeiten zur Ortung landwirtschaftlicher Fahrzeuge. – VDI / MEG Kolloquium Agrartechnik 14, S.49–56

REITMAYR, T. und A. HEISSENHUBER (1993): Klassifizierung ökologisch orientierter Rechnungssysteme und Erweiterung zu einem ökonomisch-ökologischen Kennzahlensystem für den Bereich der Landwirtschaft in: Zeitschrift für Umweltpolitik & Umweltrecht 3, S.281–310

ROTTMEIER, J. und H. AUERNHAMMER (1992): Ansätze zur dynamischen Gewichtsermittlung in Rundballenpressen. – Vorträge VDI / MEG Freising, Landtechnik, S.165–168

STENGER, R. / E. PRIESACK und F. BEESE (1993): In situ-Messungen zur Bilanzierung der N_{min}-Vorräte in einem Agrarökosystem. – Mitteil. Dtsch. Bodenkundl. Ges. 72, S.803–806

STENGER, R. (1993): Expert-N und Wachstumsmodelle. – Agrarinformatik, Referate des Anwenderseminars 24, S.301–309

Abschluß- und Jahresberichte

AUERNHAMMER, H. / M. DEMMERL / T. MUHR / S. PEISL und J. ROTTMEIER (1992): Ertragsinventur auf dem Versuchsgut Scheyern. – FAM-Bericht 1, S.92–113

AUERNHAMMER, H. / M. DEMMERL / T. MUHR / P. v. PERGER / J. ROTTMEIER und K. WILD (1993): Ertragsinventur – Lokale Ertragsermittlung. – FAM-Bericht 3, S.113–130

BEESE, F. / J. FILSER / H. FROMM / R. F. NAGEL und K. WINTER (1992): Raum-zeitliche Zustandsgrößen der Tier- und Mikroorganismengesellschaften in Böden. – FAM-Bericht 1, S.33–45

BEESE, F. / J. FILSER / H. FROMM / S. MOMMERTZ / R. F. NAGEL und K. WINTER (1993): Raum-zeitliche Muster von Zustandsgrößen der Tier- und Mikroorganismengesellschaften in Böden. – FAM-Bericht 3, S.61–75

BEESE, F. / K. WEISS und W. PFAU (1993): Erfassung und Bewertung gewässerchemischer Parameter als Beitrag zur Bewertung nutzungsbedingter Veränderungen in Agrarökosystemen. – FAM-Bericht 3, S.181–191

FILSER, J. / H. FROMM und K. WINTER (1993): Flächenhafte Erfassung der Bodenlebewesen in einer Agrarlandschaft. – GSF-Jahresbericht 1992, S.52–57

FRITZ, P. / H.-P. SEILER / P. JEZEK und R. KLOSS (1992): Ermittlung der hydrologischen Parameter und Funktionen in der ungesättigten und gesättigten Zone. – FAM-Bericht 1, S.8–17

FRITZ, P. / P. JEZEK / M. MORGENSTERN / S. v. LOEWENSTERN / R. KLOSS und H.-P. SEILER (1993): Ermittlung der hydrologischen Parameter und Funktionen in der ungesättigten und gesättigten Zone. – FAM-Bericht 3, S.19–37

GUTSER, R. und S. HAUK (1992): Produktion von Wurzelbiomasse auf der FAM-Versuchsfläche. – FAM-Bericht 1, S.116–122

HABER, W. / R. LENZ und A. MÜLLER (1992): Aufbau des geographischen Informationssystems. – FAM-Bericht 1, S.196–202

HANTSCHEL, R. und M. KAINZ (Hrsg.) (1992): FAM Jahresbericht 1991. – FAM-Bericht 1, GSF München, Neuherberg

HANTSCHEL, R. und M. KAINZ (Hrsg.) (1992): Allgemeiner Nachfolgeantrag 1992–1997. – FAM-Bericht 2, GSF München, Neuherberg

HANTSCHEL, R. und M. KAINZ (Hrsg.) (1993): Abschlußbericht Aufbauphase 1990–1992. – FAM-Bericht 3, GSF München, Neuherberg

HEISSENHUBER, A. und T. REITMAYR (1992): Erstellung eines rechnergestützten Kennzahlensystems zur ökonomischen und ökologischen Beurteilung von agrarischen Bewirtschaftungsformen. – FAM-Bericht 1, S.172–179

HEISSENHUBER, A. und T. REITMAYR (1993): Erstellung eines rechnergestützten Kennzahlensystems zur ökonomischen und ökologischen Beurteilung von agrarischen Bewirtschaftungsformen. – FAM-Bericht 3, S.219–234

HUBER, W. / F.-J. ZIERIS und G. WIMMER (1992): Analyse der aquatischen Biozönosen in Fließ- und Stillgewässern. – FAM-Bericht 1, S.124–127

HUBER, W. / F.-J. ZIERIS / U. CASCORBI und Ch. VOLM (1993): Analyse der aquatischen Biozönosen in Fließ- und Stillwassersystemen. – FAM-Bericht 3, S.161–180

KETTRUP, A. / P. SPITZAUER / J. MAGHUN und D. MARTENS (1992): Bestimmung organischer Verbindungen in Agrarböden, Fließgewässern und im Grundwasser. – FAM-Bericht 1, S.52–58

LAY, J.-P. / F. BEESE und C. MOSEL (1992): Erfassung und Bewertung gewässerchemischer Parameter als Beitrag zur Bewertung nutzungsbedingter Veränderungen in Agrarökosystemen. – FAM-Bericht 1, S.130–143

MAIDL, F.X. / G. FISCHBECK und R. SIPPEL (1993): Grundaufnahme des derzeitigen Ertragspotentials des Versuchsstandortes Scheyern. – FAM-Bericht 3, S.131–160

MATTHIES, M. / G. BEHLING / M. GRABMANN und W. SCHEURER (1992): Aufbau der Datenbank für den Forschungsverbund. – FAM-Bericht 1, S.182–194

MATTHIES, M. / G. BEHLING / M. GRABMANN und W. SCHEURER (1993): Aufbau der Datenbank für den Forschungsverbund. – FAM-Bericht 3, S.235–257

MAURER, W. und J. WESTROP (1993): Geodäsie-Grundlagenvermessung. – FAM-Bericht 3, S.13–17

PFADENHAUER, J. / H. ALBRECHT und N. KÜHN (1992): Vegetationskundliche Erfassung des Ausgangszustandes. – FAM-Bericht 1, S.60–73

PFADENHAUER, J. und G. ANDERLIK-WESINGER (1992): Planung ökologischer Ausgleichsflächen und Koordination der Gesamtplanung. – FAM-Bericht 1, S.146–159

PFADENHAUER, J. / H. ALBRECHT / N. KÜHN / P. TOETZ und G. ANDERLIK-WESINGER (1993): Vegetationskundliche Erfassung des Ausgangszustandes. – FAM-Bericht 3, S.77–91

PFADENHAUER, J. und G. ANDERLIK-WESINGER (1993): Umgestaltung des FAM-Versuchsgutes auf der Grundlage des integrierten Naturschutzes. – FAM-Bericht 3, S.193–208

PLACHTER, H. / N. KÜHN / H. LAUSSMANN und J. BARTEL (1992): Inventarisierung der Tierwelt im Hinblick auf naturschutzbezogene Wirkungen unterschiedlicher Landbewirtschaftung. – FAM-Bericht 1, S.76–90

PLACHTER, H. / U. AGRICOLA / J. BARTEL und H. LAUSSMANN (1993): Inventarisierung der Tierwelt im Hinblick auf naturschutzbezogene Wirkungen unterschiedlicher Landbewirtschaftung. – FAM-Bericht 3, S.93–111

PRECHT, M. / N. MEIER / W. ROTTLER / R. HOFFMANN und P. BECKER (1993): Konzept, Aufbau und Betrieb des EDV-Verbundes in Weihenstephan und Scheyern. – FAM-Bericht 3, S.259–273

REINER, L. / J. M. POHLMANN und M. GRAFF (1992): Flächenbezogenes Informationssystem zur Darstellung der bisherigen Schlag- und Bewirtschaftungsinformationen. – FAM-Bericht 1, S.162–169

REINER, L. und M. GRAFF (1993): Flächenbezogenes Informationssystem zur Darstellung der bisherigen Schlag- und Bewirtschaftungsinformation. – FAM-Bericht 3, S.209–218

SCHWERTMANN, U. / K. AUERSWALD / W. HÄUSLER und A. SCHEINOST (1992): Flächendeckende und punktverdichtete Erfassung von Bodenparametern. – FAM-Bericht 1, S.20–31

SCHWERTMANN, U. / K. AUERSWALD / A. SCHEINOST und W. SINOWSKI (1993): Flächenhafte und punktverdichtete Erfassung von Bodenparametern. – FAM-Bericht 3, S.37–59

SPITZAUER, P. / A. KETTRUP und D. MARTENS (1993): Bestimmung organischer Verbindungen in Agrarböden, in Oberflächengewässern und im Grundwasser. – FAM-Bericht 3, S.280–299

Anschrift: Technische Universität München
FAM-Sekretariat
Versuchsgut Scheyern
Prielhof 1, D-85298 Scheyern
Tel.: (0 84 41) 80 92 0
Fax: (0 84 41) 80 92 92

3.6 „Umweltbewußtsein, Umwelthandeln, Werte, Wertewandel. Zur Erforschung der Bedingungen und Formen anwendungsorientierten ökologischen Lernens." Begleituntersuchung der Etablierung des Biosphärenreservates Schorfheide-Chorin

Ziele des Projektes

Dem Menschen fällt umweltgerechtes Verhalten von Natur aus nicht leicht. Umweltbezogenes Handeln bedeutet, daß man Langfristentwicklungen erkennen und für die Zukunft entscheiden muß, nicht nur für die Gegenwart. Menschen haben aber Schwierigkeiten mit dem Erkennen von Entwicklungen, die sich über Monate oder Jahre erstrecken. Es fällt ihnen auch schwer, sich heute schon um Probleme zu kümmern, die erst morgen vorhanden sein werden. Und schließlich ist es für Menschen nicht leicht, nicht nur die Hauptfolgen ihrer Handlungen zu bedenken, sondern auch die Neben- und Fernwirkungen. Das menschliche kognitive System ist „auf Gegenwart angelegt" und hat Schwierigkeiten mit Vergangenheit und Zukunft. Außerdem tut es sich schwer beim Umgang mit sehr komplexen Systemen, denn das menschliche bewußte Denken ist recht langsam und von geringer Kapazität.

Das alles heißt jedoch nicht, daß Menschen außerstande sind, adäquat auch mit langdauernden Entwicklungen in komplexen Systemen umzugehen. Sie können lernen, ihren Geist darauf einzustellen. Und im Hinblick auf die immer drängender zum Handeln aufrufenden Umweltprobleme müssen sie es lernen.

Appelle und politische Maßnahmen zum Schutz und zur Erhaltung der Umwelt werden nur dann erfolgreich sein, wenn die von solchen Maßnahmen betroffene Bevölkerung den politischen Willen auch in ihre konkrete Lebenspraxis umsetzt. Und dafür ist ein im Wertsystem der Menschen verankertes „Umweltbewußtsein" unabdingbar.

So würde z. B. die drastische Erhöhung der Mineralölsteuer nicht automatisch auch schon zu einer Reduzierung des Individualverkehrs führen. Bleibt das Bedürfnis nach hoher Mobilität auch weiterhin stark ausgeprägt, dann verzichten die Bürger wohl eher auf die Befriedigung anderer, ihnen weniger wichtig erscheinender Bedürfnisse, um auch weiterhin – trotz gestiegener Benzinpreise – soviel Auto fahren zu können wie vorher. Erst wenn die politische Maßnahme (die Erhöhung der Mineralölsteuer) auf eine veränderte Haltung und eine veränderte Wertstruktur in bezug auf „Mobilität" und deren persönliche und umweltbezogene Folgen trifft, werden die politischen Maßnahmen die gewünschten Effekte zeigen.

So wird auch die Etablierung einer Region als „Biosphärenreservat" die Handlungsweisen der betroffenen Bevölkerungsgruppen nur in beschränktem Maße verändern. Doch ohne die aktive Mitwirkung der Bevölkerung lassen sich die umweltpolitischen Ziele, die mit der Einrichtung eines Biosphärenreservates verbunden sind, wohl kaum in die Realität umsetzen.

Um zu erreichen, daß sich Menschen „umweltbewußt" verhalten, muß man wissen, wie man sie ansprechen kann, wie man also entsprechende Informations- und Bildungsmaßnahmen gestalten muß. Dafür aber muß man wissen, wie sich Menschen tatsächlich verhalten, welche Wirksamkeit sie ihrem Verhalten zuschreiben, was sie zum Thema „Umwelt" wissen, wie sich ihr Wissen „naturwüchsig" verändert, welche Faktoren solche Veränderungen bewirken, wie das Wissen in Wertsystemen verankert ist und mit welchen anderen Motiven das Motiv, sich umweltgerecht zu verhalten, möglicherweise kollidiert.

Die Ziele, die mit diesem Forschungsprojekt verfolgt werden, haben einen politischen und einen pädagogischen Aspekt.

Das Forschungsprojekt reiht sich in eine Vielzahl nationaler und internationaler wissenschaftlicher Bemühungen zur Politik- und Bürgerberatung im Umweltsektor ein. Es soll einen nationalen Beitrag leisten zur Entwicklung umweltschützender und bewahrender Handlungsstrategien in Politik und Erziehung.

Die im UNESCO-Programm „Der Mensch und die Biosphäre" (MAB) festgeschriebene Einrichtung von Biosphärenreservaten bedarf wegen der Neuartigkeit dieses großflächigen Schutz-, Pflege- und Entwicklungsinstrumentes in besonderem Maße der wissenschaftlichen Begleitung und Evaluation. Ein Biosphärenreservat als „ökologische Wirtschaftsregion" bietet modellhaft die Möglichkeit, unmittelbar die Reaktionen von Menschen zu untersuchen, die von Maßnahmen zum Schutz der Umwelt direkt in ihrer Lebensführung betroffen sind. Im Biosphärenreservat Schorfheide-Chorin kann man die Umsetzung eines konkreten umweltpolitischen Programms von den ersten Anfängen an kontinuierlich wissenschaftlich begleiten. Dabei sollen Beobachtungs- und Analysemethoden und gleichzeitig pädagogische Maßnahmen und Lehrstrategien entwickelt werden, die zu einer optimalen Abstimmung umweltpolitischer Maßnahmen mit den Bedürfnissen, Zielen und Handlungsgewohnheiten der Betroffenen beizutragen vermögen. Nur dann werden „Vorgaben von oben" mit einiger Wahrscheinlichkeit auch zu den notwendigen Bewußtseins- und Verhaltensänderungen der Bevölkerung führen. Gleichzeitig ist die hier vorgeschlagene umweltpsychologische Längsschnittstudie auch als eine Art „Frühwarnsystem" angelegt: Da die Erhebungen sich vor allem auf die längerfristigen Entwicklungen und Veränderungen von Verhaltensgewohnheiten, Wertvorstellungen, Wissensbeständen, Konfliktlösungsstrategien, usw. der Bevölkerung des Biosphärenreservates Schorfheide-Chorin richten, werden frühzeitig Fehlentwicklungen sichtbar, die dann durch die entsprechenden politischen Interventionen rechtzeitig korrigiert werden könnten. Mit diesem Projekt verfolgen wir folgendes politische Ziel: Wir wollen einen exemplarischen Beitrag leisten zur Durchsetzung des Biosphärenreservatprogrammes der UNESCO sowie der Landesregierung Brandenburg. Exemplarisch deshalb, weil die gewonnenen Erkenntnisse auch auf andere Biosphärenreservate übertragbar sein sollten. Zugleich ist das hier dargestellte Forschungsprojekt darauf angelegt, dem konkreten Biosphärenreservat Schorfheide-Chorin mit zum Erfolg zu verhelfen.

Unter pädagogisch-psychologischem Aspekt verfolgen wir mit dem hier vorgeschlagenen Programm folgende Ziele: Aus der Kombination von experimentellen Analysen und Feldbeobachtungen sollen Lernprogramme entwickelt werden, deren Einsatz bei den Bewohnern und Touristen zu Einsichten in die vielfältigen Wirkungszusammenhänge zwischen individuellem Handeln und der Dynamik des Umweltsystems „Schorfheide-Chorin" führen. Mit der Methode der Computersimulation werden Umweltveränderungen als Konsequenzen individueller, sozialer und administrativer Eingriffe und Entscheidungen sichtbar, begreifbar und erlernbar gemacht. Die Nutzer dieses neuartigen Lernmediums, Schüler, Lehrer, Touristen, Öffentlichkeit, erwerben durch den Umgang mit der Computersimulation breite Kenntnisse über den „Systemcharakter" der Umwelt und damit ein hohes Maß an Umweltwissen. Gleichzeitig erfahren sie eine ganze Menge über ihre eigenen Handlungstendenzen und sonst meist impliziten Denkgewohnheiten. Indem sie mit dem computersimulierten Modell interagieren, erlernen sie Handlungsstrategien, die ihre eigenen Bedürfnisse und Ziele genauso berücksichtigen wie die Erfordernisse der Umwelt.

Es ist hinlänglich bekannt, daß selbst umfangreiches und sachgerechtes Wissen keineswegs schon automatisch zu entsprechendem Verhalten führt. Dies ist ein Grund dafür, daß die zahlreichen und gut gemeinten Aufklärungskampagnen bislang noch kaum zu dem erhofften Bewußtseinswandel in der Bevölkerung geführt haben. Die Computersimulationen, die in diesem Projekt angewendet werden sollen, tragen dieser Erkenntnis Rechnung. Mit der Art der Darstellung und Präsentation der Umweltinformation soll ein hohes Maß an direkter Erfahrung erreicht werden. Reines „Faktenwissen" wird in sinnfälliges „Erfahrungswissen" überführt, das nach den Erkenntnissen der Psychologie eine zentrale Voraussetzung für langfristige Wissens- und Verhaltensänderung darstellt. Wir erwarten von dem Forschungsprogramm generalisierbare Ergebnisse über die adäquaten Formen von Lehrstrategien zur Vermittlung von Umweltwissen und umweltgerechten Verhaltensweisen.

Fragestellungen, Hypothesen und erwartete Ergebnisse

Um die gerade geschilderten Ziele zu erreichen, sollen in dem Projekt folgende Fragen untersucht werden:

I.: In welcher Weise ändern sich Einstellungen, Werthaltungen, Umweltbewußtsein und Handlungsgewohnheiten der Bevölkerung des Biosphärenreservates Schorfheide-Chorin innerhalb eines Zeitraumes von drei Jahren? Von welchen Faktoren sind diese Veränderungen abhängig?

II.: Welchen Effekt haben bestimmte Formen der Informationsvermittlung auf die Änderung der Einstellungen, Werthaltungen und Handlungstendenzen?

Nachfolgend geben wir an, in welche Teilfragen sich diese allgemeinen Fragestellungen aufschlüsseln lassen. Weiterhin wollen wir für einige der Fragen angeben, welche Hypothesen wir über die Formen des Wissens und die Determinanten von Entwicklungen und Veränderungen haben:

I.A.: Was wissen die Bürger im Biosphärenreservat Schorfheide-Chorin von Umweltproblemen, und wie entwickelt sich das Wissen über einen Zeitraum von drei Jahren? Das Wissen wird sich vermehren und wird auch seine Formen wechseln (s. u.: I.E.). Ob es eher „Netzwissen" oder „Reduktionswissen" wird, hängt von verschiedenen Faktoren ab, auf die wir unter I.B. eingehen wollen.

I.B.: Von welchen Faktoren ist die Entwicklung des Wissens abhängig? Folgende Faktoren werden die Entwicklung des Wissens, die Form, die es annimmt, und die Werteinbindung beeinflussen:

– Informationsmaßnahmen: Am wenigsten werden öffentliche Aufrufe wirken, die generell auf die Umweltproblematik hinweisen; am meisten werden Formen der Informationsvermittlung wirken, die die Umweltproblematik in Beziehung zur Lebenswelt des einzelnen bringen. Diese Hypothesen sind ziemlich trivial. Nicht so trivial ist die Frage, ob Wiederholungen schließlich dazu führen, daß das Umweltbewußtsein steigt oder ob sie auf die Dauer zu Übersättigungseffekten führen werden. Wahrscheinlich „kommt es darauf an", wie die Informationsmaßnahmen im einzelnen gestaltet sind.

Katastrophen in der Umwelt (dazu mag auch schon das Fischsterben in einem Teich oder die Reduktion der Anzahl von Störchen in einem Gebiet zählen),

- Ökonomische Prosperität oder Krisen: Generell wird ökonomische Prosperität eher zu einer größeren Bereitschaft führen, sich mit Umweltproblemen auseinanderzusetzen. Krisen werden diese Bereitschaft verringern.

I.C.: Wie weit ist das Wissen um Umweltprobleme und Umwelthandeln in den Wertsystemen der Bewohner des Biosphärenreservates Schorfheide-Chorin verankert?

I.D.: Wie wird das Wissen in Handeln umgesetzt? Wie sieht das konkrete Umwelthandeln der Bewohner des Biosphärenreservates Schorfheide-Chorin aus, und wie entwickelt es sich in drei Jahren?

I.E.: Welche Typen von Entwicklungen des „Umweltbewußtseins" (darunter sei das Umweltwissen, das Umwelthandeln und die Verankerung von Wissen und Handeln im Wertsystem der Probanden verstanden) gibt es? Folgende verschiedene Formen des (Umwelt-) Wissens unterscheiden wir:

- Unverbindliches „Bröckchenwissen": Der Proband verfügt über diese und jene unverbundenen Wissensbestände. Dies dürfte die Normalform des Umweltwissens sein (Saurer Regen gefährdet den Wald. Irgendwie ist Atomkraft gefährlich – wegen Tschernobyl. Pflanzenschutzmittel wirken sich negativ auf die Muttermilch aus. Die Seeadler haben Schwierigkeiten mit dem Brutgeschäft, weil die Eierschalen so dünn sind. Das hat etwas mit dem DDT zu tun . . .).
- Reduktionswissen: Typ „Action!": Der Proband kennt Umweltprobleme globaler und lokaler Art und ihre Folgen, aber hauptsächlich von einem bestimmten Standpunkt her (Das zentrale Problem ist der Individualverkehr mit dem Auto. Davon hängt alles ab: Bodenversiegelung, Saurer Regen, Ozonloch, . . . Hier muß man rigoros etwas tun!).
- Netzwissen: Typ „Hamlet": Der Proband hat breite Kenntnisse über die globalen und lokalen Umweltprobleme und ihre Hintergründe. Es fällt ihm aber gerade wegen seines breiten Wissens schwer zu bilanzieren (Einerseits ist Atomkraft wegen des verringerten Kohlendioxidausstoßes gut. Andererseits aber: Was macht man mit dem Atommüll?). Er wird eher zur Resignation neigen.
- Netzwissen: Typ „Marionettenspieler": Der Proband hat breite Kenntnisse über die globalen und lokalen Umweltprobleme und ihre Hintergründe. Es fällt ihm auch leicht zu bilanzieren (Einerseits ist Atomkraft wegen des verringerten Kohlendioxidausstoßes gut. Andererseits aber: Was macht man mit dem Atommüll? Es scheint mir wegen des Kohlendioxidausstoßes vernünftiger zu sein, auf die Atom-

kraft zu setzen.).). Er ist der Meinung, daß man die Umweltprobleme zumindest vermindern kann. Man muß etwas tun, indem man mal an diesem, mal an jenem Fädchen zieht. Er wird eher zum Handeln neigen.

Generell erwarten wir eine Entwicklung vom „Bröckchenwissen" zum „Marionettenspielerwissen". Katastrophen und sehr einschneidende Verordnungen werden aber eher ein Reduktionswissen erzeugen.

II.A.: Welche Methoden sind für eine Vermittlung eines handlungssteuernden Wissens um Umweltprobleme besonders geeignet?

– Wir erwarten, daß computersimulierte Szenarios bessere Mediatoren für die Vermittlung handlungsleitenden Umweltwissens sind als die „klassischen" Verfahren der Wissensvermittlung, da sie ein Mittun der Probanden implizieren. Diese Erwartung aber ist keineswegs selbstverständlich.

II.B.: In welchem Maße ändern spezifische Methoden der Informationsvermittlung Umweltwissen und Umwelthandeln?

II.C.: Sind computersimulierte Szenarios tatsächlich besonders gut dazu geeignet, Wissen zu erzeugen, welches in größerem Ausmaß als traditionelle Verfahren in Handlungen umgesetzt wird?

– Eigentlich könnte man annehmen (s. o.), daß computersimulierte Szenarios, wie wir sie in der „Informationsstudie" dieses Projektes verwenden wollen, auf alle Fälle die besseren Mediatoren sind, da sie ein „Lernen durch Tun" implizieren. Andererseits aber bieten solche Mediatoren die Gefahr, daß sich die Probanden im „Spiel" verlieren und Schwierigkeiten bei der Generalisierung der sehr konkreten Erfahrungen in den Handlungssituationen haben.

II.D.: Lohnt sich der Aufwand, computersimulierte Szenarios von Umweltproblemen für die Wissensvermittlung zu benutzen?

– Das kommt darauf an, ob man die mit den computersimulierten Szenarios verbundenen Gefahren des unverbindlichen „Spielens" überwinden und tatsächlich verallgemeinerbares Wissen erzeugen kann.

(Wenn man die geringe Zahl und – teilweise – die Trivialität der vorstehend aufgeführten Hypothesen beklagt, so sollte man sich vor Augen halten, daß Langfristuntersuchungen über die Entwicklung von Wissensbeständen äußerst selten sind. Die meisten Untersuchungen, die wir kennen, sind „one-shot-Studien"; für die Entwicklung von Umweltwissen sind uns Langfriststudien überhaupt nicht bekannt, vgl. z. B. PAWLIK / STAPF 1992.)

Wir erwarten von der Studie folgende Ergebnisse:
A.: Kenntnisse über die Art, den Umfang und die Struktur des Umweltwissens.
B.: Kenntnis der Faktoren, die die Umsetzung des Wissens in tatsächliches Verhalten fördern oder behindern.
C.: Kenntnisse über die Typen der Entwicklung des Umweltwissens.
D.: Kenntnisse der hauptsächlichen Konfliktpotentiale, die Umweltverhalten fördern oder behindern.
E.: Kenntnisse über den Zusammenhang des Umweltwissens und Umwelthandelns mit ökonomischen und politischen Ereignissen.
F.: Kenntnisse über die Faktoren, die den Erwerb und die Veränderung von Umweltwissen beeinflussen.
G.: Kenntnisse über die Methoden, die geeignet sind, Umweltwissen, welches in entsprechendes Verhalten umgesetzt wird, zu vermitteln.
H.: Kenntnisse der konkreten Handlungsmuster der Bevölkerung und der Touristen.

Alle diese Ergebnisse zusammen sollen es ermöglichen, Strategien der Vermittlung von Wissen über die Umweltproblematik, welches wirklich handlungsrelevant wird, besser zu planen. Besonders von der »Informationsvermittlungsstudie« erwarten wir konkrete Hinweise für die Gestaltung eines Curriculums „Umweltprobleme und ihre Lösung".

Theoretischer Hintergrund

In diesem Projekt geht es um Wissen und Handeln und die dahinter stehenden Einstellungen und Werte. Wir wollen nun in diesem Abschnitt kurz darlegen, wie Wissen, Urteilen und Handeln beim Menschen zusammenhängen (vgl. hierzu auch ENGELKAMP 1990, KLIX 1992, MANDL / SPADA 1988).

Das Weltwissen (das „Realitätsmodell") eines Menschen läßt sich inhaltlich grob in zwei große Bereiche aufteilen, nämlich in das „kategoriale Wissen" und das „Verfahrenswissen". Das kategoriale Wissen ist das Wissen, das ein Mensch hat, um Objekte, Ereignisse und Situationen zu klassifizieren. Das Verfahrenswissen (welches immer auch kategoriales Wissen umfassen muß), ist das Wissen um die Art und Weise, wie man Dinge, Situationen und Objekte verändern kann. Dazu gehört insbesondere auch das Wissen um die möglichen Bewegungen in einem Realitätsbereich. Kategoriales Wissen erlaubt es, auf „Was-ist-das"-Fragen zu antworten. Verfahrenswissen erlaubt Antworten auf die Fragen: „Geht das?", „Wie geht das?", „Mit welcher Wahrscheinlichkeit geht das?" (ANDERSON 1983 spricht in diesem Zusammenhang von „deklarativem" und „prozeduralem" Wissen. Wir möchten uns diesem Sprachgebrauch nicht anschließen, da das kategoriale Wissen keineswegs nur „deklarativ" [= bezeichnend] verwendet wird und wir außer dem Verfahrenswissen noch andere Formen von „prozeduralem" Wissen unterscheiden möchten.).

Außer dem auf die Welt gerichteten Verfahrenswissen verfügen Menschen noch in größerem oder geringerem Grade über „heuristisches Wissen". Heuristisches Wissen ist Wissen über die Neuerzeugung von Wissen und umfaßt das Inventar an Denkmethoden, über die ein Individuum verfügt.

Wissen kann „implizit" oder „explizit" sein (BROADBENT 1986, HAIDER-HASEBRINK 1990). Implizites Wissen hat man und gebraucht man gewöhnlich ohne zu wissen, daß man es hat und wie man etwas tut. Der ganze Bereich der „Automatismen" des täglichen Handelns vom Türöffnen bis zum Bedienen der Gangschaltung im Auto gehört dazu. Oft ist implizites Wissen explizierbar (z. B. das „Gangschalten"), oft auch nicht (Ich weiß, daß eben ein Bekannter an mir vorbeigegangen ist; wie ich aber seinen Gang erkannt habe, weiß ich nicht und kann es mir auch nicht bewußt machen.).

Das heuristische Wissen ist in hohem Maße implizit; Menschen denken, aber sie wissen meist nicht wie.

Die Anwendung von Wissen zur Gestaltung des Handelns ist davon abhängig, in welcher Weise das Wissen von Menschen mit Motiven verbunden ist. Menschen handeln entsprechend ihrer Motive, die meist auf aktuelle Mangelzustände zurückgeführt werden können, auf Energiemangel, Flüssigkeitsmangel, Bedürfnis nach sozialer Anerkennung usw. Motive aber, die aus den aktuellen Bedürfnissen eines Individuums stammen, sind für das Umwelthandeln ziemlich unwichtig. Eine nicht intakte Umwelt, ein halbkahler Baum, im Wald herumliegende Bierdosen und Plastiktüten, mögen allenfalls den Sinn für Harmonie und Ästhetik beleidigen und eine entsprechende Aversionsmotivation erzeugen. Das Streben nach Harmonie und ästhetisch befriedigenden Konfigurationen aber ist bei den meisten Menschen (leider!) ein relativ schwaches Motiv, das leicht von anderen Motiven („Soll ich denn wirklich den ganzen Unrat, all' die leeren Konserven- und Bierdosen wieder mitschleppen?") besiegt wird.

Wichtiger für das Umwelthandeln sind auf die Zukunft gerichtetete „Antizipationsmotive". Ein Antizipationsmotiv (DÖRNER 1987) ist ein Motiv, welches auf die Abwendung eines noch gar nicht eingetretenen Problems zielt („Wenn ich jetzt nicht aufhöre zu rauchen, dann steigt meine ‚Chance' auf Lungenkrebs gewaltig, also sollte ich es lieber sein lassen!"). Antizipationsmotive beziehen sich also nicht auf aktuelle Bedürfnisse, sondern auf zukünftige; der Mißstand, der vermieden werden soll, ist noch gar nicht vorhanden. Daher haben Antizipationsmotive gewöhnlich einen schweren Stand gegen die aktuellen Bedürfnisse, wie jeder Raucher, der sich das Rauchen abgewöhnen möchte, weiß.

Da die für das Individuum sinnlich erfahrbaren negativen Wirkungen der heutigen Umweltprobleme (meist) noch nicht eingetreten sind, muß die Umwelterziehung darauf gerichtet sein, umweltbezogene Antizipationsmotive aufzubauen. Für die Diagnose umweltbezogenen Wissens ist es wichtig festzustellen, ob das Wissen mit Antizipationsmotiven verbunden ist, ob also der Proband die Zukunft (insbesondere die Folgen von Umweltproblemen) fürchtet, oder was er sonst von der Zukunft fürchtet oder von ihr erhofft.

Da Antizipationsmotive konstitutionell schwach sind, ist ihre Verknüpfung mit anderen Motiven wichtig. Als Anknüpfungspunkt für das umweltbezogene Verfahrenswissen ist der Bereich der „Affiliationsmotivation" besonders bedeutsam. Die meisten Menschen haben ein Bedürfnis, die formalen und informalen Normen ihrer Bezugsgruppe zu erfüllen. Tun sie dies, so „fühlen sie sich gut"; sie haben „Legitimitätserlebnisse" (BOULDING 1978). Legitimitätserlebnisse signalisieren dem Individuum seine Gruppeneinbindung; die meisten Menschen haben Angst davor, ihre Gruppenbindung zu verlieren und streben daher nach solchen Erlebnissen. Das Streben nach Legitimitätserlebnissen ist eine Basis moralischen Verhaltens. Die Affiliation zur Gruppe ist darüber hinaus für die meisten Menschen eine wichtige Komponente ihres Selbstbildes und bedeutsam für Scham und Stolz (Das könnte, vielleicht etwas plakativ, folgendermaßen aussehen: „Ich würde mich vor mir selbst und meinen Kindern schämen, wenn ich nicht alles täte, um die Idee des Biosphärenreservates zu unterstützen"; „Ich würde mich unheimlich freuen, wenn ich mit dem, was ich tue, einen kleinen Beitrag zum Umweltschutz leisten könnte.").

Da umweltbezogene Verhaltensweisen gewöhnlich nicht als solche belohnt werden, ist eine Anbindung umweltbezogenen Verhaltens an die Affiliationsmotivation des einzelnen sehr bedeutsam. Verlangt man von den Betroffenen Entscheidungen und Handlungen, die zwar zur Umweltsicherung beitragen, jedoch auf Kosten der eigenen Person, so ist davon auszugehen, daß recht bald subversive Strategien, z. B. durch Unterlaufen umweltpolitischer Vorgaben, ausgeübt werden. Entscheidend – so der Ansatz dieses Projektes – für das Engagement der Bevölkerung zum Schutz des Biosphärenreservates Schorfheide-Chorin ist die Einsicht der Betroffenen, daß ihre umweltbezogenen Handlungen unmittelbar auf sie selbst zurückwirken, auf ihre eigenen Ziele, Wertvorstellungen und ihr Selbstwertgefühl. Dies kann dadurch erreicht werden, daß man das Umweltwissen mit der Affiliationsmotivation oder mit materiellen Anreizen verknüpft.

Wissen, welches nicht mit dem eigenen Wertsystem verbunden ist, wird für die „innere Verfassung", für die Selbstwertschätzung und das Wohlbefinden des Individuums ohne Konsequenz bleiben und so auch nicht bedeutsam sein für das eigene Handeln. Erst die Eingebundenheit des (Umwelt-) Wissens in das eigene Wertsystem führt zu einer „Verbindlichkeit" dieses Wissens für das individuelle Handeln, also dazu, daß man sich verantwortlich fühlt. – Wenn man weiß, daß Autofahren schädlich für die Umwelt ist, wenn man also weiß, daß das Autofahren z. B. verbunden ist mit „saurem Regen" und dem „Waldsterben", so muß dieses Wissen nicht notwendigerweise in Handeln umgesetzt werden, denn der tote Wald schadet einem ja (zunächst) nicht. Wenn man sich aber bei einem entsprechenden Verhalten ‚mies' vorkommt, da man sich nicht normgerecht verhält, wird man sich eher entsprechend verhalten.

Nicht nur die Einbindung von Wissen in das System der Affiliationsmotive ist bedeutsam für das eigene Handeln. Trotz einer solchen Einbindung wird das Wissen keinen Einfluß auf das eigene Verhalten haben, wenn die eigene Kompetenz, die Ziele zu erreichen, niedrig eingeschätzt wird. So mag also durchaus das Wissen – und entsprechende Gefühle – vorhanden sein, daß Autofahren schädlich ist, und zugleich mag die Erhaltung der Umwelt einen hohen Wert darstellen, trotzdem wird nicht „umweltgerecht" gehandelt, wenn das Individuum sich sagt, daß sein eigenes Handeln sowieso ohne Effekt bleiben wird.

Und schließlich werden weder Umweltbewußtsein noch ein „umweltgerechtes Wertsystem" in Verhalten umgesetzt werden, wenn die entsprechenden Handlungstendenzen mit anderen, stärkeren Handlungstendenzen im Konflikt stehen. So mag sowohl das Wissen vorhanden sein, daß Autofahren schädlich ist, als auch die Einsicht, daß das eigene Verhalten, z. B. zur Erhaltung des Waldes, beitragen kann. Dennoch kommt es nicht zu entsprechendem Verhalten, da im konkreten Fall die Tendenz zur Vermeidung langer Wege und langer Wartezeiten auf die öffentlichen Verkehrsmittel, zur Vermeidung schweißtreibender Transportaktionen beim eigenhändigen Schleppen des Wochenendeinkaufs doch dazu verführt, das eigene Auto zu benutzen.

Neben diesen intraindividuellen Konflikten der verschiedenen Handlungstendenzen sind auch interindividuelle Konflikte wahrscheinlich. Im Biosphärenreservat Schorfheide-Chorin soll die Landschaft geschützt werden, und gleichzeitig sollen die in ihr lebenden und wirtschaftenden Menschen ihr Auskommen haben. Eine nicht unbeträchtliche Gruppe von Einheimischen sieht in der Entwicklung des Tourismus eine Chance für wirtschaftlichen Erfolg, zumal andere Erwerbsquellen (z. B. intensive Landbewirtschaftung) aus verschiedenen Gründen nicht mehr existieren bzw. nicht mehr aktzeptabel oder gewinnträchtig sind. Hinzu kommen Planer und Entwickler von außerhalb, die den Kommunen und der einheimischen Bevölkerung durch den Bau von Ferienanlagen und Freizeiteinrichtungen Gewinn versprechen (an dem sie natürlich in erster Linie selbst teilhaben würden). Der „Druck", den der (geplante) Tourismus auf das Gebiet ausübt, steigert den Wert dieser Landschaft, bedroht aber gleichzeitig deren Existenz („Le tourisme détruit ce qu'il cherche").

Man kann sich bei der Erforschung des Umweltbewußtseins und des Umwelthandelns nicht darauf beschränken, nur Wissen und das umweltbezogene Wertsystem zu erfassen. Es kommt vielmehr zusätzlich darauf an zu erfahren, inwieweit ein Individuum seinem eigenen Handeln Erfolgschancen beimißt und welche anderen Werte möglicherweise mit den „Umweltwerten" in Konflikt geraten können. Daraus läßt sich ableiten, daß man notwendigerweise einen großen Teil der Lebenssituation eines Individuums erfassen muß, seine augenblicklich vorhandenen Sorgen und Nöte sowie seine Zukunftsantizipationen.

Methode

Die gestellten Fragen sollen durch zwei verschiedene Erhebungsverfahren beantwortet werden. Zum einen wollen wir durch ein „Sondenverfahren" herausfinden, wie sich im Zeitraum von drei Jahren Wissen, Wertmaßstäbe und Verhalten im Biosphärenreservat Schorfheide-Chorin verändern. Zum anderen soll erforscht werden, in welcher Weise verschiedene Formen der Informationsvermittlung Verhalten und Wertmaßstäbe verändern.

Die „Sondenuntersuchung"

Wenn man bei einer Person erfassen möchte, welche Kenntnisse sie über Umweltzusammenhänge hat, welche Werte und selbstwertrelevanten Konzepte sie mit diesem Wissen verbindet und wie sie Kenntnisse und Werte in Handeln umsetzt, muß man ziemlich viel von dieser Person wissen. Und man muß wissen, wie Umweltwerte, Kenntnisse und Handeln mit Werten, die sich gar nicht auf die Umwelt beziehen, verknüpft sind. Man muß also einen großen Teil des Weltbildes des Individuums erfassen. Diese Zielsetzung verbietet eine Erfassung von nur einzelnen Aspekten des Wissens und der Wertsysteme, z. B. in breit gestreuten Fragebogenaktionen. Wenn jemand auf einem Fragebogen die Erhaltung des Waldes als für ihn wichtig einstuft, so bedeutet das für sein tatsächliches Handeln aus den oben angegebenen Gründen u. U. überhaupt nichts. Man muß zusätzlich wissen, ob das Individuum sich auch fähig fühlt, hinsichtlich des Zieles der Erhaltung des Waldes kompetent zu handeln und inwieweit dieses Ziel nicht mit anderen, wichtigeren Zielen konfligiert. Die Erfassung der Struktur des Wissens und Wertesystems eines einzelnen Menschen bedeutet, daß man die Zusammenhänge zwischen Wissen, Werten und Handlungskompetenzen erfaßt. Dies ist nach unserer Meinung nur möglich, wenn man sich hinsichtlich bestimmter Aspekte intensiv mit Personen unterhält, ihre Stellungnahmen und Meinungen hinterfragt.

Wir halten es daher für notwendig und hinreichend, wenn man in dem Biosphärenreservat Schorfheide-Chorin eine „Sonde" von 100 Personen bildet. Diese Personen sollen „Eckpersonen" des gesamten Bereiches sein; es soll sich z. B. handeln um Bürgermeister, Lehrer, Pfarrer, Parteispitzen, darüber hinaus aber um charakteristische Vertreter der Region, z. B. Forstarbeiter, Landwirte, Personen, die mit Tourismus und Fremdenverkehr zu tun haben, Industriearbeiter.

Um die erwähnten Interessenkonflikte verschiedener Personengruppen aufzuspüren, ist es wichtig, auch Vertreter dieser Gruppen zu befragen. Es empfiehlt sich, bezüglich der Interessenkonflikte zwischen folgenden Untergruppen von Einheimischen und Auswärtigen zu unterscheiden:
1. Einheimische
   1.1 Nutznießer und Betroffene: Anwohner, Anlieger, Grundbesitzer, Berufstätige
   1.2 Sachverständige und Multiplikatoren: Kommunalpolitiker, Agrarfunktionäre, Naturschutzfunktionäre, Förster
2. Auswärtige
   2.1 Touristen: Ausflügler, Kurz- bzw. Gelegenheitsurlauber, längerfristige oder regelmäßige Erholungsurlauber; Besitzer bzw. Mieter von Ferienwohnungen und -häusern; Camping- und Karavantouristen
   2.2 Planer und Entwickler: Investoren, Makler, Vertreter von Immobilien-, Finanzierungs- und Erschließungsfirmen, Verkehrs-, Gastronomie- und (sonstige) Dienstleistungslobbyisten.

Diese Gruppen sollen – soweit wie möglich – innerhalb der „Sonde" erfaßt oder aber – als Einzelfälle – in die Stützuntersuchungen einbezogen werden.

Die Auswahl dieser Sonde von 100 Personen muß in enger Zusammenarbeit mit Personen geschehen, die die Bevölkerung des Biosphärenreservates Schorfheide-Chorin genau kennen. Die Sondenuntersuchung soll aus einer Folge von Befragungen und aus „Stützuntersuchungen" bestehen. Wir schildern diese Untersuchungsteile nun im einzelnen. Die Sonde soll in dreierlei Weise zur Informationsgewinnung benutzt werden:

1. Mit den Mitgliedern der Sonde werden regelmäßig Interviews durchgeführt.
2. Die Mitglieder der Sonde sollen ein „Umwelttagebuch" führen.
3. Die Mitglieder der Sonde sollen in regelmäßigen Abständen Lösungsvorschläge für Umweltprobleme machen.

Das Umweltinterview

Mit den Mitgliedern dieser Sonde sollen alle sechs Monate jeweils ausführliche Gespräche geführt werden. Sie sollen entsprechend einem halbstrukturierten Interviewleitfaden erfolgen, aber frei ergänzt werden können, wenn es sich aus dem Ablauf des Gesprächs so ergibt. Dies setzt eine hohe Qualifikation und Sensibilität des Interviewers voraus.

Dieses Interview wird seine Endform erst im Laufe des Forschungsprojektes erhalten; seine Fertigstellung ist Teil des Projektes. Der Grund dafür ist, daß ein solches Interview erst durch Vorversuche seine Endform bekommen kann. Das Generalkonzept des Interviews hat folgende Gestalt:
1. Umweltwissen (speziell): Zunächst soll erfragt werden, welche Umweltprobleme der Proband kennt. Weiterhin soll er angeben, ob und wo sich die entsprechenden Probleme in seiner Lebensumwelt, also im Biosphärenreservat Schorfheide-Chorin, zeigen und für wie bedeutsam er diese Probleme hält. Dabei soll unterschieden werden zwischen der Bedeutsamkeit, die die Probleme für den Probanden selbst hat und der Bedeutsamkeit, die die Probleme nach Meinung des Probanden für die Allgemeinheit hat. (Dies kann durchaus auseinanderfallen; für einen älteren Menschen z. B. könnte es sich ergeben, daß er sich selbst eigentlich gar nicht mehr betroffen fühlt von Entwicklungen, deren negative Auswirkungen sich erst in 30 Jahren zeigen werden.)
Zu der Erfassung des speziellen, auf das Biosphärenreservat Schorfheide-Chorin gerichteten Umweltwissens gehört auch die Ermittlung, welche Rolle die umweltpolitischen Vorgaben und Interventionen der Landesregierung von Brandenburg für das Biosphärenreservat spielen. Die juristischen, ökonomischen, agrarwirtschaftlichen usw. Vorgaben stellen ja wesentliche Rahmenbedingungen für das konkrete Handeln der Bewohner und der Touristen dar. In dem ersten Teil des Interviews muß danach gefragt werden, ob, in welchem Maße und unter welchen Bedingungen diese politischen Vorgaben auch zur Richtschnur des Verhaltens der betroffenen Bürger werden. Es sollte auch versucht werden, zu ermitteln, unter welchen Bedingungen unterschiedliche Bevölkerungsgruppen „subversive" Strategien entwickeln, mit denen sie diese Vorgaben unterlaufen können, ohne „gesetzwidrig" zu handeln.

2. Umweltwissen (allgemein): Der Proband wird mit zentralen Umweltproblemen (Luft- und Bodenverschmutzung und ihre Folgen, Klimaänderungen und ihre Folgen) konfrontiert und wiederum nach der Bedeutsamkeit der Probleme und nach den Anzeichen für das Vorliegen der entsprechenden Probleme in seiner Lebensumwelt befragt. Der Proband soll angeben, welches die Ursachen der Probleme sind und was die Folgen sein werden, wenn diese Probleme nicht gelöst werden können.
3. Umwelthandeln: Der dritte Teil des Interviews betrifft das Umwelthandeln. Der Proband soll angeben, was man nach seiner Meinung zur Lösung der Probleme tun kann. Auch hierbei sollen diejenigen Maßnahmen, die die politische Führung ergreift, von dem Handeln des einzelnen unterschieden werden. Der Proband soll jeweils angeben, was getan werden kann und wie erfolgreich die entsprechenden Maßnahmen sein werden. Weiterhin soll erfragt werden, welche Barrieren dem umweltgerechten Verhalten entgegenstehen.

Zur Ermittlung des Umwelthandelns wollen wir nicht nur allgemein fragen, wie man sich verhalten sollte. Vielmehr sollen die Versuchspersonen möglichst genau schildern, wie sie sich verhalten. Dazu soll im Interview ein Verhaltenskatalog vorgelegt werden, und die Versuchspersonen werden gebeten, anzugeben, ob sie sich entsprechend verhalten, warum sie sich nicht entsprechend verhalten, welche Folgen es hat, wenn man sich nicht entsprechend verhält, usw. Der Verhaltenskatalog wird sich auf die Haushaltsaktivitäten (Müll, Energieverbrauch, Heizung, Einkaufen) beziehen, auf das Verkehrsverhalten (Autobenutzung, wieviel?, zu welchen Zwecken?) und auf das Freizeitverhalten.
4. Zukunftserwartungen: In diesem Teil des Interviews soll die Zukunftsorientierung des Probanden ermittelt werden. Es soll damit erforscht werden, mit welchen Hoffnungen und Ängsten die Umweltproblematik bei dem Probanden verbunden ist. Was erwartet die jeweilige Person von der Zukunft? Wie glaubt sie, wird ihre eigene und die Zukunft ihrer Umgebung in fünf oder in zehn Jahren beschaffen sein?
5. Staatliche Maßnahmen: Der fünfte Teil des Interviews soll den spezifischen staatlichen Maßnahmen gewidmet sein, die im Biosphärenreservat ergriffen wurden. Die Bekanntheit von umweltbezogenen Verordnungen, die Landwirtschaft, Tourismus, Fischerei, Industrie und Handwerk, Jagd und Wildbestand betreffen, soll untersucht werden, und es sollen die Gründe und die vermuteten Auswirkungen der Verordnungen erfragt werden.
6. Determinanten der Entwicklung des Umweltwissens: Im sechsten Teil des Interviews sollen die Faktoren untersucht werden, die das Umweltwissen und das Umwelthandeln der Probanden hauptsächlich beeinflußt haben. Hier soll die Bedeutsamkeit öffentlicher Diskussionen, besonderer Ereig-

nisse (z. B. Fischsterben in einem See, besondere wirtschaftliche Ereignisse, Zunahme oder Abnahme der Arbeitslosigkeit) untersucht werden. Wir wollen auch erfragen, ob und in welchem Maße der Proband über Umweltereignisse und Probleme nachdenkt und inwieweit Umweltprobleme Gegenstand von Diskussionen mit Freunden, Verwandten oder am Arbeitsplatz sind.

Die insgesamt sechs Interviews in drei Jahren bilden eine Zeitreihe. Vom zweiten Interview an soll bei jedem der Probleme der Proband mit seinen vorausgegangenen Stellungnahmen konfrontiert werden und nach den Gründen der Konstanz oder auch Veränderung seiner Meinungen und Überzeugungen befragt werden. Aufgrund dieser Gespräche wollen wir Kenntnisse über das jeweilige Wissen der Individuen der Sonde, über ihre Wertsysteme (nicht nur die umweltbezogenen!) und Handlungsbereitschaften erwerben. Auf diese Weise bekommt man über einen Zeitraum von drei Jahren von 100 Personen Informationen darüber, wie sich das Wissen um bestimmte umweltbezogene Themen, das Wertsystem, das Gefühl der Verantwortlichkeit, die Handlungsdispositionen und tatsächlichen Handlungsmuster verändern.

Umwelttagebuch

Die Angehörigen der Sonde sollen dazu veranlaßt werden, über die Zeit zwischen den Gesprächen ein Umwelttagebuch zu führen. Dabei sollen sie die Rolle eines „Chronisten" ihres unmittelbaren Lebensbereiches einnehmen. Das Umwelttagebuch besteht nur zum Teil aus fest vorgegebenen Kategorien. Die Versuchspersonen sollen zunächst einmal offen und ohne strukturelle Vorgabe schildern, was in ihrem Lebensbereich vorgefallen ist. Sie sollen sodann das Geschehen „umweltbezogen" interpretieren und bewerten. Bei „Umweltsünden" und Konfliktfällen sollten sie auch die Gründe für die entsprechenden „Verstöße" bzw. die Gründe für die Entstehung der Konflikte angeben. (Es ist natürlich davon abhängig, auf welche Art und Weise man mit den Mitgliedern der Sonde ins Gespräch kommt und wie man das entsprechende Tagebuch einführt, ob und inwieweit die Probanden bereit sind, ihre eigenen „Umweltverstöße" zuzugestehen und ihre Ursachen zu beschreiben.)

„Gutachten"

Jeweils am Ende einer Interviewphase soll jeder Proband der Sonde dazu aufgefordert werden, Lösungsvorschläge für bestimmte Umweltprobleme zu erarbeiten. Diese Umweltprobleme können aus dem Bereich des Biosphärenreservates stammen, dies muß aber nicht der Fall sein (ggf. können die Probleme auch nur daraus bestehen, daß von den Probanden verlangt wird vorauszusagen, was geschehen wird, wenn . . .).

Die „Gutachten" zu Umweltproblemen und zu den Möglichkeiten ihrer Lösung stellen ein wesentliches Verbindungsglied zur zweiten in diesem Projekt vorgeschlagenen Untersuchung vor, nämlich zur Untersuchung der Wirkung verschiedener Formen der Informationsvermittlung. Wir gehen unten noch auf die Rolle dieser „Gutachten" genauer ein.

Kontrollgruppe und Stützuntersuchungen

Die Ermittlung des Umweltwissens, seiner Verhaltenswirksamkeit und seiner Veränderung geschieht in unserem Projekt dadurch, daß über relativ wenige Personen relativ viele Informationen erhoben werden. Dies wird nur dann erfolgreich sein, wenn man die Personen gut kennt und zu ihnen ein Vertrauensverhältnis aufgebaut hat. Deshalb sollten die Interviewer möglichst immer die gleichen sein. Die Angehörigen der Sonde werden mit der Zeit aufgrund der Unterhaltungen vermutlich auch eine immer höhere Sensibilität bezüglich ihrer eigenen Einstellungen, umweltbezogenen Gefühle und Verhaltensweisen entwickeln.

Diese erhöhte Sensibilität in Folge der häufigen Befragungen mag – als Nebeneffekt – dazu führen, daß die Angehörigen dieser Sonde allmählich ein ausgeprägtes Umweltbewußtsein entwickeln, das sich von dem von anderen Bewohnern der Region unterscheidet. Um diesen „Sensibilisierungseffekt" zu kontrollieren, ist geplant, neben den 100 „Eckpersonen" zusätzlich 25 weitere charakteristische Bewohner der Region zu interviewen – allerdings nur zweimal in den drei Jahren, nämlich zu Beginn und am Ende der Untersuchung. (Diese 25 Personen dienen als „Kontrollgruppe".) Für die 100 Personen der Sonde bilden die Antworten auf diese Fragen über drei Jahre hinweg eine Zeitreihe und zeigen die Entwicklungen über diese Zeit. Für die 25 Personen der „Kontrollgruppe" bilden die Antworten zu Beginn und am Ende der Untersuchung einen „Vergleichsanker", über den verallgemeinerbare Aussagen auf andere Bevölkerungsgruppen der Region ableitbar werden.

Die 100 Personen der Sonde sowie der Kontrollgruppe sind „Eckpersonen" des Biosphärenreservates, keine repräsentative Stichprobe. Um die Verallgemeinerbarkeit der Ergebnisse der Befragungen zu sichern, sind „Stützuntersuchungen" notwendig. Diese Stützuntersuchungen betreffen Daten außerhalb der „Sonde". Dabei geht es z. B. um Verhaltensdaten, um Konsumverhalten, Autogebrauch und Freizeitverhalten. Solche Daten lassen sich aus den Verkaufszahlen bestimmter Produkte, aus dem Ausmaß von Verkehrsunfällen, der Mitgliedschaft in Vereinen oder der Aktivitäten entsprechender Vereine ablesen. Weiterhin sollte man – zumindest grob – erfassen:
– Verkehrsflüsse,
– Touristen: bevorzugte Orte,

- Bauaktivitäten,
- wirtschaftliche Entwicklung,
- Pendlerentwicklung,
- Freizeitangebote,
- forst- und wasserwirtschaftliche Eingriffe sowie
- Änderungen der Landschaft (Wald, Wiesen, Brachen, Straßen, Dörfer…).

Fernerhin muß die örtliche Presse beobachtet werden. Kommentare und Glossen zum Umweltverhalten, zu den Maßnahmen der Regierung, insgesamt zur Entwicklung des Biosphärenreservates müssen gesammelt und hinsichtlich der Tendenzen und der Entwicklungstrends beobachtet werden.

Im Hinblick auf die Werthaltungen der Bevölkerung muß die wirtschaftliche Entwicklung im Biosphärenreservat in groben Zügen verfolgt werden.

Die angegebenen Daten sollen durch regelmäßige Konsultationen der Gewerkschaften, der Industrie- und Handelskammern des Bereichs bzw. vergleichbarer Gremien, durch regelmäßige Befragung von Polizeidienststellen, Gemeindeämtern, Landratsämtern, Fremdenverkehrsämtern und durch Befragung der Leitung des Biosphärenreservates erhoben und in einem „Ereignistagebuch" niedergelegt werden. Dies Ereignistagebuch wird dann mit den Ergebnissen der Befragungen der Sonde in Beziehung gesetzt.

Zur Abstützung einzelner Hypothesen über die Entwicklung des Umweltbewußtseins und des Umwelthandelns kann es angebracht sein, Befragungsaktionen zu ausgewählten Themenbereichen bei der nicht zur Sonde gehörenden Bevölkerung des Biosphärenreservates zu unternehmen.

Informationsvermittlung

Ausgangspunkt dieses Untersuchungsteils ist die Frage, auf welche Art und Weise man umweltbezogenes Wissen so vermitteln kann, daß es wirklich handlungsrelevant wird. Wissen allein ist in der Regel – wie schon oben dargestellt – keine Garantie für ein umweltbewußtes Handeln. Das Umweltwissen breiter Bevölkerungsgruppen ist in den vergangenen Jahren erheblich angewachsen – und ginge es nur um dieses Wissen, stünde es mit der Bereitschaft zum umweltbewußten Handeln erheblich besser, als wir heute beobachten können.

Über die Wirksamkeit von Informationsmaßnahmen

Entscheidend für ein höheres Umweltbewußtsein und die Übernahme umweltpolitischer Maßnahmen in die individuelle Lebensführung ist die Verankerung von Umweltwissen im individuellen Wertsystem. Eine nichtintakte

Umwelt darf nicht nur „einfach so" zu Kenntnis genommen werden. Vielmehr muß sie als Indikator weiterführender Bedrohungen gesehen werden; als Indikator für drohende Klimaveränderungen, Trinkwasserknappheit, landwirtschaftliche Schäden, Gesundheitsschäden und Verlust an Lebensqualität, die nicht irgendwen bedrohen, sondern das Individuum selbst oder Menschen, für die man sich verantwortlich fühlt. Auch ein rein ästhetisches Mißbehagen an einer nichtintakten Umwelt ist nicht hinreichend, da ein solches Mißbehagen wohl gewöhnlich von stärkeren Motiven besiegt wird. – Ein Auto auf einem Waldweg mag zwar die Harmonie des Naturerlebens stören, aber im Zweifelsfall geht es eben doch schneller.

Es ist höchst fraglich, ob noch so eindringliche Appelle an die Umweltverantwortung zu Verhaltensänderungen führen können, wenn diese ausschließlich in Form von Zeitungsanzeigen, „Sonntagsreden" von Politikern oder Fernsehspots an die Bevölkerung gerichtet werden.

Informationen über die Umwelt, das Wissen über mögliche Umweltschäden sollten unmittelbar als Bedrohung oder Chance für die individuelle Lebenswelt „erlebt" – und nicht bloß sachlich zu Kenntnis genommen – werden. Umweltwissen, Informationen über Umweltveränderungen, über Folgen der Einrichtung des Biosphärenreservates Schorfheide-Chorin, werden daher nur dann verhaltenswirksam, wenn die Verbindung zwischen „Umweltwissen" und „Selbsterleben", zwischen „Wissen" und „Gefühl" gestiftet werden kann.

Zur Klärung der Frage, wie spezifische Formen der Information Bewußtsein und Verhalten verändern, soll parallel zur Sondenbefragung eine experimentelle Studie durchgeführt werden, in der systematisch die Zusammenhänge zwischen der Art der Informationsvermittlung, Wissen, Werthaltungen, deren emotionale Verankerung und Verhaltensänderungen untersucht werden soll. Die Ergebnisse dieser Studien sollen die Ergebnisse der Sondenbefragung ergänzen und zur Planung von Bildungsmaßnahmen zur Entwicklung eines verhaltensrelevanten Umweltbewußtseins beitragen.

In diesem Untersuchungsteil stehen Fragen nach der Art der „Verpackung" und Einbindung von Informationen über Umweltprobleme und Maßnahmen zu ihrer Lösung im Vordergrund.

Ergebnisse eigener umweltpsychologischer Studien lassen vermuten, daß z. B. dynamisch-„plastische" Bilder von Umweltschäden das Erleben, Erinnern und Umsetzen von Umwelt-Informationen in die eigene Handlungspraxis erheblich nachhaltiger beeinflussen als noch so eindringliche, schriftlich dargebotene Informationen. Je erlebnisnäher und konkreter Umweltinformationen vermittelt werden, desto wahrscheinlicher verbinden Individuen diese Informationen mit eigenen Werthaltungen, Gefühlen und Selbstkonzepten.

So sind z. B. schädliche Auswirkungen von Maisanbau auf die Qualität des Bodens (Bodenerosion) hinlänglich bekannt. In unseren Studien mit Landwirten und Landwirtschaftsstudenten aber floß dieses Wissen erst dann in die individuelle Handlungsplanung ein, wenn die Bodenerosion den Landwirten mit drastischen Photos und Zeitrafferaufnahmen vorgeführt wurde. Ähnliche Ergebnisse zeigten sich in Untersuchungen zum Autofahrverhalten: Nur dann, wenn z. B. die Folgen von Kohlendioxyd auf die Luftqualität und auf den Wald mit ganz konkreten Bildern und Videosequenzen vorgeführt wurden, zeigten sich die gewünschten Verhaltenseffekte.

In dieser Teilstudie wollen wir daher herausfinden, in welcher „Verpackung" Informationen über Folgen von Umweltproblemen im Biosphärenreservat Schorfheide-Chorin in optimaler Weise auf das Umweltbewußtsein und umweltbewußte Verhalten einwirken.

Im Vordergrund steht dabei die Untersuchung der Wirksamkeit des Lernmediums Computer. Es soll untersucht werden, ob sich eine »dynamische« Vermittlung von Information anders (besser) auswirkt als eine „statische" Form der Informationsvermittlung. Der Computer erlaubt es,
– langandauernde Entwicklungen im Zeitraffer darzustellen,
– Alternativentwicklungen für verschiedene Bedingungen zu untersuchen,
– die Probanden selbst „tun" zu lassen und damit die Wirkungen des „Lernens durch Tun" auch in die Umwelterziehung hineinzubringen.

Der Computer als Lernmedium

Die Versuchspersonen werden mit einem Modell eines ökologischen Systems konfrontiert, welches dem Biosphärenreservat Schorfheide-Chorin recht ähnlich ist, und können die Wirkungen bestimmter Eingriffe oder auch die Wirkung der Unterlassung von Eingriffen selbst studieren. Sie können z.B. untersuchen, welche Folgen eine Grundwasserabsenkung, die Veränderung des Wildbestandes, Veränderungen der Fisch- und Teichwirtschaft, intensive Düngung, Veränderung der Tierhaltung, eine starke Zunahme der Bodenversiegelung durch Straßenbau, die Drainage von Bächen, die Luftverschmutzung durch Industrie und Verkehr usw. kürzer- und längerfristig haben. Der Computer simuliert die jeweiligen Eingriffe, und die Versuchspersonen erfahren im Zeitraffer die Wirkungen.

Das Simulationsmodell legt für alle Handlungen sowohl deren Konsequenzen für die Umwelt als auch für das Individuum fest. So mag z. B. die Entscheidung für mehr Touristenbetten mit entsprechender Infrastruktur zu einer erhöhten Verkehrsbelastung des Umraumes, zu Abwasserproblemen und einer hohen Bodenversiegelung („Umwelt-Konsequenzen") führen und zugleich –

als „Selbst-Konsequenzen" – mit einem höheren Einkommen, aber auch mit höheren Abwassergebühren, einer erhöhten Gefährdung der Gesundheit (Lärm und Kohlendioxyd-Emissionen) oder einer Minderung individueller Handlungsspielräume (weniger Freizeit, erhöhter Verkehrsfluß, etc.) verbunden sein. Derartige Rückmeldungen von Umweltfolgen und privaten Folgen getroffener Entscheidungen werden den Entscheidern durch die Computersimulation verfügbar gemacht. Mit solchen Informationen konfrontiert, lernt der Nutzer eine Strategie des Umgangs mit der Umwelt, bei der die Handlungen und Entscheidungen sowohl den individuellen Bedürfnissen und Zielen als auch den Erfordernissen und Ansprüchen der Umwelt gerecht werden.

Das Modell zur Simulation eines dem Biosphärenreservat ähnlichen ökologischen Systems liegt in der Form des Programmes OEKOS (DÖRNER / GERDES 1992) vor. Bei diesem System handelt es sich um ein allgemeines Programmsystem zur Simulation beliebiger Ökosysteme, welches an die spezifischen Verhältnisse von Schorfheide-Chorin angepaßt wird. (Für diese Anpassung benötigen wir die Hilfe von Personen, die die biologischen Verhältnisse des Biosphärenreservates kennen. Entsprechende Kontakte bestehen zu Frau Dr. Leberecht [Institut für Bodenfruchtbarkeit und Landeskultur, Humboldt-Universität, Berlin]). Das Computermodell wird die wesentlichen ökologischen Variablen des Biosphärenreservates, wie Wild- und Pflanzenbestände, Grund- und Oberflächenwasser, Geländeformen, Besiedlung, Geländenutzung, Klima und Ökonomie, enthalten.

Das System ist holzschnittartig und realisiert natürlich nicht alle Details einer Region. Es kommt auf die Detailtreue aber nicht unbedingt an. Wichtig ist, daß das Modell die allgemeinen Merkmale eines komplexen, vernetzten, intransparenten und dynamischen Systems aufweist, damit die Versuchspersonen lernen, wie man beim Umgang mit einem solchen System denken muß, nämlich,
– daß man Neben- und Fernwirkungen mit in Rechnung stellen sollte,
– daß Maßnahmen lange „Totzeiten" haben können,
– daß Entwicklungen plötzlich, scheinbar ohne Vorwarnungen, „kippen" können,
– daß man daher gut daran tut, auf die »kleinen Anzeichen« zu achten,
– daß Entwicklungen sich durch positive Rückkopplungen aufschaukeln können,
– daß Maßnahmen irreversibel sein können, usw.

Dieses Wissen wird in dem Simulationsmodell in Form von möglichst „lebendigen", emotional ansprechenden Informationen dargestellt.

Anstelle „nackter" Tabellenfunktionen oder anstelle einer bloß verbalen Beschreibung von Umweltzuständen werden dynamische Graphiken oder Photographien eingespielt, die auf anschauliche Weise die Entwicklungsverläufe in der Umwelt demonstrieren.

Auch werden sinnfällige und unmittelbar „lesbare" Zeichen verwendet, die der Person auf einen Blick deutlich machen, worin ihre Fehlentscheidungen lagen („Fehlerikonographie"). Aufschaukelungseffekte und zeitlich-räumliche Nebenwirkungen (etwa als Folge mehrerer Fehlentscheidungen oder der zeitlichen Dynamik der Umwelt) werden auf diese Weise „drastisch" vorgeführt.

Die Erprobung von Informationsmaßnahmen

Zweck der Untersuchung ist es, den Computer als Lernmedium mit traditionellen Techniken der Informationsvermittlung zu konfrontieren. Eine Gruppe von Probanden, die mit „dynamischer" Information versehen werden, soll einer anderen Gruppe gegenübergestellt werden, die auf die übliche Weise „statisch" informiert wird, also dadurch, daß sie in Broschüren, Schaubildern usw. die Folgen umweltwidrigen Handelns vorgeführt bekommt.

Und schließlich soll es eine Kontrollgruppe geben, die im Untersuchungszeitraum nur dem normalen Fluß von Informationen ausgesetzt wird. Wir wollen den Ablauf dieses Untersuchungsteiles nun genauer schildern.

Insgesamt sollen an der Untersuchung drei Gruppen von Versuchspersonen teilnehmen, die nicht Mitglieder der „Sonde" sind. Jede dieser Gruppen umfaßt 30 Mitglieder. Im Gegensatz zur „Sondenuntersuchung" sollten diese Gruppen hinsichtlich Alter, Geschlecht, Schulbildung homogen sein, um einen Vergleich der verschiedenen Informationsverfahren zu gestatten. Unser Plan ist es, 16–20jährige Schüler von Oberschulen der umliegenden Städte (Eberswalde-Finow, Angermünde, Templin) im Umkreis des Biosphärenreservates Schorfheide-Chorin als Versuchspersonen zu gewinnen.

Wir wollen zwei verschiedene Kurse zur Vermittlung von Umweltwissen und Umwelthandeln erproben; die dritte Gruppe dient als Kontrollgruppe. Folgendermaßen sollen die Gruppen behandelt werden:
– Dynamische Information:
  Der Kurs umfaßt vier Termine, die sich über zwei Jahre erstrecken sollen. Jeder Termin soll einen Tag dauern. Jeder Termin hat folgende Struktur:
  1. Umrißinformation über die Umweltprobleme, ihre Folgen und über Maßnahmen zu ihrer Bewältigung und deren Probleme.
  2. Computersimulation von Maßnahmen zur Bewältigung von Umweltproblemen.
  3. Gruppendiskussion der Ergebnisse.
  4. „Gutachten".

Zunächst bekommen die Kursteilnehmer also jeweils Umrißinformationen über globale Umweltproblematik (vgl. MEADOWS et al. [1992] oder SIMONIS [1992]). Sodann wird dieses Wissen durch Computersimulation exemplifiziert, und die Kursteilnehmer können Maßnahmen zur Bewältigung von Problemen in Kleingruppen (3 bis 4 Personen) selbst erproben. Schließlich sollen die Erfahrungen der Kleingruppen im Plenum des Gesamtkurses diskutiert werden. Den Abschluß stellt eine einstündige „Gutachtenphase" dar. In dieser Phase sollen die Kursteilnehmer zu bestimmten Umweltproblemen – gewissermaßen als Experten – Stellung nehmen. Es wird ihnen ein bestimmtes Problem, welches im Kurs selbst nicht behandelt wurde, zur Stellungnahme vorgelegt. Dabei kann es sich um ein Prognoseproblem handeln, also um eine Frage vom „wie wird es weitergehen, wenn…"-Typ. Oder es wird den Probanden ein Problem zur Entscheidung zwischen verschiedenen Maßnahmen vorgelegt. Soll eine Gemeinde lieber ein Golfhotel zulassen oder einen Betrieb der holzverarbeitenden Industrie? Was ist zu beachten? Welche Informationen braucht man? Welche Entscheidungsalternativen gibt es sonst noch? Die „Gutachten" dienen als Evaluationskriterien und zum Vergleich der drei Gruppen.
- Statische Information:
  Der Kurs hat die gleiche Grundstruktur wie der dynamische Kurs. Statt des Teils 2 aber, also statt der Computersimulation, sollen spezifische Informationen zu Umweltproblemen in verschiedenen Regionen der Welt gegeben werden. Die Kursteilnehmer bekommen Informationen über Umweltprobleme und ihre Folgen auf die übliche Art, also im Frontalunterricht, durch Statistiken, Schaubilder, Texte. Diese Informationen sollen dann in der Diskussion in Kleingruppen vertieft werden. Auch hier soll jeweils eine Plenumsdiskussion den Kurstermin abschließen.
- Kontrollgruppe:
  Die Versuchspersonen dieser Gruppe müssen nur jeweils die „Gutachtenphase" absolvieren.

Die Evaluation der Wirkung der drei Behandlungsformen soll in zweierlei Weise stattfinden:
1. Es sollen die „Gutachten" der Probanden der drei Gruppen über den Zeitraum von zwei Jahren verglichen werden.
2. Am Ende der Dreijahresperiode soll eine Befragung mit einem für alle drei Gruppen standardisierten Interview erfolgen, dessen Komponenten dem Interview der Sondenuntersuchung entsprechen.

Die Ergebnisse der Informationsstudie sollen in engem Zusammenhang mit den Ergebnissen der Sondenstudie gebracht werden. Die „Gutachtenphase" ermöglicht einen unmittelbaren Vergleich zwischen den Personen der Sonde und den Personen der drei Gruppen der Informationsstudie. Ein mittelbarer Vergleich kann dadurch erfolgen, daß man die Faktoren, die die Entwicklung des „Umweltbewußtseins" bei den Probanden der „Sonde" fördern oder behindern, in Beziehung setzt mit dem Lernfortschritt der Probanden der Informationsstudie.

Ein wesentliches Ziel dieser Teilstudie liegt auch in der Entwicklung und Evaluation einer interaktiven Computersimulation als „Lernmedium" zur Erhöhung des Umweltbewußtseins und – damit verbunden – von umweltbewußten Handlungsstrategien.

(Noch eine Anmerkung für die Freunde „flächendeckender" varianzanalytischer Studien: Wir sind uns darüber im klaren, daß wir in dieser Untersuchung nicht nur einen Faktor variieren, sondern viele Faktoren kontaminieren. Bei der großen Anzahl beteiligter Faktoren wäre aber eine isolierte Bedingungsvariation undurchführbar. Wir möchten mehr auf die sukzessive Entwicklung eines Instrumentes zur Förderung des Umweltbewußtseins setzen als auf die – hoffnungslose – Untersuchung des Beitrages aller beteiligten Faktoren durch isolierte Bedingungsvariation.)

Literatur

ANDERSON, J. R. (1983): The Architecture of Cognition. – Cambridge / Mass.

BOULDING, K. E. (1978): Ecodynamics. – Beverly Hills

BROADBENT, D. E. (1986): Implicit and Explicit Knowledge in the Control of Complex Systems in: British Journal of Psychology 77, S.33–50

DÖRNER, D. (1987): Denken und Wollen: ein systemtheoretischer Ansatz in: HECKHAUSEN, H. / P. M. GOLLWITZER und F. E. WEINERT (Hrsg.): Jenseits des Rubikon: Der Wille in den Humanwissenschaften. – Berlin-Heidelberg u. a.

DÖRNER, D. (1989): Die Logik des Mißlingens. – Reinbek bei Hamburg

ENGELKAMP, J. (1990): Das menschliche Gedächtnis. – Göttingen

HAIDER-HASEBRINK, H. (1990): Explizites versus implizites Wissen und Lernen. – Unveröffentlichte Doktorarbeit

KLIX, F. (1992): Die Natur des Verstandes. – Göttingen

KRUSE, L. / C. F. GRAUMANN und E. D. LANTERMANN (Hrsg.) (1990): Ökologische Psychologie – Ein Handbuch in Schlüsselbegriffen. – München

LANTERMANN, E. D. / E. DÖRING-SEIPEL und P. SCHIMA (1992): Ravenhorst – Gefühle, Werte und Unbestimmtheit im Umgang mit einem ökologischen Szenario. – München

MANDL, H. und H. SPADA (Hrsg.) (1988): Wissenspsychologie. – München, Weinheim

MEADOWS, D. / D. MEADOWS und J. RANDERS (1992): Die neuen Grenzen des Wachstums. – Stuttgart

PAWLIK, K. und K. H. STAPF (Hrsg.) (1992): Umwelt und Verhalten. – Bern

REASON, J. T. (1988): Human Error. – Cambridge

SCHEELE, B. und N. GROEBEN (1984): Die Heidelberger Struktur-Lege-Technik. – Weinheim

SIMONIS, U. E. (1992): Globale Umweltprobleme: eine Einführung. – Berlin (Wissenschaftszentrum Berlin [papers])

Anschriften: Prof. Dr. Dietrich Dörner
Otto-Friedrich-Universität, Lehrstuhl für Psychologie II
Markusplatz 3, D-96047 Bamberg
Tel.: (09 51) 8 63 18 61
Fax: (09 51) 60 15 11

Prof. Dr. Lenelis Kruse-Graumann
Ökologische Psychologie
Fernuniversität Hagen
Postfach 940, D-58084 Hagen
Tel.: (0 23 31) 9 87 27 75
Fax: (0 23 31) 9 87 27 09

Prof. Dr. Ernst D. Lantermann
Gesamthochschule Kassel – Psychologie
Mönchebergstraße 19, D-34109 Kassel
Tel.: (05 61) 8 04 35 80
Fax: (05 61) 8 04 23 30

4. Der Beitrag der Bundesrepublik Deutschland zum MAB-Programm im Zeitraum 1992–1994 – Internationale Projekte

Das Deutsche MAB-Nationalkomitee sieht es als seine Aufgaben an, durch internationale Forschungsprojekte die bilateralen und multilateralen Anstrengungen in den Bereichen Schutz, Pflege und Entwicklung von Natur- und Kulturlandschaften zu unterstützen. Vor allem durch eine enge Zusammenarbeit mit „Dritte-Welt-Staaten" sollte über die Lösung konkreter Fragestellungen ein Beitrag zur Ausbildung von Wissenschaftlern der entsprechenden Staaten geleistet werden. Bereits abgeschlossen ist der deutsche Beitrag zu folgenden Vorhaben:
- „San Carlos de Rio Negro" in Venezuela; DFG
- „Kenya Arid Lands Research Station" (KALRES) in Kenia; BMZ
- „Koordination der Maßnahmen gegen die Desertifikation im Sahel; BMZ
- „International Center of Integrated Mountain Development" (ICIMOD) in Nepal; BMZ

Die derzeit laufenden Projekte werden im folgenden zusammenfassend dargestellt.

4.1 Management tropischer Wälder; Überregionales Projekt mit Schwerpunkten in Afrika (Madagaskar), Asien (Papua Neuguinea und Malaysia) und Lateinamerika (Bolivien, Brasilien, Mexiko und Peru)

Hintergrund, Inhalt und Zielsetzung des Projekts

Ziel dieses zwischen der UNESCO und der Bundesrepublik Deutschland vereinbarten fünfjährigen Kooperationsvorhabens über Tropenwaldökosysteme ist laut Definition in der ursprünglichen Projektbeschreibung die Förderung der Entwicklung nachhaltiger Landnutzungssysteme in den feuchten und halbfeuchten Tropen, die in einer Zeit rascher und weitreichender Veränderungen den typischen sozialen, kulturellen und biologischen Merkmalen der Völker und den Ökosystemen dieser Regionen angepaßt sind.

Durch eine langfristige Perspektive sollen Möglichkeiten für das Erzielen konkreter Ergebnisse geschaffen werden. Während der fünfjährigen Laufzeit sollen nachvollziehbare Erfahrungswerte über die ökologisch nachhaltige Bewirtschaftung der Tropenwälder in drei dafür benannten Gebieten gesammelt und anschließend veröffentlicht werden.

Ein von der FAO geförderter und 1987 erschienener Statusbericht über die Bewirtschaftung tropischer Feuchtwälder kommt zu dem Schluß, daß zur Zeit nur ein sehr kleiner Teil der vorhandenen tropischen Regenwälder im strengsten Sinn des Wortes bewirtschaftet wird. Selbst dann, wenn der Versuch einer Bewirtschaftung unternommen wird, stellt jedes Versagen – ob waldbaulicher, sozioökonomischer, politischer oder institutioneller Art – den Erfolg mit relativ großer Wahrscheinlichkeit in Frage. Diese Faktoren scheinen so schwer in den Griff zu bekommen sein, daß die mit der Ressourcenbewirtschaftung und der Bodennutzungsplanung befaßten Verantwortlichen dazu tendieren, die Bewirtschaftung tropischer Mischwaldbestände als unrealistisch, undurchführbar oder unzweckmäßig zu bezeichnen.

Allerdings ist die Nachhaltigkeit der Holzexploration in Regenwäldern bei Verwendung aufeinanderfolgender Nutzungszyklen in Fällen wie dem „Malayan Uniform System" (MUS), dem „Selective Management System" oder dem „Celos Silvicultural System" in Surinam eindeutig nachgewiesen worden. Trotzdem bleiben ungelöste Probleme, darunter auch die bei jedem Holzeinschlag entstehenden Explorationsschäden (insbesondere Bodenschäden), das langsame Wiederaufwuchstempo, die Bodenerosion und die Nährstoffverarmung, die Unrentabilität einer Maximierung der Bestockung der abgeholzten Flächen mit Wertarten sowie die an die Holzexplorationsindustrie gezahlten versteckten Subventionen. Es wird oft suggeriert, der Holzeinschlag in den Regenwäldern sei in den meisten Fällen eine einmalige Aktion ohne Aussicht auf eine zweite oder dritte Ernte. Außerdem wurden Befürchtungen im Hinblick auf den Verlust von Lebensräumen und Arten aufgrund der Störung des Waldes, den Rückgang des vorhandenen Potentials an Nichtholzprodukten wie etwa Rohr, Früchte und Chemikalien sowie die anthropogene Einflußnahme auf den Wald durch Brandrodung und Feldbau nach der Exploration laut.

Eine nachhaltige Entwicklung, die dem Wohl der Menschen dient, hängt von unserer Fähigkeit ab, die Eigenschaften von Pflanzen, Tieren und Mikroorganismen für unsere eigenen Zwecke zu nutzen. Unser Wissen und die daraus resultierende Fähigkeit, die meisten dieser Organismen zu unserem Vorteil zu nutzen, ist außerordentlich begrenzt; doch durch unser Zutun ist ein Viertel von ihnen bereits in den nächsten Jahrzehnten vom Aussterben bedroht. Und da ein Großteil der überlieferten Kenntnisse der einheimischen Bauern, der Waldbewohner und anderer Ressourcennutzer weder dokumentiert noch genutzt wird, geht Jahr für Jahr mit der Umwandlung von Ökosystemen und einheimischen Kulturen immer mehr von diesem Wissensschatz verloren.

Die Schaffung von Puffer- und Übergangszonen auf den Flächen, die an intakte tropische Mischwaldbestände angrenzen, ist eine Möglichkeit, den auf den bedrohten Waldökosystemen lastenden Druck durch Schaffung von Alternativen für die massive Eingriffnahme und für den Wanderfeldbau zu reduzieren. Einer der Aspekte der Schaffung von Pufferzonen ist die Regeneration von Wald- und Gehölzflächen und die Wiederherstellung von Ökosystemen in den Tropen. Ein zunehmender Anteil der Bodenflächen in den Tropen entfällt auf Sekundärwälder (Wälder, die nach dem Abholzen übrigbleiben oder auf brachliegenden abgeholzten Flächen entstehen), degradierte Zonen und andere anthropogen beeinflußte Gebiete. Im Gegensatz zu den „natürlichen" Systemen sind diese Systeme bisher relativ wenig beachtet worden, so daß heute ein zunehmender Bedarf an genaueren wissenschaftlichen Informationen besteht, auf die man bei der effizienten Bewirtschaftung geschädigter Systeme (einschließlich der Sanierung degradierter Flächen) zurückgreifen kann. Diese Systeme könnten durchaus den Weg zu langfristigen Lösungen für die Umweltprobleme der Menschen in den Tropen weisen.

Da der Raubbau der Tropenwälder immer schneller voranschreitet und immer unumkehrbarer wird, hat das öffentliche Bewußtsein für das Problem und die politische Bereitschaft, das zu ändern, rapide zugenommen. Bedauerlicherweise bleibt ein Großteil dieser Bereitschaft ungenutzt, da noch immer Bedarf an weiteren Informationen und Erfahrungswerten als verläßliche Grundlage für politische Maßnahmen und Aktivitäten besteht. Besonders wichtig ist dabei die Einbindung in die vorhandenen Informationen und die Beseitigung etwaiger Informationslücken, damit die Tropenwälder auf lange Sicht nachhaltig genutzt werden können, während gleichzeitig die Entwicklung der örtlichen Bevölkerung gewährleistet ist.

Obgleich die eigentliche Zielgruppe von Land zu Land unterschiedlich ist, wird als Oberziel stets eine Verbesserung der Situation der in und am Rand der Tropenwälder lebenden Gemeinschaften angestrebt, deren Existenz von diesen Wäldern abhängt. Das Projekt soll sie mit dem nötigen Rüstzeug zur Erzielung nachhaltiger Gewinne aus den Wäldern ausstatten, wobei die Aufwertung der überlieferten Kenntnisse und Methoden sowie die Einführung moderner Techniken im Vordergrund stehen.

Das Programm stützt sich auf eine Reihe miteinander gekoppelter Feldforschungs- und Demonstrationsvorhaben, die durch Maßnahmen zur Schärfung des Bewußtseins für die Ökologie und die Ressourcenbewirtschaftung tropischer Waldökosysteme und zur Entwicklung der menschlichen Ressourcen in den Tropenregionen ergänzt werden.

In jeder der drei Hauptregionen der Feuchttropen in Afrika, Asien und Lateinamerika wird ein großangelegtes Demonstrationsvorhaben unterstützt, dessen Aufgabe es ist, wirtschaftlich rentable und umweltverträgliche Möglichkeiten der Bewirtschaftung der tropischen Waldökosysteme zu erläutern und in der Praxis vorzuführen. Hinzu kommt die fachliche und finanzielle Unterstützung anderer Felduntersuchungen, bei denen es um spezifische Forschungsaspekte der Flächenwirtschaft in den feuchten und halbfeuchten Tropen geht. Somit befaßt sich das Kooperationsvorhaben im Gesamtkontext der ökologischen und ökonomischen Nachhaltigkeit der Tropenwaldbewirtschaftung mit folgenden Fragen- und Themenkomplexen: Nutzung des überlieferten ökologischen Wissenspotentials in den Feuchttropen; Schaffung von Puffer- und Übergangszonen in ausgewählten Biosphärenreservaten und Weltnaturerbegebieten; biologische Vielfalt und ihre zeitliche und räumliche Verschiebung; Fruchtbarkeit tropischer Böden und ihre biologische Bewirtschaftung.

Zu jedem der Feldprojekte gehört nach Möglichkeit auch ein Teilprogramm, das sich mit der Förderung des Umweltbewußtseins und der Aus- und Fortbildung befaßt. Die im Rahmen des vorliegenden Projekts vorgesehenen standortbezogenen Aktivitäten werden durch ein gesondertes Projekt ergänzt, das sich um die Synthese und Weitergabe wissenschaftlicher Informationen über Tropenwaldökosysteme für den Einsatz im Bereich der Umwelterziehung und verwandter Tätigkeiten bemüht, sowie ein großangelegtes Programm zur Entwicklung der menschlichen Ressourcen, das sowohl Einzel- als auch Gruppenausbildung vorsieht.

Afrika

Schwerpunktbereich in Afrika ist Madagaskar, wo das Projekt eng mit bereits laufenden Bemühungen um die Förderung eines integrierten Ansatzes für die Erhaltung und nachhaltige Bewirtschaftung der natürlichen Ressourcen des Landes gekoppelt ist. Die Arbeiten werden im Rahmen des Umweltaktionsplans durchgeführt, der zur Zeit innerhalb einer von der Weltbank geleiteten trägerübergreifenden Initiative in enger Zusammenarbeit mit der IUCN und dem WWF für Madagaskar erarbeitet wird.

Madagaskar

Mit seinen 10–12 000 Pflanzenarten (85 % davon endemisch) gehört Madagaskar von der Größe her vermutlich zu den pflanzenreichsten Gebieten der Erde. Die Fauna ist ebenfalls einmalig, betrachtet man den hohen Endemismus – 53 % bei Vögeln, 95 % bei Reptilien, 100 % bei auf dem Land und im Wasser lebenden Säugetieren. Aufgrund der vielen Veränderungen und Umwandlungen sind zahlreiche Arten bedroht; dies wird durch die hohe Entwaldungsrate veranschaulicht (auf der 600 000 km^2 großen Insel, die ursprünglich zum großen Teil mit verschiedenen Waldarten bedeckt war, sind nur noch 80–100 000 km^2 bzw. ca. 15 % der Gesamtfläche von ‚Primärwäldern' bedeckt). Vor diesem Hintergrund bemüht sich die UNESCO seit 1986 in Zusammenarbeit mit einer Reihe madegassischer Institutionen, die Erhaltung der Umwelt als festen Bestandteil in die ländliche Entwicklung einzubinden. Mit Unterstützung des Umweltprogramms der Vereinten Nationen (UNEP) und der Bundesrepublik Deutschland werden zur Zeit für verschiedene Teile der Insel differenzierte Außenprojekte ausgearbeitet. Ziel der Arbeit an allen diesen Standorten ist die möglichst weitgehende Erfassung des Potentials der reichen Floren- und Faunenvielfalt der Insel.

Das vorliegende Projekt ist eng mit einem anderen UNESCO-Projekt gekoppelt, das vom UNEP finanziert wird. Während die Gesamtkoordination der beiden Projekte dem leitenden technischen Berater des vom UNEP finanzierten Projekts übertragen wurde, liegt die Logistik zum großen Teil in den Händen des von der Bundesrepublik finanzierten Projekts. Guy Suzon Ramangason wurde Mitte 1992 zum Nachfolger von Roland Albignac, dem bisherigen Koordinator der UNESCO-Umweltprojekte in Magadaskar, ernannt.

Zu den drei Hauptzielen gehörten folgende:
– Eingriffnahme im landwirtschaftlichen bzw. Viehzuchtbereich, um den auf der natürlichen Umwelt lastenden Druck durch Ersetzen traditioneller Produktionsverfahren wie etwa „tavy" (Brandrodungshackbau) oder Buschfeuer durch alternative Methoden zu reduzieren;
– Kompensation des Verlustes an Zugangsmöglichkeiten zu natürlichen Ressourcen durch Erbringung von Leistungen für die örtliche Bevölkerung (Gesundheitseinrichtungen, Bildungsmaßnahmen und Infrastruktur);
– Verbesserung des Lebensstandards der Bevölkerung und damit Verringerung ihrer Abhängigkeit von einer gezielten Nutzung der natürlichen Ressourcen.

Asien

Papua-Neuguinea

Hauptschwerpunkt der Aktivitäten in Asien ist Papua-Neuguinea. Dieses Land mit seiner Gesamtfläche von 467 500 km^2 (77 % waldbedeckt) und einer Bevölkerungszahl von 4 Millionen, in dem noch etwa 97 % der Bodenflächen von örtlichen Gemeinschaften kontrolliert werden, sieht sich bei der Waldentwicklung mit einer Vielzahl geradezu einzigartiger Herausforderungen und Chancen konfrontiert. Vor diesem Hintergrund wird während des Projekts besonderer Nachdruck auf die Ausbildung einheimischer Forscher und Ressourcenmanager sowie auf die Ausarbeitung eines Projektes über Nachhaltigkeitsindikatoren im Rahmen einer umfassenderen Initiative über die wirtschaftliche, ökologische und soziale Nachhaltigkeit tropischer Regenwälder gelegt.

Zur Ausbildungsförderung gehörten auch fachliche und finanzielle Beiträge zu einem nationalen Workshop, der Ende 1990 vom Forstwissenschaftlichen Forschungsinstitut von Papua-Neuguinea veranstaltet wurde, sowie ein Magisterprogramm eines Botanikers an der Universität von Queensland.

Malaysia

In Sabah im Osten Malaysias werden zwei Projekte gefördert, die beide von der Grundphilosophie ausgehen, die Erzielung nachhaltiger Erträge aus den Regenwäldern sei die beste langfristige Erhaltungsstrategie.

Lateinamerika

Die Aktivitäten in Lateinamerika finden in Bolivien, Brasilien, Mexiko und Peru statt, wobei der Schwerpunkt auf Brasilien liegt.

Bolivien

Im Mittelpunkt der Tätigkeit in Bolivien stand die „Estación Biológica del Beni Biosphere Reserve" (EBB). Dort wurden zwei parallele Maßnahmen gestartet: bei der einen ging es um die Schaffung eines regionalen Kommunikations-, Informations- und Förderprogramms für das Biosphärenreservat Beni in enger Zusammenarbeit mit der einheimischen Bevölkerung und bei der anderen um ein Projekt zur Durchführung einer ethnobotanischen Bestandsinventur innerhalb des Biosphärenreservats.

Das im Norden Boliviens gelegene Biosphärenreservat von Beni hat eine Fläche von insgesamt 135 000 Hektar. Das 1986 vom ICC des MAB-Programms zum Biosphärenreservat erklärte Gebiet umfaßt ausgedehnte Wälder, Savannen und Sumpfgebiete. Schätzungen zufolge beherbergt das Reservat über 2000 Pflanzenarten, darunter auch Wertbaumarten und viele forstliche Nebenerzeugnisse. Etwa 800 Eingeborene vom Stamm der Chimane leben innerhalb des Reservats, von dessen Fläche 30 000 Hektar als Stammesgebiet ausgewiesen sind. Viele nicht zu den Eingeborenen zählende Landwirte und kleine Viehbauern leben in den Gemeinden im näheren Umkreis des Reservats. 1982 richtete die bolivianische Nationalakademie der Wissenschaften die biologische Station Beni ein, die sich inzwischen zu einem bedeutenden Forschungszentrum für tropische Ökosysteme entwickelt hat. Die Mitarbeiter der biologischen Station verwalten das Reservat auf der Basis eines breitgefächerten Forschungs-, Erhaltungs-, Ausbildungs-, Ökotourismus- und Dorfentwicklungsprogramms.

Ethnobotanische Bestandsinventur im Biosphärenreservat Beni: Dieses Projekt wird im Rahmen der Initiative ‚Menschen und Pflanzen' („People and Plants") durchgeführt. Die Leitung des Biosphärenreservats Beni ist um Projekte bemüht, die eine angepaßte Entwicklung in Chimane und anderen örtlichen Dorfgemeinschaften unterstützen und gleichzeitig die Erhaltung des Waldes im Reservat gewährleisten. Ausgehend von diesem Oberziel ist geplant, durch eine Zusammenarbeit zwischen bolivianischen Studenten und Einheimischen ein Bestandsverzeichnis der im Nahbereich des Biosphärenreservats Beni vorkommenden Nutzpflanzen anzufertigen. Dabei sollen drei Ziele erfüllt werden:

1) Ausbildung und Unterstützung einheimischer Ethnobotaniker,
2) Erforschung des potentiellen Beitrags von Nichtholzprodukten zur örtlichen Entwicklung und
3) Erweiterung der wissenschaftlichen Erkenntnisse über im Biosphärenreservat vorkommende Pflanzen.

Brasilien

An diesem Projekt sind folgende Institutionen beteiligt: Das Nationale Forschungsinstitut für den Amazonas (INPA), das Institut für wissenschaftliche Untersuchungen im Amazonasgebiet (IEA) und der Verband der Universitäten im Amazonasgebiet (UNAMAZ). Zu den 1989 festgelegten Zielen gehörten:
– die Förderung der Forschung im Bereich der Sammlerreserven; Ergebnisse: Der Schwerpunkt lag auf der Samenkeimung und der Lagerung von Saatgut verschiedener tropischer Baumarten; ferner ging es um die Regeneration von ‚Rosenholz' und um Fernerkundungs- und geographische Informationssysteme. Ein Vergleich der Ergebnisse dieses Projekts mit zwei anderen wissenschaftlichen Abhandlungen zum Thema Sammlerreserven soll als MAB Digest veröffentlicht werden.
– die Abhaltung einer Konferenz zum Thema „Umweltverträgliche sozioökonomische Entwicklung in den Feuchttropen" in Manaus; Ergebnisse: Ziel der als erste Folgemaßnahme der Konferenz der Vereinten Nationen für Umwelt und Entwicklung (UNCED) vom 13. bis 19. Juni 1992 in Manaus abgehaltenen Konferenz „Umweltverträgliche sozioökonomische Entwicklung in den Feuchttropen" war die Umsetzung der Empfehlungen der in Rio de Janeiro verabschiedeten Agenda 21.

- die Förderung der Forschung im Nationalforst Caxiuana; Ergebnisse: Ein neues Projekt unter dem Titel „Vergleichende Untersuchung des vegetativen Wachstums und der Fortpflanzungsphänologie von Pionier- und Klimaxbaumarten im Nationalforst Caxiuana" wurde Mitte 1993 in Zusammenarbeit mit CNPq, Museu Paraense Emílio Goeldi, Belém, Brasilien gestartet. Dabei werden verschiedene Ziele verfolgt.
- die Schaffung eines Programms „Ökologische Entwicklungsstrategien für Sammlerreserven"; Ergebnisse: Zur Zeit wird gemeinsam mit dem IEA das Programm „Ökologische Entwicklungsstrategien für Sammlerreserven" entwickelt. Ein Zwischenbericht wird zur gegebenen Zeit erscheinen;
- die Förderung der Errichtung neuer Biosphärenreservate in der brasilianischen Amazonasregion; Ergebnisse: 1993 wurde in Zusammenarbeit mit dem INPA die Stiftung „Fundaçao Djalma Batista" gegründet, deren Hauptaufgabe die Abwicklung der verschiedenen Stufen der Ausarbeitung des Projektvorschlags für das neue Biosphärenreservat in der brasilianischen Amazonasregion (Gebiet um Manaus) ist. Der Projektvorschlag für die Einrichtung des neuen Biosphärenreservats „Adolpho Ducke" ist von der Abteilung für Umweltwissenschaften angenommen und in die Satzung der Stiftung aufgenommen worden.

Mexiko

In Mexiko wurden zwei Maßnahmenpakete in die Wege geleitet, mit denen ein Beitrag zu einem bereits angelaufenen Kooperationsprogramm des WWF und der UNESCO zur Förderung der Ethnobotanik und der nachhaltigen Nutzung wildwachsender Pflanzenressourcen im Rahmen der Initiative ‚Menschen und Pflanzen' geleistet wurde.

Bewirtschaftung der forstlichen Ressourcen in der Sierra Norte, Oaxaca, Mexiko auf Gemeindeebene. Die Sierra Norte, die komplexeste der acht geographischen Regionen des Staates Oaxaca, wird von einer stark zerklüfteten Bergkette durchquert, die den südlichsten Teil der Sierra Madre Oriental in Mexiko bildet. Es gibt noch keine funktionierenden Schutzgebiete in der Region, aber es sind bereits Bemühungen im Gange, Schwerpunktbereiche für Erhaltungsmaßnahmen festzulegen und entsprechend auszuweisen. Verschiedene Gemeinden versuchen bereits, die Nachhaltigkeit ihrer forstlichen Ressourcen zu gewährleisten. Die Gemeindebehörden einer Chinantekengemeinde, Santiago Comaltepec, sind zur Zeit dabei, den Wert ihrer Wolken- und Kiefernwälder zu ermitteln.

Peru

In Zusammenarbeit mit der Asociación Raiz in Lima sind wissenschaftliche Untersuchungen über die Nutzung der Pflanzenressourcen durch die einheimische Bevölkerung (Chipibo-Conibo) im Ucayali-Tal durchgeführt worden. Hauptziel dieses Projekts war die Verbesserung des Kenntnisstands über natürliche Ressourcen im Verbindung mit ihrem ökologischen Standort und die Durchführung einer Erhebung über die Nutzung der Pflanzenressourcen für Gesundheits- und Ernährungszwecke in den Dorfgemeinden und indigenen Gemeinschaften des Ucayali-Tals. Für die Untersuchung wurden fünf Versuchseinheiten eingerichtet. Das Projektteam bestand aus sechs Personen, Dr. Jacques Tournon von CRNS France und sechs Peruanern, darunter zwei Studenten, die in ständigem Kontakt mit der einheimischen Bevölkerung standen. Die zweite Projektphase, die im Oktober 1993 begann, befaßt sich mit der ökonomischen Bewertung dieser natürlichen Ressourcen aus qualitativer und quantitativer Sicht. Sie wird auf Dorfebene durchgeführt. Diese zweite Projektphase ist für Doktoranden der Universität von Pucallpa gedacht und dient der Weitergabe von Informationen und Untersuchungsergebnissen an Forschungszentren und andere Universitäten in der Region. Der Zwischenbericht ist bei der Division of Ecological Sciences bei der UNESCO erhältlich und gibt einen Überblick über die erzielten Ergebnisse.

Schärfung des Umweltbewußtseins der Menschen für den Schutz der Tropenwälder

Der vorliegende Bericht enthält eine Kurzbeschreibung des Kooperationsprojekts „Entwicklung der menschlichen Ressourcen und Schärfung des Umweltbewußtseins für eine nachhaltige Bewirtschaftung der Tropenwälder" ausgehend von der Unterstützung von Feldprojekten in Asien, Afrika und Lateinamerika. Die Finanzierung dieses Projekts, das von Januar 1991 bis März 1994 lief, erfolgte durch Treuhandmittel des Bundesministeriums für wirtschaftliche Zusammenarbeit (BMZ) der Bundesrepublik Deutschland in Form von Finanzleistungen in Höhe von US-$ 1 065 090 Mio. und Sachleistungen der verschiedenen beteiligten Parteien.

Zweck des Vorhabens war, im Rahmen eines globalen Teilprojekts und verschiedener, auf bestimmte Bereiche ausgerichteter Teilprojekte einen Beitrag zur Entwicklung der menschlichen Ressourcen und zur Schärfung des Umweltbewußtseins für eine nachhaltige Bewirtschaftung der Tropenwälder zu leisten. Während sich das globale Teilprojekt gezielt mit der Vertiefung des Umweltbewußtseins durch bessere Nutzung der wissenschaftlichen Informationen befaßt, liegt der Schwerpunkt der auf bestimmte geographische Gebiete ausgerichteten Teilprojekte auf der Entwicklung der menschlichen Ressourcen durch Aus- und Fortbildung und anderen vor Ort stattfindenden Aktivitäten, etwa der Ausarbeitung von Lehrplänen für Schulen.

Zum Bereich ‚Entwicklung der menschlichen Ressourcen' gehören Aktivitäten wie die Förderung von Einzelausbildungs- und Gruppenmaßnahmen. Dazu werden eine Reihe von Einzelstudienbeihilfen angeboten, ein Teil davon in Form von Stipendien im Rahmen des „MAB Young Scientists Research Award Scheme", die auf dem Ausschreibungsweg vergeben werden. Zu den dabei abgedeckten Themen gehören folgende: genetische Variation innerhalb der wildwachsenden Populationen ausgewählter „shorea"-Arten in Sri Lanka; Umweltbeobachtungen zu Iraya Mangyans und anderen Gemeinschaften im Biosphärenreservat Puerto Galera auf den Philippinen; Zusammenhang zwischen Struktur, Bodennährstoffgehalt und Nährstoffversorgung von Bergwäldern in Papua-Neuguinea; Lückendynamik und Regenerationsprozesse in tropischen Wolkenwäldern im Biosphärenreservat El Cielo in Mexiko; Faktoren für die Förderung der Seßhaftmachung von Wanderfeldbauern in den Puffer- und Übergangszonen des Biosphärenreservats Basse Lobaye Forest in der Zentralafrikanischen Republik.

Im Bereich ‚Schärfung des Umweltbewußtseins' wurden in erster Linie zwei Arten von Maßnahmen durchgeführt: 1) Vorbereitung der Auftragsvergabe und Weitergabe von Informationsmaterial für verschiedene Benutzergruppen durch die UNESCO und die mit ihr zusammenarbeitenden Gremien; 2) fachliche und finanzielle Unterstützung nationaler Gruppen für die Verstärkung der Umweltbewußtseinsbildung in den Feuchttropen. Zu den Ergebnissen gehörten u. a. die Synthese, Diversifizierung und Weitergabe von Informationen zum Thema Tropenökologie und Flächenwirtschaft (Bildberichte, Synthesen des aktuellen Kenntnisstands, Digests, Veröffentlichung „Nature and Resources", Fernseh- und Videofilme). Die Unterstützung der beteiligten Institutionen war ebenfalls Bestandteil des Projekts.

Der Gesamthaushalt wurde in drei Teile geteilt: 35 % gingen nach Asien, 35 % nach Afrika und 30 % nach Lateinamerika.

In Asien ging es in erster Linie darum, einen Beitrag zur Ausbildung von Fachleuten in der Ökologie nahestehenden Bereichen und in der nachhaltigen Bewirtschaftung von Tropenwäldern zu leisten, insbesondere im Rahmen des MAB „Young Scientist Award Scheme".

In Afrika wird ein Teil zur Unterstützung der Projekte in Madagaskar verwendet. Schwerpunktbereiche der Ausbildungsmaßnahmen (Schulen, Kinder und Frauen) sind die Standorte in Mananara Nord, Ankarafantsika und Bemaraha, die auch anderen Projekten als Standort dienen. Dabei werden Einzelzuschüsse gewährt und auch Seminare veranstaltet.

In Lateinamerika leistet das Projekt einen Beitrag zur Entwicklung der menschlichen Ressourcen und zur Schärfung des Umweltbewußtseins für die nachhaltige Bewirtschaftung der Tropenwälder, und zwar insbesondere in bestimmten, geographisch abgegrenzten Bereichen in Brasilien, Bolivien, der Dominikanischen Republik und Peru.

Im Rahmen der projektspezifischen Kooperationsbemühungen sind enge Arbeitsbeziehungen zwischen den beteiligten Ländern geknüpft worden, die auch nach Ablauf der dreijährigen Laufzeit des Projekts fortdauern sollen. Die Entscheidungsträger auf nationaler und lokaler Ebene werden laufend über den Fortgang des Projekts informiert.

Das Projekt bot die Möglichkeit zur Einbindung von Erziehungsaspekten in wissenschaftliche Pilotprojekte. An sich dürfte es auf der Hand liegen, daß wissenschaftliche Forschung der Verbesserung des Kenntnisstands dienen soll und somit einen erzieherischen Zweck verfolgt, aber in der Praxis kann sich dies als schwer durchsetzbar erweisen.

Die bestehende Lücke zwischen Bildungs- und Ausbildungsstand ist bei der Durchführung von Feldprojekten häufig zu beobachten. In manchen Ländern sind in vielen Fällen keine oder nur unangepaßte Bildungs- und Ausbildungsstrukturen vorhanden.

Durch schwerpunktmäßige Befassung mit den Komponenten Aus- und Fortbildung und Umweltbewußtsein legt das Projekt besonderen Nachdruck auf einen wesentlichen Entwicklungs- und Erhaltungsaspekt. Da Aus- und Fortbildung langfristig angelegt und bestrebt sind, zum Verständnis des Funktionierens der Ökosysteme beizutragen, sind sie eine unerläßliche Voraussetzung für Pläne zur nachhaltigen Entwicklung und Erhaltung.

Die im Rahmen des Programms durchgeführten Maßnahmen und Projekte erbrachten unterschiedliche Wirkungen und Ergebnisse. In vielen Fällen konnten mit den im Rahmen des Projekts bereitgestellten Geldern Initiativen und Maßnahmen gestartet werden, die über die dreijährige Laufzeit hinausreichen und auf diese Weise zur Zielerfüllung und zur Untermauerung des Projekterfolgs beitragen. Andere Aktivitäten befinden sich erst in der Anfangsphase, weshalb es einige Zeit dauern wird, bis die Ergebnisse überprüft werden können.

Diese Art des Vorgehens und der Ausrichtung soll als Richtschnur für künftige Aktivitäten und Programme der UNESCO dienen, deren Hauptaufgabe die Gewährung von Beratungshilfe für die Länder und die Projekte ist, die Maßnahmen durchführen und die erzielten Ergebnisse und erworbenen Kenntnisse einem möglichst großen Publikum zugänglich machen wollen. Vordringlichstes Ziel sollte jedoch sein, die Gastländer zu ermutigen, bei der eigenen wissenschaftlichen und sektoralen Entwicklungsplanung für jedes Feldprojekt die Bildungs- und Umweltbewußtseinskomponente verstärkt zu berücksichtigen.

Anschrift: Dr. Miguel Clüsner-Godt
UNESCO, Division of Ecological Sciences
1, Rue Miollis, F-75732 Paris
Cedex 15, Frankreich
Tel.: (0 03 31) 45 68 41 46
Fax: (0 03 31) 40 65 98 97

4.2 „Arid Ecosystem Research Centre" in Beer Sheba / Israel

Seit 1987 fördert das BMFT das gemeinsame deutsch-israelische „Arid Ecosystem Research Centre" (AERC) an der Hebrew University in Beer Sheba / Israel. Vor dem Hintergrund ökosystemarer Gesetzmäßigkeiten arider Räume stehen Fragen zu deren agraren Inwertsetzung im Mittelpunkt der wissenschaftlichen Arbeit. Neben der Entwicklung von neuen Bewässerungssystemen, die sich teilweise an antiken Vorbildern (u. a. Avdat) orientieren, und der Untersuchung von salzresistenten Pflanzen wird vor allem der Agroforst-Forschung großes Gewicht beigemessen.

Die im AERC erzielten Forschungsergebnisse sind nicht nur für die Landesentwicklung des Negev in Israel von großer Bedeutung, sondern können auch in Zukunft für die großen ariden Landschaftsräume in Asien und Afrika Modellcharakter erhalten. Aus diesem Grunde beschlossen das Deutsche und das Israelische Nationalkomitee 1989, das AERC als deutsch-israelisches Gemeinschaftsprojekt in das internationale MAB-Programm einzubringen.

Anschrift: Bundesministerium für Forschung und Technologie
Postfach 20 02 40, D-53170 Bonn
Tel.: (02 28) 59 33 97
Fax: (02 28) 59 36 01

4.3 „Cooperative Integrated Project on Savanna Ecosystems in Ghana"

Im Oktober 1992 begann ein zunächst auf drei Jahre angelegtes und mit Mitteln des Bundesministeriums für wirtschaftliche Zusammenarbeit (BMZ) finanziertes Forschungsprojekt im Norden Ghanas. Das „Cooperative Integrated Project on Savanna Ecosystems in Ghana" (CIPSEG) wird von der Abteilung für Ökologische Wissenschaften der UNESCO durchgeführt. Ziel des Projektes ist es, durch interdisziplinäre Forschung und in Zusammenarbeit mit der ortsansässigen Bevölkerung einen Beitrag zur Wiederherstellung des durch menschliche Einwirkungen stark degradierten Savannenökosystems zu leisten.

Wie in vielen anderen semi-ariden Gebieten Westafrikas sind die Artenvielfalt wie auch das wirtschaftliche Entwicklungspotential der Savanne im Norden Ghanas durch Buschfeuer, Feuerholzentnahme, Überweidung, agrarische Überbeanspruchung und ganz allgemein durch den Bevölkerungsdruck ernsthaft bedroht. Es gibt jedoch noch einige kleine Trockenwälder, die sich aus religiösen / animistischen Gründen und traditionellen Wertvorstellungen erhalten haben und von den Dorfgemeinschaften aktiv geschützt werden. Diese „heiligen Haine" (sacred groves) beherbergen einen oder mehrere Gottheiten, die sich an bestimmten Tagen der Woche manifestieren und die Gestalt von Tieren (z. B. Schlangen, Affen, Leoparden) oder Bäumen annehmen können. Für jeden heiligen Hain ist ein sog. Fetisch-Priester zuständig, der die Opferrituale vornimmt und darauf achtet, daß die Wohnstätten der Gottheiten nicht durch unbedachtes Betreten gestört werden.

Dadurch daß diese kleinen Trockenwälder mit einem Tabu belegt sind, haben sie sich über die Jahrhunderte vor menschlichen Eingriffen erhalten können. Für die ökologische Forschung und den Naturschutz sind diese Wälder von unschätzbarem Wert, da sie den Zustand ungestörter Savannenökosysteme widerspiegeln, bevor der menschliche Eingriff in den natürlichen Savannenhaushalt zu stark wurde. Für das Projekt werden drei sacred groves zu Feldstudien herangezogen, die als Referenzareale zur Erfassung der einheimischen Artenvielfalt in der Savanne dienen können. Außerdem kann der in ihnen enthaltene Genpool dazu beitragen, die Rehabilitierung degradierter Savannenökosysteme mit indigenen Pflanzenarten, die den lokalen edaphischen und klimatischen Verhältnissen angepaßt sind, voranzutreiben.

Neben diesen stärker naturwissenschaftlich orientierten Forschungsaktivitäten, beinhaltet das Projekt auch sozio-ökonomische und sozio-kulturelle Studien, die als Vorleistungen zur Erstellung eines Managementleitplanes für die gesamte Region um Tamale (Hauptstadt der Northern Region Ghanas), wo sich die heiligen Wälder befinden, angesehen werden. Im Rahmen der sozioökonomischen Studien stehen besonders Fragen der Landnutzung und der geschlechterspezifischen Arbeitsteilung im Vordergrund, sozio-kulturelle Studien befassen sich vor allem mit den religiösen Ursachen, die zum Schutz der heiligen Wäldchen beigetragen haben, wie auch mit der heutigen Perzeption der Bevölkerung zu den sacred groves.

Mitwirkende Institutionen: Der institutionell zum ghanaischen Umweltministerium gehörende „Environmental Protection Council of Ghana" (EPC) mit seinem Ghanaischen MAB-Nationalkomitee ist die Partnerinstitution des Projektes. Die eigentlichen Forschungsaktivitäten werden von den folgenden Institutionen durchgeführt:
- Botanisches Institut der University of Ghana (Accra / Legon): Pflanzeninventar der sacred groves;
- Geographisches Institut der University of Ghana (Accra / Legon): sozioökonomische und Landnutzungsstudien;
- Institute for Renewable Natural Resources (IRNR) der University of Science and Technology (Kumasi): Studien zur Ressourcennutzung;
- Forestry Research Institute of Ghana (FORIG) der University of Science and Technology (Kumasi): edaphische, klimatische und forstwissenschaftliche Untersuchungen;
- Centre for National Culture (Tamale): sozio-kulturelle Studien;
- Northern Region Rural Integrated Programme (NORRIP) (Tamale): geschlechterspezifische Studien.

Halbjährliche Koordinationstreffen der am Projekt beteiligten Forschungsinstitutionen gewähren den interdisziplinären Charakter des Projektes.

Arbeitsschwerpunkte der letzten zwei Jahre: Erfassung des Pflanzeninventars der sacred groves und ökophysiologische sowie ethnobotanische Studien; Untersuchung der Landnutzungsänderungen seit den 50er Jahren (durch Fernerkundungsmethoden und Begehungen vor Ort); Studien zur natürlichen Ressourcennutzung mit Hilfe der rapid rural appraisal method; bodenkundliche und klimatische Erfassung des Gebietes mit Hilfe von Bodenproben und verfügbaren meteorologischen Daten; Befragungen älterer Dorfbewohner zur Genese der heiligen Haine; Befragungen von Dorfbewohnern zur geschlechterspezifischen Arbeitsteilung und Ressourcennutzung im Untersuchungsgebiet.

Ergebnisse: Aus den obengenannten Forschungsschwerpunkten ergab sich eine Fülle von Ergebnissen, die unter anderem in verschiedenen Videofilmen (zu Demonstrationszwecken) und in Projektberichten dokumentiert sind. Bei den Untersuchungen stellte sich heraus, daß die Tabuisierung einiger der sacred groves bis ins 15. Jahrhundert zurückreicht und im Zusammenhang mit Stammeskriegen („wunderbarer" Schutz vor Überfällen) oder als Begräbnisstätten entstanden sind. 220 Arten wurden in den Trockenwäldern erfaßt, wobei die Artenvielfalt im Randbereich höher als in der Kernzone der Wäldchen ist. Der Gehalt der Boden- und Blattnährstoffe ist innerhalb der groves höher als in den landwirtschaftlich bebauten Flächen um die Trockenwälder. Landnutzungskarten sind im weiteren Bereich um die sacred groves erstellt worden. Detaillierte Studien zur demographischen und sozio-ökonomischen Situation liegen für die drei Verwaltungsbezirke vor, in denen sich die Wälder befinden.

Umsetzung der Ergebnisse: Basierend auf den bisherigen Ergebnissen wurden mehrere Ausbildungsseminare für die ländliche Bevölkerung abgehalten (so etwa zur Prävention und Kontrolle von Buschfeuern, die die Wälder bedrohen, oder zu einfachen Aufforstungstechniken im Randbereich der sacred groves wie etwa Mango als cash crop). Generell fließen die vom Projekt erarbeiteten Resultate in die Arbeit des Environmental Protection Council of Ghana ein, der für die Koordination von Umweltmaßnahmen im Land zuständig ist.

Künftige Arbeitsschwerpunkte: Nachdem die meisten Basisstudien abgeschlossen sind, wird sich das Projekt in den Jahren 1994 und 1995 besonders der Umsetzung der bisherigen Ergebnisse in die Praxis widmen. So sind beispielsweise das Anlegen von woodlots mit einheimischen und exotischen Arten im Randbereich der sacred groves geplant, die als Testgebiete zur Rehabilitation der degradierten Savanne dienen sollen.

Anschrift: Dr. Thomas Schaaf
UNESCO, Division of Ecological Sciences
1, Rue Miollis, F-75732 Paris Cedex 15, Frankreich
Tel.: (0 03 31) 45 68 40 65
Fax: (0 03 31) 40 65 98 97

4.4 „Strengthening of Scientific Capacities in the Field of Agro-silvo-pastoral Management in the Sahel"

Die in der ariden und semi-ariden Zone gelegenen Sahelländer (genauer, die neun Mitgliedsstaaten des Comité inter-état pour la lutte contre la sécheresse au Sahel, CILSS) sahen sich während der letzten 2 bis 3 Jahrzehnte mit einer rapiden Degradierung ihrer natürlichen Ressourcen konfrontiert, die aus dem synergistischen Zusammenwirken von Bevölkerungsdruck und dem Auftreten mehrerer Dürreperioden resultiert. In vielen Fällen wurde damit der Desertifikationsprozeß vorangetrieben.

Das obengenannte Sahelprojekt versucht, diesen Problemen durch das Stärken wissenschaftlicher Kapazitäten (angewandte Forschung und Ausbildung) in den Sahelländern zu begegnen. Das Sahelprojekt begann 1989 als Nachfolgeprojekt des auch schon von der UNESCO durchgeführten „FAPIS" Projektes (Formation en aménagement pastoral intégré au Sahel), das wie das derzeitige Projekt aus Treuhandmitteln des Bundesministeriums für wirtschaftliche Zusammenarbeit (BMZ) finanziert wurde. Dabei stehen besonders sahelspezifische Probleme im Vordergrund: Bodenfruchtbarkeit, silvo-pastorale und agro-forstwirtschaftliche Produktionssysteme, nachhaltige Nutzung der natürlichen Ressourcen, Umweltschutz.

Mitwirkende Institutionen: Von den neun im CILSS zusammengeschlossenen Sahelländern (Burkina Faso, Gambia, Guinea-Bissau, Kap Verde, Mali, Mauretanien, Niger, Senegal, Tschad) werden Forschungsaktivitäten in fünf Ländern (Burkina Faso, Mali, Mauretanien, Niger und Senegal) durchgeführt. Regionale Projektpartner sind das Institut du Sahel / CILSS und die Ecole inter-états des sciences et médecine vétérinaire (Dakar). Sämtliche Projektaktivitäten werden von einem wissenschaftlichen Komitee koordiniert, in dem die wichtigsten Projektpartner vertreten sind.

Arbeitsschwerpunkte der letzten zwei Jahre: Das Projekt strebt ein gleichgewichtiges Verhältnis zwischen Forschung, Ausbildung und Verbreitung von wissenschaftlichen Informationen zur Stärkung der regionalen Zusammenarbeit an. Forschungsaktivitäten konzentrieren sich vor allem auf das Management von silvo-pastoralen Ökosystemen in der Sahelzone, Verbesserung der agro-forstwirtschaftlichen Systeme in der Sudan-Sahel-Zone und auf die Struktur und Funktionsweise der zwei Biosphärenreservate „Forêt classée de la mare aux hippopotames" (Burkina Faso) und „Boucle du Baoulé" (Mali). Die wissenschaftliche Ausbildung geschieht auf drei Ebenen: Praktikantenstellen für jüngere Wissenschaftler zur Bearbeitung bestimmter Forschungsprojekte; Gruppenausbildungsprogramme und -seminare, besonders zur Methodologie des Managements natürlicher Ressourcen; Individual- oder

Gruppenstudienreisen in benachbarte Länder zur Förderung des direkten Informationsaustausches. Die Verbreitung wissenschaftlicher Informationen wird durch das Publizieren der Tagungsberichte von Projektseminaren und der Ergebnisse der Studienreisen gewährleistet.

Ergebnisse: Fünf nationale Forschungsinstitutionen wurden in Burkina Faso (IRBET), Mali (IER), Mauritanien (CNERV), Niger (Landwirtschaftliche Fakultät) und Senegal (ISRA) durch die Bereitstellung von Sachmitteln (Labormaterial und Ausrüstung zur Feldforschung) gefördert, 15 Stipendien wurden an jüngere Wissenschaftler vergeben, und mehrere nationale und internationale Consultants assistierten in der Beratung von Forschungsaktivitäten. Wissenschaftler aus den vier weiteren Ländern (Gambia, Guinea-Bissau, Kap Verde und Tschad) nahmen an nationalen, durch das Projekt finanzierten Fortbildungskursen teil. Die methodologischen Seminare befaßten sich vor allem mit Methoden zur Untersuchung der Vegetation, der Beziehung von Wasser, Böden, Pflanzen und der Atmosphäre sowie der Methodologie interdisziplinärer Forschung. Zur Problematik der Rehabilitierung geschädigter Ökosysteme standen besonders Fragestellungen zum Umwelterhalt und dem Schutz natürlicher Ressourcen im Vordergrund wie auch Fragen zur Verbesserung der Fruchtbarkeit von Sahelböden und der Effizienz silvo-pastoraler Produktionssysteme.

Umsetzung der Ergebnisse: Dadurch, daß sämtliche am Projekt beteiligte Institutionen staatlicher Provenienz sind, kann davon ausgegangen werden, daß die Stärkung der nationalen wissenschaftlichen Kapazitäten von Vorteil für die Ausarbeitung von nationalen und regionalen Strategien zur Bekämpfung der Desertifikation ist.

Künftige Arbeitsschwerpunkte: Bis zum Abschluß des Projektes (Ende 1995) werden die laufenden Programme der fünf am Projekt hauptsächlich beteiligten Institutionen fortgeführt, um eine Konsolidierung des bisher Erreichten zu gewährleisten. Darüber hinaus ist der Aufbau eines regionalen Seminars geplant, welches die Berücksichtigung sozio-ökonomischer Aspekte bei der Erforschung agro-silvo-pastoraler Systeme zur Aufgabe haben soll. Ein regionales Abschlußseminar zur Erstellung einer Synthese der gesamten Projektarbeiten wird im Jahr 1995 stattfinden, wobei besonders agro-forstwirtschaftliche Fragestellungen diskutiert werden sollen.

Anschrift: Dr. Mohamed Skouri
          UNESCO, Division of Ecological Sciences
          1, Rue Miollis, F-75732 Paris Cedex 15, Frankreich
          Tel.: (0 03 31) 45 68 40 54
          Fax: (0 03 31) 40 65 98 97

4.5 „Cooperative Ecological Research Project" in China

Im bevölkerungsreichsten Land der Erde stellen Umweltprobleme eine besondere Herausforderung dar, für die wissenschaftlich fundierte Lösungsansätze erarbeitet werden müssen. Seit 1987 führt das internationale MAB-Sekretariat (UNESCO, Paris) in Zusammenarbeit mit dem Chinesischen MAB-Nationalkomitee (Academia Sinica) ein mit Mitteln des Bundesministeriums für Forschung und Technologie (BMFT) finanziertes Verbundprojekt in China durch, das wichtige Erkenntnisse zur Problematik von Waldökosystemen, aquatischen Ökosystemen und zur Stadtökologie geliefert hat.

In der ersten Phase des CERP-Projektes (1987 bis 1991), die hier nur skizzenhaft dargestellt werden soll, arbeiteten deutsche und chinesische Wissenschaftler an insgesamt acht Feldprojekten in China: Im Süden des Landes wurden die Struktur und Funktionsweise von Tropenwäldern untersucht – in Bawangling auf der dem Festland vorgelagerten Insel Hainan, außerdem in Xiaoliang, unweit der Stadt Guangzhou (Kanton), sowie in Xishuangbanna, in der Nähe der vietnamesischen Grenze. Ein Waldökosystem der gemäßigten Breiten wurde am Beispiel des Biosphärenreservates Changbaishan erforscht, das sich an der Grenze zu Nordkorea befindet. Der Einfluß von schadstoffbelasteten Abwässern auf aquatische Ökosysteme war das Ziel von drei weiteren Feldprojekten: Eine Studie wurde zur Eutrophierungsproblematik eines der größten Süßwasserseen Chinas, dem Chao See, erstellt (Anhui Provinz). Eine weitere Studie galt den durch die Dexing Kupfermine hervorgerufenen Schwermetallbelastungen in Flußläufen der Jiang Xi Provinz, und Untersuchungen zur Reinigung städtischer Abwässer durch ökologische Wurzelraumentsorgung wurden in der Nähe der Stadt Shenyang durchgeführt. In der drittgrößten Stadt Chinas, in Tianjin, standen stadtökologische Forschungen zur Stadtplanung im Vordergrund der deutsch-chinesischen Zusammenarbeit.

Fünf der acht hier kurz skizzierten Feldprojekte sind mittlerweile abgeschlossen, zu denen auch ein Abschlußbericht vorliegt. Die übrigen drei Feldprojekte (Dexing, Shenyang und Tianjin) werden seit 1991 in einer zweiten Projektphase weitergeführt, die 1995 enden wird. Im folgenden werden diese drei Feldprojekte dargestellt.

Ökologische Auswirkungen von Schwermetallbelastungen im Gebiet der Dexing Kupfermine

Die Dexing Kupfermine in der Jiang Xi Provinz zählt zu den größten der Welt, deren Erzproduktion von gegenwärtig 60 000 t / Tag auf 200 000 t / Tag gesteigert werden soll. Die durch die Erzförderung ausgewaschenen Schwermetalle

(Kupfer, Blei, Zink, Cadmium) gelangen in das Grundwasser und Oberflächengewässer (bes. der Le An und Dawu Flüsse) und reichern sich in den Sedimenten der Flußläufe an. Im Schweb gelangen sie schließlich auch in den rund 300 km flußabwärts liegenden Poyang See, welcher einer der größten Süßwasserseen des Landes ist. Abgesehen davon, daß dieser See ein wichtiger Trinkwasserlieferant ist, ist er auch für den kommerziellen Fischfang und als Habitat von Wandervögeln von Bedeutung. Durch die geringe Tiefe des Sees (im Durchschnitt nur etwa 7 bis 8 m Seetiefe) tritt die Problematik der Schwermetallbelastungen besonders deutlich hervor. Noch bedrohlicher ist die Anreicherung von Schwermetallen in den Sedimenten der an der Mine vorbeifließenden Vorfluter mit ihren Auswirkungen auf die in den Flüssen enthaltenen Organismen. Zur Erfassung der Schwermetallkonzentrationen wurden mehrere Meßstationen oberhalb wie auch entlang der Flußläufe bis in den Poyang See eingerichtet.

Mitwirkende Institutionen: Das Bundesministerium für Forschung und Technologie, die UNESCO und die Chinesische Akademie der Wissenschaften (Chinesisches MAB-Nationalkomitee) haben als Koordinationsteam die Oberaufsicht über das Projekt. Unter der Federführung von Prof. Tang Hongxiao (Research Centre for Eco-Environmental Sciences der Academia Sinica in Beijing) und Prof. Dr. German Müller (Institut für Sedimentforschung der Universität Heidelberg) werden die wissenschaftlichen Aktivitäten durchgeführt.

Arbeitsschwerpunkte der letzten zwei Jahre: Messungen zur Überprüfung der Wasserqualität und der Schwermetallkonzentrationen in den Flußsedimenten wurden anhand der schon in der Phase I des CERP-Projektes eingerichteten Meßstationen fortgeführt. Die Sediment- und Wasserproben wurden in den Labors der deutschen und chinesischen Partnerinstitutionen untersucht. Experimentell und rechnerunterstützte Simulationsmodelle zum Verhalten der Schwermetalle wurden ausgearbeitet. Die Auswirkungen der Schwermetallbelastungen auf die in den Gewässern vorkommenden Lebewesen wie auch auf die Gesundheit des Menschen wurden näher untersucht.

Ergebnisse: Obgleich eine Abwasseraufbereitungsanlage an der Kupfermine installiert wurde, besonders um die durch Pyritoxidation sauren Abwässer zu neutralisieren, liegen die pH-Werte am Dawu Fluß zwischen 3 und 4. Durch Erzauswaschung reichern sich die Schwermetalle Cu, Zn, Pb und Cd besonders in den Sedimenten der Flußläufe an, wobei erwartungsgemäß die höchsten Werte direkt unterhalb der Dexing Kupfermine gemessen wurden. Im weiteren Flußunterlauf gehen die Schwermetallkonzentrationen zwar generell zurück, steigen jedoch noch einmal kurz vor Einmündung des Le An Flusses in den Poyang See an, was sich durch den Eintrag eines anderen mit

Schwermetallen belasteten Flusses (außerhalb des eigentlichen Untersuchungsgebietes) erklären läßt.

Umsetzung der Ergebnisse: Die Verwaltung der Dexing Kupfermine partizipiert an den Untersuchungen dieses CERP-Teilprojektes, und die Ergebnisse werden an die lokalen Behörden weitergeleitet. Da durch das Projekt mittlerweile sehr detaillierte Untersuchungen zu den ökologischen Auswirkungen der aus der Kupfermine ausgewaschenen Schwermetalle bestehen, sind nun die lokalen und nationalen Entscheidungsträger gefordert, entsprechende Maßnahmen zu ergreifen wie etwa den Ausbau der Wasseraufbereitungsanlagen oder Verbesserungen der technischen Anlagen zur Reduzierung des Schwermetallausstoßes. Die Rehabilitierung der stark geschädigten terrestrischen und aquatischen Ökosysteme muß das Ziel weiterer Untersuchungen sein.

Künftige Arbeitsschwerpunkte: Fortführung der Meßreihen, Simulationsexperimente (u. a. Koagulations- und Flokkulationsprozesse im Säulensimulator, physische und chemische Prozesse im Kreissimulator, Bioakkumulationsprozesse), Erstellung eines benutzerfreundlichen Geographischen Informationssystems (GIS), Erstellung von Kriterien und regionalen Standardwerten zu metallbelasteten Flußsedimenten, Anfertigen des Projektabschlußberichtes.

Ökologische Aufbereitung von städtischen Abwässern in Shenyang

Die Stadt Shenyang (Liaoning Provinz) liegt im semi-ariden Norden Chinas, wo während der Trockenzeiten längere Wasserklemmen auftreten können. Wie in vielen anderen Trockengebieten der Erde werden auch hier Abwässer wieder zum Brauchwasser, indem sie zur Bewässerung agrarischer Nutzflächen verwendet werden. Schon vor Beginn des CERP-Projektes wurde im Südwesten der Stadt eine sog. Landwasseraufbereitungsanlage installiert: Nachdem sich der Schlamm in mehreren Abscheidebecken gesetzt hat, wird das Abwasser durch ein Röhrensystem über Reisfelder und mit Weiden (salix) bestockte Flächen geleitet, die mit dem Abwasser bewässert werden (Rieselfeldprinzip mit Abwasserreinigung durch Wurzelraumentsorgung).

Dieses CERP-Feldprojekt stellte sich die Aufgabe, die Performanz der Landwasseraufbereitungsanlage zu testen und die langfristigen Konsequenzen der Schadstoffanreicherung im Boden bzw. in den Pflanzen zu eruieren, die aus den städtischen Abwässern resultiert. Dabei konnte zwar eine signifikante Ertragssteigerung bei der Reisproduktion verzeichnet werden, da die Abwässer wie Dünger fungieren, aber die langfristige Anreicherung der Schadstoffe im Boden bleibt ein bislang ungelöstes Problem, sofern die Schadstoffe nicht schon an der Quelle reduziert werden können.

Mitwirkende Institutionen: Das Bundesministerium für Forschung und Technologie, die UNESCO und die Chinesische Akademie der Wissenschaften (Chinesisches MAB-Nationalkomitee) haben als Koordinationsteam die Oberaufsicht über das Projekt. Auf deutscher Seite sind die Forschungsteams von Prof. Dr. H. Hahn (Institut für Siedlungswasserwirtschaft, Universität Karlsruhe) und von Prof. Dr. A. Kettrup (Institut für ökologische Chemie, GSF-München) für die wissenschaftliche Betreuung des Projektes zuständig; auf chinesischer Seite steht Prof. Sun Tieheng mit seinem Team vom Institute for Applied Ecology (Academia Sinica, Shenyang) als Counterpart zur Verfügung.

Arbeitsschwerpunkte der letzten zwei Jahre: Nachdem die Schadstoffbelastung der städtischen und industriellen Abwässer schon während der 1. und zu Beginn der 2. Phase untersucht wurden, konzentrierten sich die Arbeiten in jüngerer Zeit auch auf Schadstoffeinträge aus der Luft, die mit dem natürlichen Niederschlag in das Testgebiet gelangen. Zusätzlich wurden verschiedene Agenzien und Methoden getestet, organische Schadstoffe möglichst an der Quelle zu reduzieren, bevor sie in die Landwasseraufbereitungsanlage gelangen. Das Eindringen der in den Abwässern enthaltenen Schwermetalle (Cd, Cu, Pb, Zn, Hg) in die Nahrungskette wurde näher untersucht. Schließlich wurden im Labor unter kontrollierten Bedingungen mehrere Simulationsmodelle zur Schadstoffanreicherung in Boden und Pflanzen getestet.

Ergebnisse: Neben den Schadstoffeinträgen aus den städtischen Abwässern gelangen auch beträchtliche Mengen von Schadstoffen aus der Luft in das Testgebiet, was sich besonders aus der Kohleverfeuerung erklären läßt. Polyzyklische aromatische Kohlenwasserstoffe in den Abwässern sollten besonders schon an der Quelle reduziert werden, wobei eine Kombination von Adsorptions- und Koagulationsmethoden angestrebt werden sollte. Als beste Adsorptionsagenzien stellte sich Koks heraus, gefolgt von Braunkohle, Steinkohle und Asche. Untersuchungen zu Schwermetallkonzentrationen im Boden und in Reispflanzen ergaben, daß beispielsweise 500 g Reis bis zu 30 mal höher mit Cadmium belastet sind, als es die von WHO / FAO tolerierbare Grenze über die wöchentliche Nahrungsaufnahme empfiehlt.

Umsetzung der Ergebnisse: Wenn sich auch überdurchschnittliche Ertragssteigerungen – wie etwa beim Reisanbau – durch die Nutzung städtischer Abwässer erzielen lassen, muß von dem langfristigen Gebrauch von Landwasseraufbereitungsanlagen abgeraten werden. Die in den städtischen Abwässern enthaltenen Schadstoffe reichern sich langfristig im Boden an, gelangen in die Nutzpflanzen und damit in die Nahrungskette und sind damit eine Gefahr für die Gesundheit des Menschen (etwa Nierenschäden durch erhöhte Cadmiumaufnahme). Diese Ergebnisse sind nicht nur für das Testgebiet in Shenyang von Bedeutung, sondern für alle Trockengebiete, in denen Abwässer zu Bewässerungszwecken genutzt werden.

Künftige Arbeitsschwerpunkte: Im letzten Jahr des CERP-Projektes wird die Performanz der Landwasseraufbereitungsanlage weiter getestet und werden Böden und Pflanzen im Hinblick auf ihre Schadstoffe hin untersucht (wie etwa polyzyklische aromatische Kohlenwasserstoffe, gelöster organischer Kohlenstoff, Stickstoff, Cadmium, Zink). Insgesamt werden die Arbeiten abgeschlossen und der Abschlußbericht vorbereitet.

Ökologische Strategien für die städtische Entwicklung von Tianjin

Nach Shanghai und Beijing ist Tianjin mit rund 8 Mio. Einwohnern die drittgrößte Stadt Chinas. Als Vorhafen von Beijing zog die Stadt schon im 19. Jahrhundert zahlreiche ausländische Nationen (Vereinigtes Königreich, Frankreich, USA, Deutschland, Japan, Italien, Österreich, Rußland, Belgien, Italien) an, die hier ihre Handelskontore angelegt haben und zum Teil noch heute das Stadtbild prägen. Tianjin gilt heute als die zweitgrößte Industriestadt des Landes mit großem Entwicklungspotential für ausländische Investoren, besonders seit der nun von der chinesischen Regierung geförderten Liberalisierung des Marktes.

Mit der Umstellung von der früheren Zentralverwaltungswirtschaft in Richtung auf eine Marktwirtschaft stellen sich jedoch eine ganze Reihe von städtischen Problemen, denen dieses CERP-Teilprojekt durch ökologische Strategien zu begegnen versucht. Dabei ist das von Prof. Dr. F. Vester und Dr. A. von Hesler entwickelte „Sensitivitätsmodell" (ein früherer deutscher Beitrag zum MAB-Programm) geistiger Pate. Mit Hilfe biokybernetischer Regeln und Prinzipien sollen die Auswirkungen stadtplanerischer Entscheidungen in Simulationsmodellen transparenter gemacht werden. Nachdem in der 1. Phase des CERP-Projektes (1987 bis 1991) die gesamte Konurbation von Tianjin untersucht wurde, stellte sich das Projekt in der 2. Phase die Aufgabe, eine detaillierte Fallstudie zum Stadtteil Guangfudao (das frühere „italienische Viertel") anzufertigen, wobei besonders Untersuchungen zum Funktionswandel des Stadtteils von einem multifunktionalen zu einem mehr monofunktionalen, CBD-orientierten (CBD = central business district) Viertel im Vordergrund stehen.

Mitwirkende Institutionen: Das Bundesministerium für Forschung und Technologie, die UNESCO und die Chinesische Akademie der Wissenschaften (Chinesisches MAB-Nationalkomitee) haben als Koordinationsteam die Oberaufsicht über das Projekt. Prof. Wang Rusong (Research Centre for Eco-Environmental Sciences, Academia Sinica, Beijing) und Dipl. Ing. Jens Krause (Urban System Consult, Berlin und Frankfurt / Main) sind die wissenschaftlichen Leiter dieses CERP-Teilprojektes.

Arbeitsschwerpunkte der letzten zwei Jahre: Der gesamte Stadtteil Guangfudao wurde katastermäßig kartiert und auf seine Struktur und Funktion hin untersucht. Messungen zur Luft- und Bodenqualität wurden durchgeführt. Sozio-ökonomische und demographische Untersuchungen wurden durch Befragungen zur Perzeption des Stadtteiles ergänzt. Ein rechnergestütztes Entscheidungsmodell (decision support system) für Ökologen, Ökonomen, Stadtplaner und politische Entscheidungsträger wurde in Zusammenarbeit mit dem Urban Planning Bureau of Tianjin entwickelt.

Ergebnisse: Anhand des „italienischen Viertels" (Guangfudao) läßt sich die gegenwärtige rasante wirtschaftliche Entwicklungsdynamik chinesischer Großstädte erkennen. Beinahe im Zentrum der Stadt gelegen und in der Nähe des Hauptbahnhofs von Tianjin, ist Guangfudao praktisch als CBD prädestiniert. Von der bisher sehr kleingekammerten funktionalen Durchmischung (Kleingewerbe, Industrie, Wohnraum, Erholungsraum etc.) des Viertels wird nun von den chinesischen Stadtplanungsbehörden eine funktionale Entmischung mit hoher Nutzungsintensität gefordert. Das CERP-Projekt kann hier durch das erstellte decision support system bei den Entscheidungsprozessen Hilfestellung geben. Des weiteren haben die CERP-Wissenschaftler ein eigenes funktionales Stadtnutzungsmodell konzipiert, das auch die Umstellungen des bisher praktizierten homogenen Boden- / Preis-Systems in ein System des Boden- / Preis-Gefälles berücksichtigt.

Umsetzung der Ergebnisse: Durch die enge Zusammenarbeit zwischen deutschen und chinesischen Wissenschaftlern einerseits und der Stadtplanungsbehörde in Tianjin andererseits kann davon ausgegangen werden, daß die vom Projekt erstellten Modelle zu konkreten Stadtplanungsentscheidungen verwendet werden.

Künftige Arbeitsschwerpunkte: Der Großteil der geplanten Forschungen im CERP-Tianjin Projekt ist mittlerweile abgeschlossen. Dementsprechend konzentriert sich die derzeitige Projektarbeit auf die Erstellung des Abschlußberichtes.

Anschrift: Dr. Thomas Schaaf
UNESCO, Division of Ecological Sciences
1, Rue Miollis, F-75732 Paris Cedex 15, Frankreich
Tel.: (0 03 31) 45 68 40 65
Fax: (0 03 31) 40 65 98 97

4.6 „Culture Area Karakorum" in Pakistan

Das Schwerpunktprogramm „Kulturraum Karakorum" wurde 1989 von der Deutschen Forschungsgemeinschaft (DFG) für die Laufzeit von sechs Jahren eingerichtet. Damit wurde der finanzielle Rahmen geschaffen, um Forschungen im Hochgebirgsraum von Pakistan zur Beziehungsproblematik Umwelt-Mensch-Kultur durchzuführen. Ein Rahmenabkommen, geschlossen 1989 zwischen der DFG und dem Ministry of Culture, Islamabad / Pakistan, sicherte zugleich, daß Langzeitfeldforschungen von deutschen Wissenschaftlern im Gelände durchgeführt werden können. Der Ansatz der Problemstellung ist interdisziplinär. Umweltwissenschaften und Sozial- wie Kulturwissenschaften kooperieren sowohl bei der Planung der Einzelprojekte wie bei deren Durchführung. Die folgenden Disziplinen sind integriert: Physische Geographie, Kulturgeographie, Ethnologie, Sprachwissenschaften und Orientalistik.

Der Kooperation mit pakistanischen Wissenschaftlern bzw. Partnerinstitutionen im universitären und wissenschaftlichen Bereich wird innerhalb des Programmes hohe Priorität gegeben. Jeder von deutscher Seite einbezogenen Disziplin ist eine pakistanische Partnerinstitution zugeordnet, deren Mitarbeiter ebenfalls Feldforschungen, finanziert von der DFG, durchführen. Koordiniert wird die interdisziplinäre wie deutsch-pakistanische Zusammenarbeit von Prof. Dr. Irmtraud Stellrecht, Völkerkundliches Institut der Universität Tübingen. Ein deutscher Feldkoordinator mit ständigem Wohnsitz in Islamabad ist für die Durchführung des Programms in Pakistan zuständig.

Der weite Problemrahmen „Beziehung zwischen Umwelt-Mensch-Kultur" wird zur spezifischen Fragestellung durch eine Situation des intensiven Wandels verengt, in der sich Nordpakistan seit dem Bau des Karakorum Highway befindet. Diese Allwetterstraße – eine Verbindung zwischen Tiefland-Pakistan und der Provinz Sinkiang / VR China, freigegeben für den Verkehr in voller Länge 1978 – hat den Gebirgsraum für Innovationen in qualitativ und quantitativ neuer Dimension zugänglich gemacht. Neue Güter und Ideen, Handel und Verkehr, Auswirkungen des Ausbaus staatlicher Institutionen, der Implantierung von Entwicklungsmaßnahmen und des Tourismus greifen mit zunehmender Intensität in das Leben der Bergbevölkerung ein und verändern gleichzeitig auch die Beziehung im wirtschaftlichen und perzeptiven Bereich zur Umwelt: Migration und Bevölkerungszunahme verändern die demographische Struktur, neue Technologien und Anbauformen führen zu veränderten Mustern von Landnutzung und Arbeitsorganisation, über Schulbildung – auch für Mädchen – kommt es zu bisher nicht denkbaren und realisierbaren Lebenserwartungen und Lebensstilen. Gleichzeitig ist ein Prozeß der teils konflikthaften Neuformierung von Identitätsgruppen entlang politischer, religiöser, sprachlicher und kultureller Linien zu beobachten. Die Untersuchung dieser Phänomene des Wandels schließt notwendig die Beschäftigung mit der Geschichte des Raums ein, um heutige Veränderungen als Teil eines langanhaltenden Prozesses zu sehen und zu bewerten.

Das Schwerpunktprogramm „Kulturraum Karakorum" hat es sich zur Aufgabe gemacht, durch eine interdisziplinäre Herangehensweise zur Aufdeckung der komplexen Interaktion verschiedener Faktoren beizutragen, die heute die Beziehung zwischen Umwelt-Mensch-Kultur in Nordpakistan bestimmt. Dabei wird die Verflechtung zwischen Hochland und Tiefland, die sich seit der Eröffnung des Karakorum Highway intensiviert und eine neue Dimension erhalten hat, als wichtige Einflußgröße mitbedacht und auf Projektebene umgesetzt. Unter einer solchen doppelten Perspektive sind auch die Zielrichtungen zu sehen, für die die Forschungsergebnisse sich einsetzen lassen. Es geht einerseits um einen Beitrag zur Grundlagenforschung im Hochgebirgsraum selbst – Gewinnung und Korrelierung von bisher nicht bekannten Daten und Beziehungen –, andererseits – über Integration eines Verflechtungsansatzes und damit Einbezug des politisch und wirtschaftlich dominanten Tieflands in die Forschungen – um einen Beitrag zur Sensibilisierung und Bewußtwerdung der im Tiefland angesiedelten machtpolitischen Entscheidungszentren. Das letztgenannte Ziel rückt es in den Bereich des Möglichen, daß Forschungsergebnisse des Schwerpunktprogramms langfristig auch in eine nachhaltige Entwicklungsplanung für den Hochgebirgsraum eingehen können, die seiner immensen Bedeutung als wichtigster Ressourcenraum (Wasser, Holz) für Gesamtpakistan entspricht.

Das Schwerpunktprogramm „Kulturraum Karakorum" ist in die Arbeit nationaler und internationaler Programme eingebunden. Es wurde von der UNESCO als „Man-and-Biosphere-Project" anerkannt; durch Aktivitäten und Mitgliedschaften der Antragsteller bestehen Verbindungen zu internationalen Programmen wie „International Decade of Disaster Reduction" (IDNDR) der UNESCO, „Human Dimensions of Global Change" (HDGC) der United Nations University (UNU), Tokio, zur „Commission on Mountain Geoecology and Sustainable Development" der International Geographical Union (IGU), zu „Earthwatch", zu den DFG-Schwerpunktprogrammen „Der Mensch als Verursacher und Betroffener globaler Umweltveränderungen: sozial- und verhaltenswissenschaftliche Dimensionen" und „Siedlungsprozesse und Staatenbildung im tibetischen Himalaya".

Mitwirkende Institutionen und Personen: Auf deutscher wie pakistanischer Seite wirken jeweils Universitätsprofessoren verschiedener Disziplinen mit. Die Projektleitung auf deutscher Seite liegt bei:

- Prof. Dr. Irmtraud Stellrecht, Völkerkundliches Institut, Universität Tübingen (Koordination des Gesamtprojekts)
- Prof. Dr. Matthias Winiger, Geographisches Institut, Universität Bonn
- Prof. Dr. Eckart Ehlers, Geographisches Institut, Universität Bonn.

Auf pakistanischer Seite sind beteiligt:
- Prof. Dr. A.H. Dani, Centre for the Study of Civilizations of Central Asia, Quaid-i-Azam University, Islamabad
- Prof. Dr. F.A. Shams, Centre for Integrated Mountain Research, Punjab University, Lahore
- Prof. Dr. M. Said, Department of Geography, University of Peshawar
- Prof. Dr. Israr-ud-Din, Department of Geography, University of Peshawar
- Prof. Dr. F.M. Malik, National Institute of Pakistan Studies, Quaid-i-Azam University, Islamabad
- Mr. Uxi Mufti, Director, Institute for Traditional and Folk Heritage, Islamabad.

Auf deutscher wie pakistanischer Seite sind jeweils ca. 30 wissenschaftliche Mitarbeiter in das Projekt integriert.

Arbeitsschwerpunkte der letzten vier Jahre: Die Forschungen deutscher und pakistanischer Wissenschaftler sind 5 thematischen Untersuchungsbereichen gewidmet:
- Umweltbedingungen, Umweltveränderungen,
- Umweltnutzung, Partizipationschancen, Raum- und Siedlungsentwicklung,
- Interaktion Hochland-Tiefland in historischer und aktueller Perspektive,
- soziale und identitätsbezogene Veränderungsprozesse sowie
- Innovationsentscheidungen und -konflikte, traditionale Wissensbestände.

Umweltbedingungen, Umweltveränderungen; Projekte: Physische Geographie und Integrated Mountain Research
- Geländeklimatische Untersuchungen und Modellierungen in Testgebieten,
- Großräumige Vegetationskartierung,
- Großräumige Klimabedingungen,
- Dendrochronologische Untersuchungen,
- Bodenkundliche Untersuchungen,
- Vegetationskundliche Untersuchungen im Karakorum unter besonderer Berücksichtigung naturnaher Pflanzengesellschaften,
- Geoökologische Untersuchungen im Karakorum auf pflanzensoziologischer Grundlage,
- Pflanzengeographisch-taxonomische Untersuchungen zur Flora des Karakorum sowie
- Vegetationskundliche Untersuchungen am Batura Gletscher, Hunza Tal.

Projekte pakistanischer Counterparts:
- Hazard Mapping of the Northern Areas,
- Interaction of Plant Communities with the Herbaceous Vegetation and their Influence on the Quality of Stream Water Indicated by the Conidial Dynamics of Freshwater Fungi,
- Recent Vegetation Development in the Karakorum Based on Pollen Analysis,
- Distribution of Major and Trace Elements in Soils and Adjoining Rocks of Yasin Valley,
- Pollen Grains and Spores Analysis of Old Alluvial Fan, Soil and Forest Areas,
- A Survey of the Natural Hazards in the Northern Areas,
- Glacial Hazards of the Northern Areas and
- Study of Regeneration of Vegetation and Stabilization of Scree Slopes in Hunza Valley.

Umweltnutzung, Partizipationschancen, Raum- und Siedlungsentwicklung; Projekte: Physische Geographie, Integrated Mountain Research, Kulturgeographie, Ethnologie
- Waldbedeckung und -entwicklung,
- Vegetationskundliche und weideökologische Untersuchungen am Nanga Parbat,
- Landschafts- und Kulturraumentwicklung,
- Sozio-ökonomische Verwirklichungschancen einer ethnischen und religiösen Minorität: die Wakhi,
- Wirtschaftssysteme und Sozialstrukturen im Yasin Tal,
- Zentralörtliche Systeme,
- Traditionelle und moderne Formen der ländlichen Energiewirtschaft im Astor Tal,
- Strategien und Probleme der Ernährungssicherung im Yasin Tal sowie
- Wasser- und Bodenrecht im Shigar Tal (Baltistan).

Projekte pakistanischer Counterparts:
- Development of Sericulture as a Source of Income in the Northern Areas,
- Ecology of the High Level Lakes of the Northern Areas with Special Reference to Fish,
- Compilation of a Nutrition Atlas of the Northern Areas,
- The Impact of the Karakorum Highway on the Landuse Pattern of Hunza Valley,
- Habitat in the Highlands of Pakistan (Chitral and Northern Areas),
- Agricultural Landuse Patterns in Chitral and the Northern Areas,
- Rural Urban Migration and Human Settlement Pattern by the Year 2000 in the Northern Areas,

- Housing Needs for the Northern Areas up to the Year 2000,
- Social Taboos for the Prevention of Deforestation and
- Traditional Culture, Acculturation and Development Agencies in Agriculture.

Interaktion Hochland-Tiefland in historischer und aktueller Perspektive; Projekte: Kulturgeographie, Ethnologie, Sprachwissenschaft, Orientalistik
- Ländliche Regionalentwicklung unter dem Einfluß von Arbeitsmigration,
- Ländliche Regionalentwicklung unter dem Einfluß exogenen Nahrungsmitteltransfers,
- Ländliche Regionalentwicklung unter dem Einfluß von exogenen Agrarinnovationen,
- Kulturlandschaftsentwicklung in einem montanen Durchgangsraum – Punial,
- Historische Wegeforschung: Nordpakistan als Transit- und Verkehrsraum,
- Geschichte Nordpakistans nach britischen Archivquellen,
- Bearbeitung der persischen Verschronik Sigar-Nama (Baltistan),
- Quellenstudien zur islamischen Geschichte und Geschichtsüberlieferung in Nordpakistan,
- Islamisierungsdynamik in einer peripheren Region – interne und externe Faktoren.

Projekt pakistanischer Counterparts:
- Status of Mass Media in the Northern Areas.

Soziale und identitätsbezogene Veränderungsprozesse; Projekte: Ethnologie, Sprachwissenschaften, Integrated Mountain Research
- Soziale Organisation im Yasin Tal,
- Interethnische Beziehungen und Ethnizität in Gilgit: männliche und weibliche Perspektiven,
- Politische und soziale Dynamik im Shigar Tal und Hushe Tal (Baltistan),
- Neue Entwicklungen in der Shinar-Literatur Nordpakistans,
- Erforschung der Wakhi-Sprache,
- Die Pashto-Sprecher des Karakorum: Sprache und Sprachsituation in einer vielsprachigen Umwelt.

Projekte pakistanischer Counterparts:
- Marriage and Family Patterns in the Northern Areas,
- Implications of Planned Change and Development on Socio-Cultural Institutions,
- Social Change in Marriage and Family Structures in Hunza Valley during the Last Two Decades,
- Watermill and Community Integration in Naltar Valley,
- Language and Change in the Northern Areas and
- A Linguistic Survey of the Languages of the Northern Areas.

Innovationsentscheidungen und -konflikte, traditionale Wissensbestände; Projekte: Ethnologie und Integrated Mountain Research
- Ethnomedizin im Yasin Tal,
- Akkulturation im Bagrot Tal,
- Innovationen als Auslöser kulturellen Wandels im Astor Tal,
- Umweltwahrnehmung im Astor Tal,
- Rechtsethnologische Untersuchungen im städtischen und ländlichen Bereich Nordpakistans sowie
- Traditionelles Handwerk im Wandel (Nager, Gilgit).

Projekte pakistanischer Counterparts:
- Traditional Psycho-Therapeutic Practices in the Northern Areas,
- Pattern of Jewellery as Indicator of Socio-Cultural Changes under Exogenous Influences,
- Oral Tradition and Social Advancement,
- Magic, Charm and Spelling Traditions in the Northern Areas,
- Traditional and Modern Medical Systems in Yasin Valley,
- Study of Traditional Culture and Change in Bagrot Valley,
- Loss of Traditional Skill and
- Communitys Perception of Some Major Diseases and their Curative Practices.

Ergebnisse: Bislang liegen vor allem disziplinspezifische Ergebnisse vor. Die Bearbeitung dieser Ergebnisse im Hinblick auf eine Synthese haben begonnen. Schwerpunkte dabei sollen sein:
- naturräumliche Ausstattung, veränderte Nutzungsmuster, Wandel in der Umweltwahrnehmung,
- Waldbedeckung, Abholzung und Ressourcennutzung im Schnittpunkt politischer und wirtschaftlicher Interessen des Tieflands und des Hochlands,
- die Funktion des nordpakistanischen Gebirgsraums zwischen Zentral- und Südasien,
- Identitätsbildung und Ethnizität als sozialer, wirtschaftlicher, religiöser und politischer Prozeß sowie
- Frauen als Gewinnerinnen und Verliererinnen von kulturellem Wandel.

Umsetzung der Ergebnisse in die Praxis: Grunddaten und Forschungsergebnisse sollen in kartographischer, statistisch-tabellarischer und textlicher Form (Kommentare zu Karten / Tabellen) dokumentiert werden. Dies geschieht auch im Hinblick auf Anwendungen in Ausbildung, Planung und Entwicklungszusammenarbeit. Weiter soll eine umfangreiche Filmdokumentation die ökologischen Zusammenhänge zwischen den einzelnen Forschungsbereichen sichtbar machen, gedacht auch als Anschauungsmaterial für den Einsatz in Pakistan.

Künftige Arbeitsschwerpunkte: Die entscheidenden bisherigen Arbeitsschwerpunkte werden auch in Zukunft beibehalten. Sie werden ergänzt durch Forschungen zu Pedologie, Dendrochronologie, zur Historischen Wegeforschung, Rechtsethnologie und Verkehrsgeographie.

Ausgewählte Literatur aus dem Projekt:

BRAUN, G. und M. WINIGER (1992): Vegetation Mapping and a Statistical Approach for the Reconstruction of the Potential Forest Cover Using LANDSAT-5-TM-data and DTM in: Proc. Sat. Symposium 1 & 2, International Space Year Conference, Munich ESA ISY-2, S.381–385

BUDDRUSS, G. (1993): Neue Schriftsprachen im Norden Pakistans. Einige Beobachtungen in: ASSMANN, A. / J. ASSMANN und C. HARDMEIER (Hrsg.): Schrift und Gedächtnis. Archäologie der literarischen Kommunikation. – München, S.231–244

DITTMANN, A. (1992): Oasis Markets: Economic Interactions between Permanent and Periodic Markets in Faiyum (Egypt) and Kashgar (China) in: CAMMANN, L. (Hrsg.): Traditional Marketing Systems. – Feldafing, S.39–47

EHLERS, E. (1992): The Karakorum and the Karakorum Highway (KKH): Spatial Dynamics and Rural Change – A Preliminary Report in: GADE, O. (Hrsg.): Spatial Dynamics of Highland and High Altitude Environments. – Occasional Papers in Geography and Planning, Appalachian State University Boone 4, S.62–76

ISRAR-UD-DIN (1992): Irrigation and Society in Chitral District: A Case Study of Khot Valley in: Pakistan Journal of Geography 2 / 1–2, S.113–144

KREUTZMANN, H. (1993): Challenge and Response in the Karakorum: Socioeconomic Transformation in Hunza, Northern Areas, Pakistan in: Mountain Research and Development 13 / 1, S.19–39

MIEHE, S. / T. CRAMER / J.-P. JACOBSEN und M. WINIGER (1993): Humidity Conditions in the NW Karakorum as Indicated by Climatic Data and Corresponding Distribution Patterns of the Montane and Alpine Vegetation in: Environmental Changes on the Tibetean Plateau and Surrounding Areas. Special Issue. – Paleo 3 (in press)

SAID, M. (1991): Natural Hazards in the Northern Areas of Pakistan of Hunza Valley in: Pakistan Journal of Geography 1 / 1–2, S.45–52

SCHICKHOFF, U. (1993): Das Kaghan-Tal im Westhimalaya (Pakistan). Studien zur landschaftsökologischen Differenzierung und zum Landschaftswandel mit vegetationskundlichem Ansatz. – Bonner Geographische Abhandlungen 87

STELLRECHT, I. (1992): Umweltwahrnehmung und vertikale Klassifikation im Hunza-Tal (Karakorum) in: Geographische Rundschau 44, S.426–434

WINIGER, M. (1992): Gebirge und Hochgebirge: Forschungsentwicklung und -perspektiven in: Geographische Rundschau 44, S.400–407

Anschrift: Prof. Dr. Irmtraud Stellrecht
Völkerkundliches Institut, Universität Tübingen
Schloß, D-72070 Tübingen
Tel.: (0 70 71) 29 39 99
Fax: (0 70 71) 29 49 95

5. Der Beitrag der Bundesrepublik Deutschland zum MAB-Programm im Zeitraum 1992–1994 – Biosphärenreservate

Zentraler Schwerpunkt des MAB-Programms ist der Aufbau eines weltumspannenden Gebietssystems, das sämtliche Ökosystemtypen bzw. biogeographische Einheiten der Welt in sogenannten „Biosphärenreservaten" exemplarisch abbildet. Ein Biosphärenreservat wird als repräsentativer Ausschnitt einer bestimmten Landschaft ausgewählt und nicht aufgrund seiner besonderen Schutzwürdigkeit oder Einmaligkeit.

1975 erstellte UDVARDY für die „International Union for Conservation of Nature and Natural Resources" (IUCN) mit seinem Beitrag „A Classification of Biogeographical Provinces of the World" einen groben räumlichen Bezugsrahmen für die systematische Ausweisung von Biosphärenreservaten. Dieses Klassifikationsschema umfaßt die drei Ebenen:

1. biogeographisches Reich bzw. biogeographische Region,
2. biogeographische Provinz sowie
3. den Biomtyp bzw. Biomkomplex.

Als biogeographische Region werden Kontinente oder auch Subkontinente bezeichnet. Die Abgrenzung biogeographischer Provinzen erfolgt innerhalb der Regionen nach geoökologischen Kriterien. Als drittes Klassifikationsmerkmal wird der Biomtyp, dem eine Landschaft zuzuordnen ist, herangezogen.

Seit der Ausweisung der ersten Biosphärenreservate hat sich die von UDVARDY entwickelte Typisierungsmethode – aufgrund ihres relativ abstrakten Charakters – als unzureichend erwiesen. Die UNESCO hat deshalb angeregt, ein neues, besser zu handhabendes Verfahren zur Auswahl repräsentativer Landschaften zu entwickeln. Dieses neue Gliederungskonzept soll eine systematische Ausweisung von Biosphärenreservaten und Aussagen über zu schließende Lücken im weltweiten Netz der Biosphärenreservate ermöglichen.

In Biosphärenreservaten sollen die Ziele des MAB-Programms insgesamt konkretisiert und beispielhaft umgesetzt werden. D. h., neben strengen Naturschutzaufgaben (Die Natur braucht Rückzugsgebiete zur Regeneration.) sind gleichermaßen Entwicklungsaufgaben (Der Mensch braucht dauerhafte Einkommensquellen, die die natürlichen Lebensgrundlagen aber nicht beschädigen.) wahrzunehmen. Die verschiedenen und teils erheblich divergierenden Funktionen eines Biosphärenreservates als Naturschutz-, Erholungs- und Wirtschaftsraum (für Land- und Forstwirtschaft, Tourismus, Gewerbe und ggf. Industrie) gilt es zu verknüpfen bzw. so von einander abzugrenzen, daß kein Bereich wesentlich benachteiligt wird und nachhaltigen Schaden nimmt.

Seit der Errichtung der ersten Biosphärenreservate im Jahre 1976 haben diese sich zum Schlüsselinstrument des MAB-Programmes entwickelt. Weltweit sind bis jetzt 324 Biosphärenreservate in 82 Staaten von der UNESCO anerkannt worden (vgl. Abb. 7).

Für die Umsetzung des internationalen Programms gilt für die Biosphärenreservate in Deutschland folgende Definition, zustimmend zur Kenntnis genommen von der „Länderarbeitsgemeinschaft für Naturschutz, Landschaftspflege und Erholung" (LANA) anläßlich ihrer 64. Sitzung am 08. / 09. September 1994 in Schwerin und beschlossen von der „Ständigen Arbeitsgruppe der Biosphärenreservate in Deutschland" (AGBR) anläßlich ihrer 12. Sitzung am 20.–22. September 1994 in Burg / Spreewald.:

„Biosphärenreservate" (biosphere reserves): Biosphärenreservate sind großflächige, repräsentative Ausschnitte von Natur- und Kulturlandschaften. Sie gliedern sich abgestuft nach dem Einfluß menschlicher Tätigkeit in eine Kernzone, eine Pflegezone und eine Entwicklungszone, die gegebenenfalls eine Regenerationszone enthalten kann. Der überwiegende Teil der Fläche des Biosphärenreservates soll rechtlich geschützt sein. In Biosphärenreservaten werden – gemeinsam mit den hier lebenden und wirtschaftenden Menschen – beispielhafte Konzepte zu Schutz, Pflege und Entwicklung erarbeitet und umgesetzt. Biosphärenreservate dienen zugleich der Erforschung von Mensch-Umwelt-Beziehungen, der Ökologischen Umweltbeobachtung und der Umweltbildung. Sie werden von der UNESCO im Rahmen des Programms „Der Mensch und die Biosphäre" anerkannt.

Mit der Beantragung auf Anerkennung eines Biosphärenreservates der UNESCO unterwirft sich das beantragende Land dem MAB-Programm, garantiert eine sachgerechte Ausgestaltung und stellt die erforderlichen Ressourcen zur Verfügung. Weder der Bund noch die UNESCO leisten Beiträge zur Grundfinanzierung.

5.1 Aufgaben der Biosphärenreservate

Biosphärenreservate sind als Modellgebiete angelegt, in denen neben Schutz und Pflege bestimmter Ökosysteme gemeinsam mit den hier lebenden und wirtschaftenden Menschen eine nachhaltige Landnutzung entwickelt werden

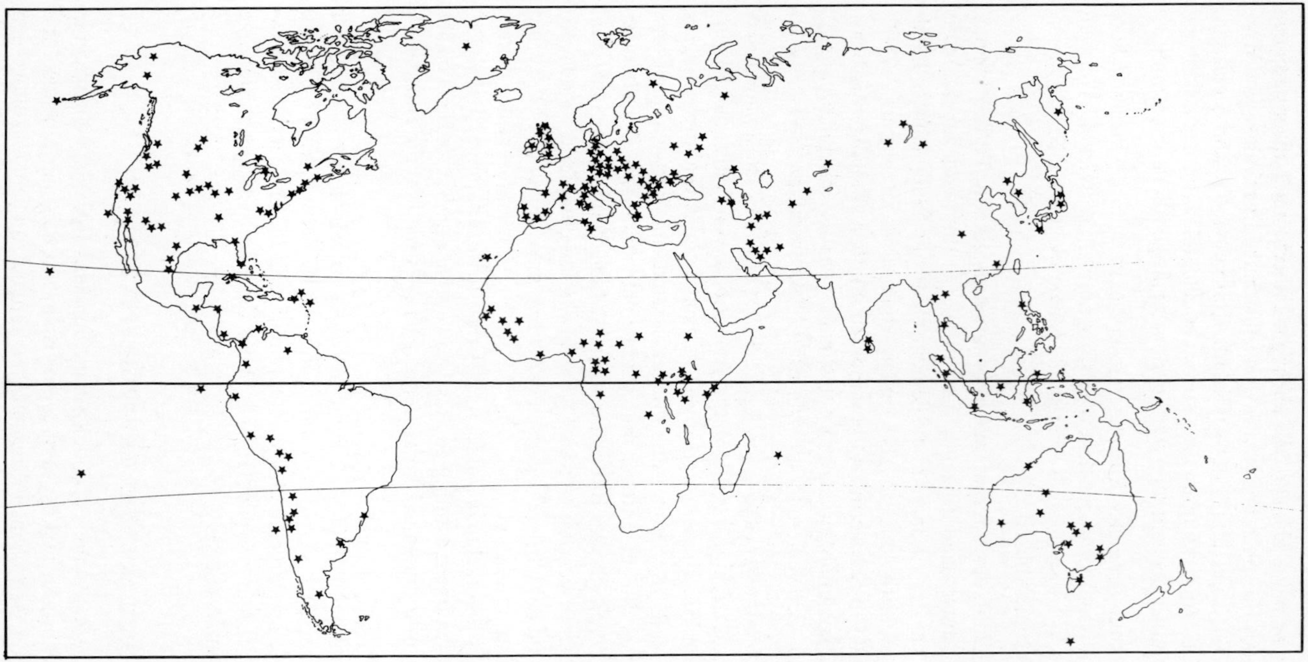

Abb. 7: Schematische Karte der Biosphärenreservate. In einigen Regionen kann ein Stern mehrere Biosphärenreservate repräsentieren.

soll. Das Konzept der Biosphärenreservate wurde als ein Gebietssystem angelegt, das sich
- einerseits aus Bereichen unberührter, natürlicher bzw. naturnaher Ökosysteme und
- andererseits aus Gebieten, die durch menschliche Tätigkeit geprägt sind, zusammensetzt.

In den vom Menschen geprägten Gebieten ist es das Ziel, nachhaltige Nutzungen zu entwickeln, welche die Ökosysteme der Kulturlandschaft und deren Ressourcen langfristig erhalten.

Im Jahre 1983 fand in Minsk der 1. Internationale Biosphärenreservatkongreß statt, durchgeführt von UNESCO und UNEP unter Mitwirkung von FAO und IUCN. Die Ergebnisse der Beratungen bildeten die Grundlage für den im Rahmen der Sitzung des 8. MAB-ICC im Dezember 1984 verabschiedeten ‚Internationalen Biosphärenreservat-Aktionsplans'. Die Regierungen der Mitgliedsstaaten verpflichten sich selbst und fordern internationale Organisationen auf, an der Durchführung des MAB-Programms mitzuwirken, um gemeinsam
- Maßnahmen zur Verbesserung und zum Ausbau des internationalen Biosphärenreservatnetzes zu ergreifen,
- in Biosphärenreservaten Grundlagen für den Erhalt der Funktionsfähigkeit der Ökosysteme und den Schutz der biologischen Vielfalt zu erarbeiten und
- Biosphärenreservate als Instrument für Schutz, Pflege und Entwicklung von Landschaften herauszustellen.

Als Hauptaufgaben der Biosphärenreservate stellt der „Action Plan for Biosphere Reserves" der UNESCO die folgenden vier Arbeitsschwerpunkte heraus.

5.1.1 Entwicklung nachhaltiger Landnutzungen

Die Entwicklung nachhaltiger Formen der Landnutzung (einschließlich der Gewässer des Binnenlandes und der Küstenbereiche) ist eine wesentliche Aufgabe in Biosphärenreservaten. In ihnen sollen neue Ansätze entwickelt, erprobt und eingeführt werden, wie der Schutz des Naturhaushaltes und die Entwicklung der Landschaft als Lebens-, Wirtschafts- und Erholungsraum miteinander verbunden werden kann.

Konkrete Entwicklungsziele hängen dabei von den ökologischen und sozioökonomischen Rahmenbedingungen des jeweiligen Biosphärenreservates ab. Administrative, planerische und finanzielle Maßnahmen (z. B. Förderprogramme) sollen sich an diesen lokalen und regionalen Voraussetzungen orientieren; regionalspezifische Potentiale einer nachhaltigen Entwicklung sind in den verschiedenen Wirtschaftssektoren gezielt zu fördern.

Im primären Wirtschaftssektor heißt dies z. B. die Förderung des ökologischen Landbaus und der naturnahen Waldbewirtschaftung.

Im sekundären Wirtschaftssektor soll die Entwicklung nachhaltiger Nutzungen mit zukunftsweisenden und innovativen Produktionsansätzen unterstützt werden. Dies gilt insbesondere für Pilotprojekte und Modellvorhaben „sauberer" bzw. „sanfter" Technologien (z. B. regenerative Energien). Energieverbrauch und Rohstoffeinsatz sollen – wo möglich – verringert, Betriebe mit weitgehend geschlossenen Stoffkreisläufen und ressourcenbezogenen Arbeitsplätzen gefördert werden.

Im tertiären Wirtschaftssektor sind umweltschonend erzeugte Produkte und Sortimente zu vermarkten sowie marktgerechte Vertriebsstrukturen zu entwickeln. Das Selbstverständnis der Biosphärenreservate erfordert es, daß branchenübergreifende Konzepte für regionale Wirtschaftskreisläufe mit möglichst kurzen Transportwegen und Konzepte für einen umwelt- und ressourcenschonenden Verkehr aufgestellt und umgesetzt werden. Modelle für die Entwicklung eines umwelt- und sozialverträglichen Tourismus sollen entwickelt, erprobt und eingeführt werden.

5.1.2 Schutz des Naturhaushalts und der genetischen Ressourcen

Landschaften bestehen aus einer Vielzahl von Ökosystemen, die einerseits durch das Zusammenwirken natürlicher Umweltbestandteile und andererseits durch historische sowie aktuelle Nutzungseinflüsse bestimmt werden: gemeinsam bilden sie die Kulturlandschaft.

Ziel eines umfassenden Schutzes des Naturhaushaltes ist es, dessen Leistungsfähigkeit und Funktionsfähigkeit nachhaltig zu sichern, was – orientiert an dem jeweiligen Standort – durch Schutz (Erhaltung natürlicher und naturnaher, vom Menschen weitgehend unbeeinflußter Ökosysteme in ihrer Dynamik), Pflege (Erhaltung halbnatürlicher Ökoysteme und vielfältiger Kulturlandschaften einschließlich der Landnutzungen, die diese hervorbrachten) und eine nachhaltige, standortgerechte Nutzung (Sicherstellung und Stärkung der Leistungsfähigkeit des Naturhaushaltes, insbesondere Bodenschutz, Grund-, Oberflächen- und Trinkwasserschutz, Klimaschutz, Arten- und Biotopschutz) verwirklicht werden kann.

Jedes Biosphärenreservat beherbergt einen repräsentativen Ausschnitt der jeweils naturräumlichen Fauna und Flora; sie stellen ein wichtiges Reservoir genetischer Ressourcen dar. Ebenso dienen sie als Genpool für die Wiederansiedlung heimischer Arten für Gegenden, in denen diese dort ausgestorben sind. Biosphärenreservate tragen damit zur Vielfalt regionaler Ökosysteme und des Naturhaushaltes bei. Sie leisten einen Beitrag zur Umsetzung der „Konvention über Biologische Vielfalt".

Da zahlreiche Tier- und Pflanzenarten der Kulturlandschaft auf eine fortgesetzte, standortangepaßte Nutzung angewiesen sind, können natürliche Lebensgrundlagen und genetische Vielfalt nicht ausschließlich in natürlichen und naturnahen Ökosystemen erhalten werden. Vielmehr müssen auch für genutzte Ökosysteme nachhaltige und standortangepaßte Nutzungsweisen entwickelt werden und dauerhaft erfolgen.

5.1.3 Forschung / Ökologische Umweltbeobachtung

Aufgrund des Nutzungsgradienten, den Biosphärenreservate aufweisen – von relativ naturnahen bis anthropogen überformten Ökosystemen –, sind sie ideale Standorte für die Untersuchung / das Monitoring von Veränderungen der belebten und unbelebten Komponenten der Biosphäre. Besonders für die Ökosystemforschung (ÖSF) und die Ökologische Umweltbeobachtung (ÖUB) sind Biosphärenreservate besonders geeignete Untersuchungsräume. Da Biosphärenreservate einem unbefristeten Schutz unterliegen, sind sie vor allem für langfristige Forschungsprojekte prädestiniert. Dadurch, daß die ermittelten Daten mittels Geographischer Informationssysteme (GIS), die den Biosphärenreservatsverwaltungen unterstehen, gespeichert und verarbeitet werden, ist die Grundlage geschaffen, auch große, über die Zeit wachsende Datenmengen zu sichern und interessierten Wissenschaftlern zugänglich zu machen. Wegen der Komplexität der Wirkungsgeflechte in der Landschaft können erst durch langfristig angelegte wissenschaftliche Arbeitsprogramme Lösungen gefunden werden, die den Ansprüchen der Natur und der Bevölkerung gleichermaßen gerecht werden.

In Biosphärenreservaten sollen vor allem interdisziplinäre Forschungsprogramme unter Beteiligung von Natur-, Sozial- und Geisteswissenschaften durchgeführt werden. Weil diese Programme nicht von den Verwaltungen der Biosphärenreservate selbst durchgeführt werden können, sind Zusammenarbeiten mit Universitäten, Fachhochschulen u. a. anzustreben.

Durch die Einbindung in das internationale MAB-Netz wird die Grundlage zur Durchführung einer globalen „Ökologischen Umweltbeobachtung" (ÖUB) geschaffen. Dazu ist die abgestimmte Weiterführung von nationalen und regionalen ökologischen Beobachtungsnetzen sowie die fachspezifische Fortentwicklung leistungsfähiger DV-Systeme erforderlich. Die Standardi-

Foto 5: *Forschung per Telemetrie und Fernglas: Verhaltensweise und Raumnutzung von besenderten Vögeln werden über einen längeren Zeitraum beobachtet und aufgezeichnet (Foto: Gätje).*

Foto 6: *Kartierung von im Wattboden lebenden Tieren: Mit dem Stechkasten werden Sedimentproben entnommen, die Kleintiere herausgesiebt, bestimmt und gezählt (Foto: Gätje).*

sierung, Skalierung und Weitergabe von Umweltdaten und die Fragen, die den Aufbau einer koordinierenden Zentralstelle betreffen, werden künftig einen wichtigen Arbeitsschwerpunkt bilden.

5.1.4 Umwelterziehung und Öffentlichkeitsarbeit

Zu den Leitzielen des MAB-Programmes gehört, die Beziehungen des Menschen zu seiner Umwelt zu verbessern. Dabei soll das Bewußtsein einer breiten Öffentlichkeit für Möglichkeiten und Grenzen der Nutzung natürlicher Ressourcen gefördert und in umweltverantwortliches Handeln umgesetzt werden.

Biosphärenreservate sind prädestiniert für eine praxisnahe Aus- und Weiterbildung von Wissenschaftlern, Verwaltungspersonal, Schutzgebietsmitarbeitern, Besuchern wie auch der ortsansässigen Bevölkerung. Die konkrete Ausgestaltung der verschiedenen möglichen Programme muß auf die spezifischen Voraussetzungen und Potentiale, aber auch auf die Erfordernisse des jeweiligen Biosphärenreservates und der sie umgebenden Region hin ausgerichtet sein. Arbeitsschwerpunkte bilden u. a.: wissenschaftliche und fachliche Ausbildung, Umwelterziehung, praktische Demonstration sowie Beratung und Bildung. Persönliche, durch fachliche Anleitung gemachte Erfahrungen schaffen Verständnis!

Der Erfolg eines Biosphärenreservates hängt vor allem davon ab, inwieweit sich die Bevölkerung mit den Leitgedanken identifiziert und zu einer Mitwirkung und durch Eigeninitiative bei der Gestaltung des Biosphärenreservates motiviert werden kann. Es muß gelingen, den in einem Biosphärenreservat wirtschaftenden und lebenden Menschen zu verdeutlichen, daß sich die nachhaltige Bewirtschaftung ihrer Flächen auch langfristig betriebswirtschaftlich auszahlt.

Einen wichtigen Schwerpunkt der künftigen Arbeit wird die Untersuchung der sozialpsychologischen Bedingungen sein, wie bewährte Traditionen – im Hinblick auf ein umwelt- und sozialverantwortliches Verhalten – sowie die Identität der ortsansässigen Bevölkerung erhalten und gefördert werden können. Dadurch, daß Biosphärenreservate in Regionen eingerichtet wurden und werden, in denen traditionsgebundene und -bewußte Gemeinschaften z.T. noch existieren, sind sie vorrangig für die vergleichende Untersuchung des Einflusses handlungsleitender Werthaltungen und deren Raumwirksamkeit geeignet. Das Einbeziehen von Anthropologen, Verhaltenswissenschaftlern, Pädagogen und Psychologen in die Arbeitsprogramme wird erforderlich sein.

5.2 Zonierung von Biosphärenreservaten

Um den zuvor dargestellten Zielen und Aufgaben gerecht werden zu können, sieht die UNESCO für Biosphärenreservate eine räumliche Gliederung vor. Abgestuft nach der Intensität menschlicher Tätigkeit werden Zonen mit unterschiedlichen Aufgabenbereichen festgelegt;
– die Kernzone dient dem Schutz der Naturlandschaft,
– die Pflegezone dient der Erhaltung historisch gewachsener Landschaftsstrukturen und Landschaftsbilder, und
– die Entwicklungszone dient der Erarbeitung von Perspektiven für eine naturverträgliche Wirtschaftsentwicklung in heutiger Zeit.

Mit dieser Zonierung (vgl. Abb. 8) ist keine Rangfolge oder Wertigkeit verbunden; jede Zone hat verschiedene ihr zugedachte Aufgaben zu erfüllen. Fol-

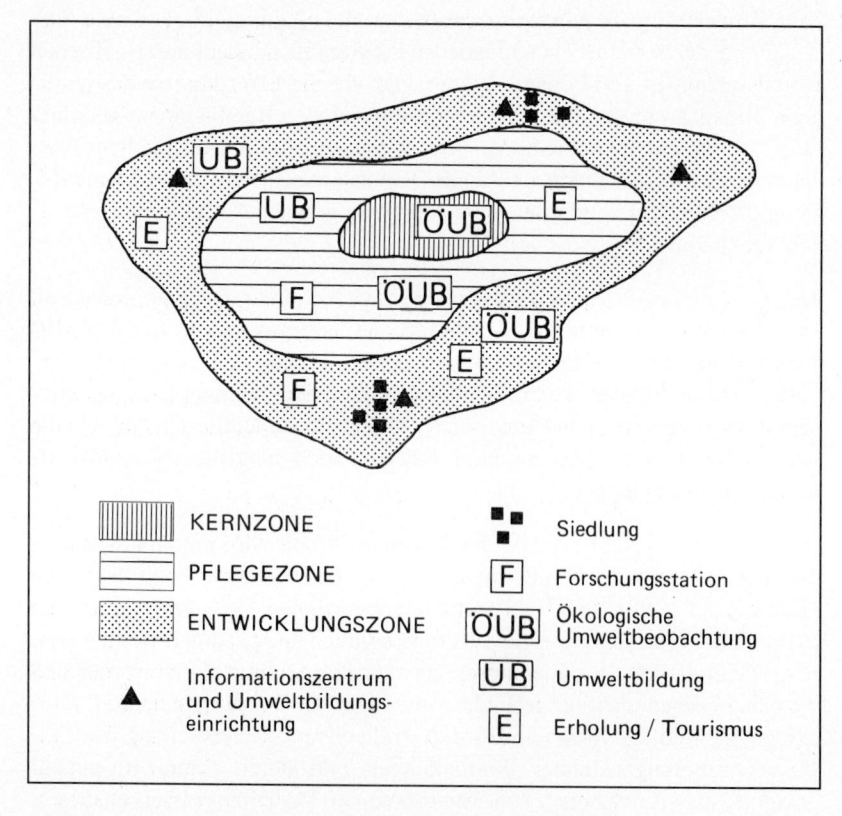

Abb. 8: Schematische Zonierung eines Biosphärenreservates.

gende Definitionen werden den Biosphärenreservaten in Deutschland zugrundegelegt, zustimmend zur Kenntnis genommen von der „Länderarbeitsgemeinschaft für Naturschutz, Landschaftspflege und Erholung" (LANA) anläßlich ihrer 64. Sitzung am 08. / 09. September 1994 in Schwerin und beschlossen von der „Ständigen Arbeitsgruppe der Biosphärenreservate in Deutschland" (AGBR) anläßlich ihrer 12. Sitzung am 20.–22. September 1994 in Burg / Spreewald.:

„Kernzone" (core area): Jedes Biosphärenreservat besitzt eine Kernzone, in der sich die Natur vom Menschen möglichst unbeeinflußt entwickeln kann. Ziel ist, menschliche Nutzung aus der Kernzone auszuschließen. Die Kernzone soll groß genug sein, um die Dynamik ökosystemarer Prozesse zu ermöglichen. Sie kann aus mehreren Teilflächen bestehen. Der Schutz natürlicher bzw. naturnaher Ökosysteme genießt höchste Priorität. Forschungsaktivitäten und Erhebungen zur Ökologischen Umweltbeobachtung müssen Störungen der Ökosysteme vermeiden. Die Kernzone muß als Nationalpark oder Naturschutzgebiet rechtlich geschützt sein.

„Pflegezone" (buffer zone): Die Pflegezone dient der Erhaltung und Pflege von Ökosystemen, die durch menschliche Nutzung entstanden oder beeinflußt sind. Die Pflegezone soll die Kernzone vor Beeinträchtigungen abschirmen. Ziel ist vor allem, Kulturlandschaften zu erhalten, die ein breites Spektrum verschiedener Lebensräume für eine Vielzahl naturraumtypischer – auch bedrohter – Tier- und Pflanzenarten umfassen. Dies soll vor allem durch Landschaftspflege erreicht werden. Erholung und Maßnahmen zur Umweltbildung sind am Schutzzweck auszurichten. In der Pflegezone werden Struktur und Funktion von Ökosystemen und des Naturhaushaltes untersucht sowie die Ökologische Umweltbeobachtung durchgeführt. Die Pflegezone soll als Nationalpark oder Naturschutzgebiet rechtlich geschützt sein. Soweit dies noch nicht erreicht ist, ist eine entsprechende Unterschutzstellung anzustreben. Bereits ausgewiesene Schutzgebiete dürfen in ihrem Schutzstatus nicht verschlechtert werden.

„Entwicklungszone" (transition zone): Die Entwicklungszone ist Lebens-, Wirtschafts- und Erholungsraum der Bevölkerung. Ziel ist die Entwicklung einer Wirtschaftsweise, die den Ansprüchen von Mensch und Natur gleichermaßen gerecht wird. Eine sozialverträgliche Erzeugung und eine Vermarktung umweltfreundlicher Produkte tragen zu einer nachhaltigen Entwicklung bei („sustainable development"). In der Entwicklungszone prägen insbesondere nachhaltige Nutzungen das naturraumtypische Landschaftsbild. Hier liegen die Möglichkeiten für die Entwicklung eines umwelt- und sozialverträglichen Tourismus. In der Entwicklungszone werden vorrangig Mensch-Umwelt-Beziehungen erforscht. Zugleich werden Struktur und Funktion von Ökosystemen und des Naturhaushaltes untersucht sowie die Ökologische Umweltbeobachtung und Maßnahmen zur Umweltbildung durchgeführt. Schwerwiegend beeinträchtigte Gebiete können innerhalb der Entwicklungszone als Regenerationszone aufgenommen werden. In diesen Bereichen liegt der Schwerpunkt der Maßnahmen auf der Behebung von Landschaftsschäden. Schutzwürdige Bereiche in der Entwicklungszone sind durch Schutzgebietsausweisungen und ergänzend durch die Instrumente der Bauleit- und Landschaftsplanung rechtlich zu sichern.

Biosphärenreservate sind von der UNESCO keinesfalls als Schutzkategorie konzipiert worden. Vielmehr werden sie als raumplanerisches Instrument verstanden, mit dem funktional sehr unterschiedliche Landschaftsteile in einem Gesamtkonzept geordnet werden sollen. Neben Schutz- und Pflegeaspekten – im engeren Naturschutzverständnis – ist es das vorrangige Ziel, auf der überwiegenden Fläche eines Biosphärenreservates nachhaltige Landnutzungsmodelle zu etablieren.

Um dieser Modellfunktion gerecht werden zu können, ist darauf zu achten, daß in der Entwicklungszone eines Biosphärenreservates ähnliche Rahmenbedingungen herrschen wie in dem vom Biosphärenreservat repräsentierten Gebiet. Nur so kann gewährleistet werden, daß die erforschten und erprobten Konzepte auch in den das Biosphärenreservat umgebenden Landschaften angewendet werden können. Eine Unterschutzstellung von Landschaftsteilen sollte deshalb nur dort erfolgen, wo sie aus fachlicher Sicht erforderlich scheint.

Ein Biosphärenreservat sollte so angelegt sein, daß die Kreativität und das Engagement der dort lebenden und wirtschaftenden Menschen so gut wie irgend möglich zur Geltung kommen kann. Staatliche Planung soll lediglich den erforderlichen Freiraum schaffen und nur dort begrenzend und schützend eingreifen, wo dies zwingend geboten erscheint.

5.3 Biosphärenreservate in Deutschland

Deutschland ist seit dem 24. November 1979 am Aufbau des internationalen Biosphärenreservatnetzes beteiligt. Bereits drei Jahre nach der Definition von MAB-8 ließ die Regierung der DDR die Gebiete Steckby-Lödderitzer Forst (heute Sachsen-Anhalt; am 29. Januar 1988 erfolgte die Erweiterung des

Gebietes um die Dessau-Wörlitzer Kulturlandschaft und die Umbenennung in Biosphärenreservat Mittlere Elbe) und Vessertal (heute Thüringen) als internationale Biosphärenreservate von der UNESCO anerkennen. 1981 folgte für die Bundesrepublik Deutschland der Bayerische Wald.

Besondere Aufmerksamkeit erfuhren „Biosphärenreservate" in Deutschland durch den Beschluß des DDR-Ministerrates vom 22. März 1990, ein Nationalparkprogramm einzurichten. Bestandteil dieses Programms waren neben fünf National- und drei Naturparken auch vier neue Biosphärenreservate (Rhön, Schorfheide-Chorin, Spreewald und Südost-Rügen) sowie die Erweiterung der zwei bereits anerkannten Biosphärenreservate Mittlere Elbe und Vessertal.

Am 12. September 1990 – kurz vor der Einigung Deutschlands – erfolgte die Unterschutzstellung der im Nationalparkprogramm ausgewiesenen Landschaften. Die Verordnungen traten am 01. Oktober 1990 in Kraft. Mit der Übernahme in den Einigungsvertrag konnten die verabschiedeten Schutzbestimmungen auch für die Zeit nach dem Beitritt der neuen Länder gesichert werden.

Am 20. November 1990 erkannte die UNESCO das Gebiet Schorfheide-Chorin (Brandenburg) gemeinsam mit Berchtesgaden (Bayern) und dem Schleswig-Holsteinischen Wattenmeer (Schleswig-Holstein) als Biosphärenreservat an. Die Ausweisung der Rhön (Bayern, Hessen, Thüringen), des Spreewaldes (Brandenburg) und Südost-Rügens (Mecklenburg-Vorpommern) sowie die Bestätigung der Erweiterung des BR Mittlere Elbe (Sachsen-Anhalt) und des BR Vessertal-Thüringer Wald (Thüringen) erfolgte am 06. März 1991. Am 10. November 1992 erkannte die UNESCO die Gebiete Hamburgisches und Niedersächsisches Wattenmeer sowie den Pfälzerwald als Biosphärenreservate an.

Damit hat die UNESCO in Deutschland 12 Biosphärenreservate mit einer Gesamtfläche von fast 12 000 km^2 (Stand 10.11.1992) anerkannt (vgl. Abb. 9). Dies entspricht etwa 3,3 % der Fläche Deutschlands. Deutschland nimmt damit zahlenmäßig (6. Rang) und flächenmäßig (10. Rang) weltweit einen Spitzenplatz ein. Die Biosphärenreservate in Deutschland zeichnen sich aus durch:
1. eine hochwertige Naturausstattung, insbesondere naturnaher bis natürlicher Lebensgemeinschaften (einige Biosphärenreservate, in denen der naturnahe Anteil besonders hoch ist, sind deshalb zugleich auch Nationalparke),
2. ausgedehnte Areale mit halbnatürlichen Lebensgemeinschaften, die durch extensive Nutzung entstanden sind (z. B. Magerrasen, Feuchtwiesen, Streuwiesen etc.),

3. das Vorkommen seltener und bedrohter Pflanzen- und Tierarten (Bedeutung als Refugialräume),
4. intakte und attraktive Landschaftsbilder der Natur- und Kulturlandschaft, die von besonderem Wert für Erholung und Tourismus sind.
5. Darüber hinaus haben sie als Lebens- und Wirtschaftsraum des Menschen eine große Bedeutung.

Abb. 9: *Biosphärenreservate in der Bundesrepublik Deutschland.*

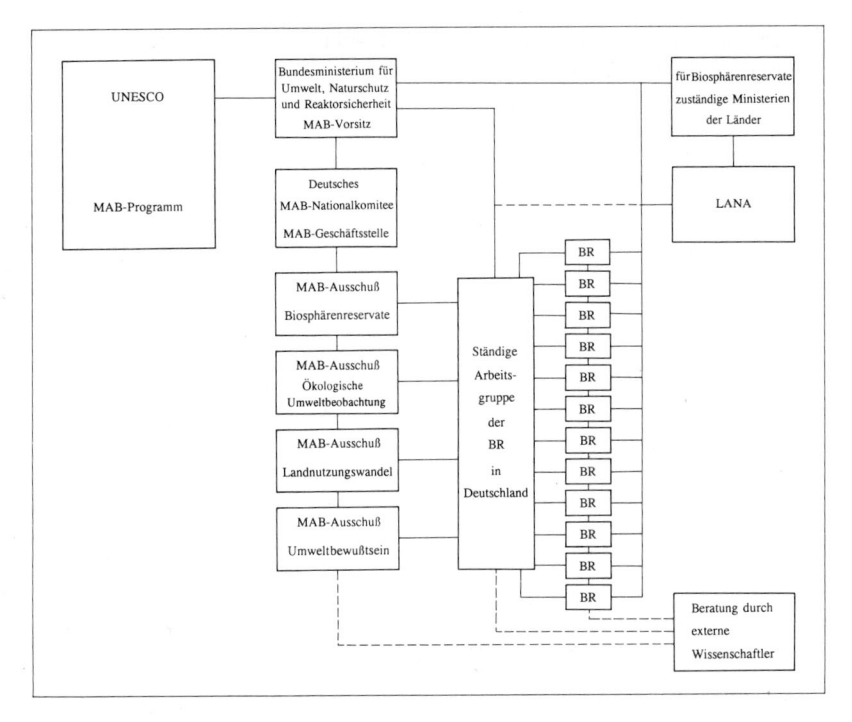

Abb. 10: *Administrative Einbindung der Biosphärenreservate in Deutschland.*

Die Biosphärenreservate in Deutschland haben sich unterschiedlich entwickelt. Um in Zukunft eine gleichgerichtete und gleichmäßige Entwicklung zu ermöglichen, haben sich die Verwaltungen der Biosphärenreservate in Deutschland zu der „Ständigen Arbeitsgruppe der Biosphärenreservate in Deutschland" (AGBR) zusammengeschlossen (vgl. zur administrativen Einbindung der Biosphärenreservate in Deutschland Abb. 10). Aufbauend auf Beschlüssen der UNESCO hat die AGBR „Leitlinien für Schutz, Pflege und Entwicklung der Biosphärenreservate in Deutschland" erarbeitet, die anläßlich der 64. Sitzung der Länderarbeitsgemeinschaft Naturschutz, Landschaftspflege und Erholung (LANA) am 08. / 09. September 1994 in Schwerin zustimmend zur Kenntnis genommen wurden. Mit ihnen werden zum einen die für Deutschland konkretisierten Ziele des internationalen MAB-Programms detailliert, zum anderen die jeweilig spezifische Ausformung in den einzelnen Biosphärenreservaten aufgezeigt.

Die große politische Akzeptanz der Biosphärenreservate in Deutschland hat dazu geführt, daß vielerorts Überlegungen reifen, weitere Landschaften von der UNESCO als Biosphärenreservat anerkennen zu lassen; insgesamt wird für etwa 40 Gebiete eine Antragstellung erwogen.

Ziel ist die Entwicklung und Etablierung eines Systems gesamtstaatlich repräsentativer Gebiete, in dem die Ökosystemtypen Deutschlands repräsentativ vertreten sind. Bei der Betrachtung der bisher von der UNESCO in Deutschland anerkannten Biosphärenreservate fällt auf, daß einige Ökosystemtypen bislang nicht vertreten sind. So fehlen u. a. Stadt- und Industrielandschaften genauso wie intensiv genutzte Agrarlandschaften. Für diese Ökosystemtypen werden künftig vorrangig Biosphärenreservate einzurichten sein.

Zur Identifikation derartiger Landschaften hat das Deutsche MAB-Nationalkomitee, das für die Bewertung, Auswahl und Weiterleitung von Biosphärenreservatsanträgen an die UNESCO verantwortlich ist, beschlossen, „Kriterien für Anerkennung und Überprüfung von Biosphärenreservaten der UNESCO in Deutschland" zu erarbeiten. Diese bauen auf dem „Action Plan for Biosphere Reserves" sowie Beschlüssen zu Biosphärenreservaten der UNESCO auf. Mit diesen Kriterien wird ein Grundraster geschaffen, daß Antragstellern bereits vor der Konzipierung von Biosphärenreservaten den gesamten Anforderungskatalog offen legt.

Damit alle biosphärenreservatsrelevanten Aspekte gleichwertige Berücksichtigung finden können, muß der Antrag von allen betroffenen Landesressorts mitgetragen werden (d. h. Kabinettsbeschluß). Vor einer Weiterleitung des Antrages an die UNESCO muß auch das Einvernehmen mit den betroffenen Bundesressorts hergestellt werden.

Auch für die Bewertung und Überprüfung bereits bestehender Biosphärenreservate in Deutschland sollen die „Kriterien für Anerkennung und Überprüfung von Biosphärenreservaten der UNESCO in Deutschland" herangezogen werden.

5.3.1 Biosphärenreservat Bayerischer Wald

1. Allgemeine Einführung

Das Biosphärenreservat Bayerischer Wald, das 1981 von der UNESCO anerkannt wurde, liegt in Bayern, ca. 200 km nördlich von München an der Grenze zur Tschechischen Republik.

Größe:	ca. 13.300	ha
Einwohnerzahl:	ca. 500	Einwohner (in Enklaven, die nicht Bestandteil des Biosphärenreservates sind)

Gliederung:

Kernzone:	8.030 ha
Pflegezone:	5.720 ha
Entwicklungszone:	–

Flächennutzung (ca.):
- Wald — 12.820 ha
- Moore (Hochmoore ohne Waldbäume) — 200 ha
- Wiesen (ungenutztes Grünland) — 100 ha
- Wasserflächen — 30 ha
- Fels (ohne Waldbäume, ggf. Latschen) — 20 ha
- Verkehrsflächen — 130 ha

Naturausstattung in Stichworten:
Das Biosphärenreservat Bayerischer Wald liegt 666 m bis 1.453 m üNN und umfaßt natürlichen Bergmischwald in den Hanglagen (58 %), Bergfichtenwald in den Hochlagen (24 %) und Aufichtenwald in den Tallagen (16 %).

Vorkommen gefährdeter / geschützter Pflanzen- und Tierarten der Roten Liste:
Flora: Korallenwurz, Holunder-Knabenkraut, Porst, Gemeiner Moorbärlapp, Fieberklee, Weiße Waldhyazinthe, Grünblättriges Wintergrün, Blasenbinse, Kleiner Wasserschlauch
Fauna: seltene Charakterarten: Schwarzstorch, Habicht, Wespenbussard, Auerhuhn, Habichtskauz, Weißrückenspecht, Zwerg-, Sumpf-, Alpen-Wasserspitzmaus, Nordfledermaus, Birkenmaus, Luchs, Fischotter; seltene, ausnahmsweise vorkommende Arten: Krickente, Baumfalke, Bekassine, Eisvogel, Mittelspecht, Braunkehlchen, Ringelnatter, Großer Alpensegler, Zwergfledermaus, Braunes Langohr.

Leiter des Biosphärenreservates: Dr. Hans Bibelriether

2. Personalstruktur

Das Personal des Biosphärenreservates Bayerischer Wald setzt sich lt. Stellenplan zur Zeit aus 136 dauerhaft Beschäftigten (Planstellen [einschl. abgeordneten Beamten]) sowie bis zu 20 saisonalen Hilfskräften zusammen. Im einzelnen sind dies:
- 9 Beamte / Ang. mit wiss. Ausbildung (höherer Dienst)
  5 Diplomforstwirte, 1 Zoologe, 1 Landschaftsplaner, 2 Pädagogen
- 17 Mitarbeiter mit Fachhochschulausbildung (gehobener Dienst)
  12 Dipl.-Ing. (Forstw.), 5 Sonst. (Verw.-Beamte, Ing.)
- 18 Sonst. Angestellte
  Verwaltungsangestellte, Techniker, Zeichner, Pädagogen

- 44 Sa. Beamte / Angestellte
- 92 Arbeiter

darunter u. a. 20 Mitarbeiter der Nationalparkwacht.

3. Arbeitsschwerpunkte in den letzten zwei Jahren

- Umsetzung der Verordnung über den Nationalpark Bayerischer Wald vom 21.07.1992 (NLPBW-VO), insbesondere durch konsequenten Schutz natürlicher Abläufe, weitestgehende Einstellung von Nutzungen und Forcierung von Renaturierungsmaßnahmen.
- Erhebungen und Entwurffertigung zum Nationalparkplan gem. NLPBW-VO.
- Fortsetzung und weiterer Ausbau der durch den Zerfall des kommunistischen Machtsystems ermöglichten grenzüberschreitenden Zusammenarbeit mit dem 1991 gegründeten angrenzenden Nationalpark bzw. 1990 gegründeten Biosphärenreservat Sumava in der Tschechischen Republik.
- Aktivitäten zur Milderung der Einflüsse des weiterhin gesteigerten Besucheraufkommens.
- Verstärkte Bemühungen, im Biosphärenreservat auf dem Sektor Bildung einen Schwerpunkt neben den Naturschutz zu setzen.
- Abschluß der Erhebungen zur mittelfristigen Planung durch permanente Stichprobeninventur und flächendeckende Kartierung der Waldentwicklungsphasen. Herstellung einer erstmals elektronisch gespeicherten aktuellen Karte 1 : 10 000 zum Stichtag 01.01.1993.

4. Ergebnisse

4.1 Schutz von Ökosystemen

Die Entnahme von Holz für die einheimische Bevölkerung wurde auf eine unbedeutende Menge (rd. 2000 m^3, gegenüber rd. 65 000 m^3 vor NP-Gründung) reduziert und auf ein 500 m breites Randgebiet (Pflegezone des Biosphärenreservates) konzentriert. Auf der rd. 80 % umfassenden übrigen Fläche des Biosphärenreservates finden keine forstlichen Maßnahmen mehr statt, es handelt sich somit um die Kernzone des Biosphärenreservates mit zunehmend reiferen naturnäheren Waldökosystemen.

Natürlich absterbende Waldbäume werden mit Ausnahme des Randgebietes im Ökosystem belassen. Der Schutz der unbeeinflußt ablaufenden Borkenkäferpopulationsentwicklung als Folge von Windwürfen hat zu zahlreichen insgesamt rd. 230 ha umfassenden, mittlerweile weitgehend natürlich verjüngten Flächen mit stehenden alten Totbäumen geführt. Der Schutz dieser Flächen vor Forderungen nach Borkenkäferbekämpfung sowie Nutzung der Bäume und statt dessen deren Erhaltung für die vielen spezialisierten Totholzbewohner dürfte eine für Mitteleuropa bisher nicht dagewesene Naturschutzleistung sein.

Die Bemühungen zur aktiven Renaturierung stark gestörter Bereiche wurden soweit vorangetrieben, daß sie in absehbarer Zeit abgeschlossen werden können. Im Berichtszeitraum erfolgte u. a.:
– Abbruch von 6 Betriebsgebäuden im Inneren des Biosphärenreservates,
– Rückbau und vollständige Renaturierung von weiteren rd. 43 km Lkw-fahrbaren Forststraßen,
– Inaktivierung von Entwässerungssystemen in 2 Hochmooren (ca. 5 ha),
– Renaturierung von im vorigen Jahrhundert zum Holztransport kanalisierten größeren Fließgewässern (ca. 5,5 km),
– Auflassung (1) bzw. naturnahe Umgestaltung (4) künstlicher stehender Gewässer,
– Entfernung einzelner noch vorhandener gebietsfremder Baumarten.

Entwicklung und teilweise Erprobung eines Systems öffentlicher Verkehrsmitteln (ÖPNV) mit umweltfreundlich angetriebenen Bussen als Ersatz für den motorisierten Individualverkehr (MIV) im Inneren des Biosphärenreservates und in den Randgemeinden. Ziel ist neben einer besseren Besucherlenkung die Umweltentlastung und die Bewahrung der Attraktivität des Biosphärenreservates für Besucher.

Weiterer Aufbau der Nationalparkwacht durch Aufstockung der Mitarbeiter von 12 auf 20. Neben dem Bereich Naturschutz sind diese Mitarbeiter u. a. im Bereich Besucherinformation und Bildung eingesetzt. Zur Erleichterung der Arbeit der Nationalparkwacht wurden einheitlich gestaltete Besucherregeln im Anhalt an deutschlandweite Absprachen mittels Piktogrammen entwickelt und eingesetzt sowie die Beschilderung der Grenzen des Biosphärenreservates verbessert.

Als Konsequenz der NLPBW-VO wurde 1993 ein markiertes Radwegenetz durch Freigabe von rd. 60 km für Kraftfahrzeuge gesperrten Forststraßen errichtet. Außerhalb dieser Wege und der öffentlichen Straßen ist Radfahren verboten.

Als Folge der konsequenten Nutzungsverzichte und Ruhigstellung großer Waldflächen vor Störungen aller Art kann die bisher vermutete, 1993 aber erstmals im Biosphärenreservat nachgewiesene erfolgreiche Brut des Schwarzstorches angesehen werden. Der Bestand der jungen Luchspopulation hat sich nach Abbau der Grenzsperranlagen im Berichtszeitraum erfreulich stabilisiert und auch in der Umgebung sein Areal erweitert. Im BR Bayerischer Wald (13 300 ha) halten sich gleichzeitig bis zu 5, im wesentlich größeren benachbarten BR Sumava / CZ (rd. 170 000 ha) bis 40 Luchse auf.

Negativ hingegen ist nach wie vor die Tendenz im Gesundheitszustand der Bergfichtenwälder der Kammlagen. Flächige Nadelverfärbungen, Nadelverluste und Absterben von ganzen Bestandteilen, im Endstadium unter Beteiligung von Borkenkäfern, lassen bisher keine Entspannung bei den immissionsbedingten Waldschäden erkennen.

Umstritten ist weiterhin der Umfang von Trinkwasserentnahmen durch Kommunen und die Nutzung von Gewässern im Randgebiet für Energiegewinnung durch private Kleinkraftwerke.

4.2 Forst- und Landwirtschaft, Fischerei

Gemäß NLPBW-VO sind die Wälder des Biosphärenreservates in seinen derzeitigen Grenzen insgesamt einer natürlichen Entwicklung zuzuführen, Landwirtschaft findet nur noch auf einer winzigen (nicht der Verwaltung des Biosphärenreservates unterstehenden) Fläche und Fischerei nicht mehr statt. Anforderungen auf Brennholznutzung durch Einheimische werden nur noch sehr wenige erhoben. Genutzt wird lediglich Holz, das bei der Bekämpfung von Borkenkäfern im 500 m breiten Randgebiet zu benachbarten Privatwäldern (Pflegezone; im Sinne einer Pufferzone) anfällt. Die jährliche Menge beträgt derzeit rd. 2000 m^3. Nachdem das Biosphärenreservat bisher keine Übergangszone aufweist, spielt die Landnutzung eine völlig vernachlässigbare Rolle.

4.3 Produzierende Gewerbe

Entfällt aufgrund fehlender Entwicklungszone.

4.4 Tertiärer Sektor (Tourismus u. a.)

Der durch die europaweiten Grenzübertrittserleichterungen anhaltende Zuwachs (ca. 30 %) an Besuchern des Biosphärenreservates, der v. a. den Tourismus in den Nationalpark-Gemeinden aber auch der gesamten Region Bayerischer Wald positiv beeinflußt hat, schwächte sich gegen Ende des Berichtszeitraumes merkbar ab. Der Rückgang ist im Vergleich zu anderen Urlaubsregionen bisher aber weniger dramatisch.

4.5 Forschung / Ökologische Umweltbeobachtung

Dieser Sektor wird im Vergleich zu den ersten zwei Jahrzehnten nach der Gründung des Nationalparks, in dem noch ein erheblicher Nachholbedarf an Grundlagenwissen über das Gebiet bestand, nunmehr mit weniger hohem Aufwand betrieben. Immerhin konnte durch personelle Umorganisation die langfristige Betreuung von (50) Dauerbeobachtungsprogrammen (Schwerpunkte: Waldentwicklung, Wasserhaushalt und Stoffeinträge) gesichert werden.

Ein Ergebnis der Erhebungen zur mittelfristigen Planung (permanentes Stichprobeninventurnetz im Raster 200 x 200 m) war eine infolge der kontinuierlichen Absenkung der Holznutzung festzustellende weitere Aufstockung des Holzvorrates der Nationalparkwälder. Mehr als 50 % der Waldbestände haben bereits ein Durchschnittsalter von über 100 Jahren. Der jährliche Holzzuwachs beträgt rd. 75 000 m^3, der Gesamtvorrat über 5,3 Mio. m^3 (1972 bei Gründung des NP 3,8 Mio. m^3), das sind 412 m^3 / ha Waldfläche.

Weitere Schwerpunkte:
– Alljährliche flächendeckende CIR-Luftbildflüge und Auswertung zur Dokumentation u. a. der Entwicklung der Borkenkäferpopulation und damit zusammenhängend des stehenden Totholzes.
– Neuherausgaben der wissenschaftlichen Reihe: „Eine Landschaft wird Nationalpark" (2. erweiterte Auflage) und „Flechten".
– Ferner wurde eine grundlegende Arbeit über „Die Pilze des Nationalparkes Bayerischer Wald" veröffentlicht. Vorgelegt wurde der Abschlußbericht über eine mehrjährige Untersuchung der ungestörtern Borkenkäferpopulationsdynamik. Insgesamt wurden 283 Forschungsprojekte seit der Gründung des Nationalparks zum Abschluß gebracht, neben den Dauerprogrammen werden derzeit rd. 60 befristete Forschungsvorhaben von der Verwaltung der Biosphärenreservats betreut.

4.6 Umweltbildung

Sicherung der verstärkten Bildungsarbeit durch jeweils eine feste und eine abgeordnete Planstelle für Pädagogen. Der Umfang der Bildungsarbeit wurde qualitativ und quantitativ auch mit Hilfe von Sponsoren fortgeführt. Durchschnittlich 1300 personenbezogene Bildungsveranstaltungen wie Führungen und Walderlebnistage (ca. 80 Schulklassen) finden jährlich statt.

In den drei von der BR-Verwaltung fachlich betreuten Museen bzw. Informationszentren, dem „Hans-Eisenmann-Haus", Waldgeschichtlichen Museum St. Oswald und dem Jagd- und Fischereimuseum Wolfstein wurden zahlreiche Wechselausstellungen aufgebaut. Der zentrale Großparkplatz am Hans-Eisenmann-Haus wurde völlig umgebaut und mit einer leistungsfähigen Toilettenanlage einschließlich Besucherinformationskiosk ausgestattet.

Die Erneuerung und der weitere Ausbau des Tier-Freigeländes in Richtung naturkundliche Bildungsstätte wurde fast abgeschlossen, ebenso die didaktische und gestalterische Modernisierung der Besucherleistsysteme und Einzelinformationen im Gelände (kürzere, leichter einprägbare Texte mit mehr Grafiken).

Ein zur Tschechischen Republik grenzüberschreitendes Wanderwegenetz mit Informationseinrichtungen unter dem Thema „Wald und Geschichte erleben" wurde geplant und mit dessen Realisierung begonnen. Ein gemeinsamer Informationspavillon am einzigen Grenzübergang (für Fußgänger) zwischen den beiden Biosphärenreservaten wurde auf tschechischer Seite bereits der Öffentlichkeit übergeben.

Der Umbau des Jugendwaldheimes zu einer umfassenden naturkundlichen Bildungsstätte für Jugendliche wird voraussichtlich im laufenden Jahr abgeschlossen. Künftig können 2 Klassen gleichzeitig aufgenommen werden. Die Technik wurde umweltgerecht gestaltet (Solarenergie, Schilfkläranlage). Die Planung für die Erweiterung des Hans-Eisenmann-Hauses wurde abgeschlossen, die Finanzierung gesichert.

Die im Berichtszeitraum erfolgte Planung eines Naturerlebnispfades im Waldspielgelände bei Spiegelau wurde weitgehend realisiert.

4.7 Öffentlichkeitsarbeit

Im Zuge personeller Umorganisationen verfügt die Verwaltung des Biosphärenreservates seit 1993 erstmals über einen Mitarbeiter, der sich überwiegend der Öffentlichkeitsarbeit widmet. Die bisher auf mehrere Mitarbeiter verteilten Aktivitäten konnten somit wesentlich effektiviert werden, da neben dem Leiter des Biosphärenreservates nunmehr ein weiterer Ansprechpartner für Medien aller Art vorhanden ist.

5. Künftige Arbeitsschwerpunkte

– Auswertung und Darstellung der Inventur und mittelfristigen Planung,
– Abschluß des Nationalpark-Planes,
– Abschluß der noch geplanten Renaturierungsmaßnahmen,
– Festigung der weiteren Zusammenarbeit mit den Nationalpark-Gemeinden und Verbänden, insbesondere bei der Umsetzung des ÖPNV-Konzeptes,
– Durchführung der 25-Jahrfeier des Nationalparks mit einer Bilanz der Aufbauphase und entsprechenden Fachveröffentlichungen v. a. zur Entwicklung der Waldökosysteme,
– Erweiterung des Hans-Eisenmann-Hauses,
– Sicherung des Qualitätsstandards bei Einrichtungen und Dienstleistungen,
– Klärung der noch bestehenden Konflikte mit umstrittenen Nutzungen, v. a. des Wassers.

6. Ausgewählte Literatur

BAUBERGER, W. (1977): Erläuterungen zur geologischen Karte 1 : 25 000, Nationalpark Bayerischer Wald. – München

BIBELRIETHER, H. und H. STRUNZ (1990): Unterwegs im Nationalpark Bayerischer Wald – Ein Führer für Wanderer und Naturfreunde. – Grafenau

BIBELRIETHER, H. und H. BURGER (1985): Nationalpark Bayerischer Wald. – Grafenau-München

ELLING, W. / E. BAUER / G. KLEMM und H. KOCH (1987): Klima und Böden – Waldstandorte. – Nationalpark Bayerischer Wald 1

HAUG, M. und R. STROBL (1993): Eine Landschaft wird Nationalpark. – Nationalpark Bayerischer Wald 11

PETERMANN, R. und P. SEIBERT ((1979): Pflanzengesellschaften des Nationalparkes Bayerischer Wald. – Nationalpark Bayerischer Wald 4

Anschrift: Biosphärenreservat Bayerischer Wald
Freyunger Straße 2, D-94481 Grafenau
Tel.: (0 85 52) 9 60 00
Fax: (0 85 52) 13 94

5.3.2 Biosphärenreservat Berchtesgaden

1. Allgemeine Einführung

Das am 16. November 1990 durch die UNESCO anerkannte Biosphärenreservat Berchtesgaden liegt in Bayern, 20 km südlich von Salzburg, an der Grenze zu Österreich.

Größe:	46.800 ha
Einwohnerzahl:	ca. 32.000 Einwohner
Gliederung:	
Kernzone:	17.500 ha
Pflegezone:	3.400 ha
Entwicklungszone:	25.900 ha
Flächennutzung:	
Fels und Vegetation oberhalb der alpinen Waldgrenze	13.400 ha
Gewässer	1.170 ha
Wald	26.650 ha
Landwirtschaft / Almen	4.400 ha

Siedlung	700 ha
Gewerbe	250 ha
Verkehr	170 ha
sonstiges	60 ha

Naturausstattung in Stichworten:
Hochgebirge (471–2.713 m über NN) – Nördliche Kalkalpen mit drei Hochgebirgstälern in Nord-Süd-Richtung und vier Gebirgsstöcken:
– submontane, montane, subalpine Wälder,
– kalkalpine Matten (Beweidung durch Pinzgauer Rinder),
– Felsspalten- und Schuttgesellschaft sowie
– oligotrophe Seen und Fließgewässer.

Vorkommen gefährdeter / geschützter Pflanzen- und Tierarten der Roten Liste:
Flora: Zarter Enzian, Verschiedenfarbiger Alpenlattich, Deutsche Tamariske, Clusius Schlüsselblume, Alpen-Knorpelsalat, Herzblättrige Gemswurz, Edelweiß, Tauernblümchen
Charakteristische Arten: Enzian, Edelweiß
Fauna: Wiedereinbürgerung von Luchs und Bartgeier
Charakteristische Art: Steinbock.

Leiter des Biosphärenreservates: Dr. Hubert Zierl

2. Bericht über den Zeitraum 1992 bis 1994

Im Biosphärenreservat liegen seit der Gründung des Nationalparkes Berchtesgaden aufgrund der Verordnung über den Alpen- und Nationalpark grundsätzliche Aufgaben fest. Für das Biosphärenreservat wurde die notwendige erste Zonierung durchgeführt. Die Kernzone und Pflegezone liegen z. Z. im Nationalpark, die Entwicklungszone in dessen Vorfeld.

Im Berichtszeitraum konnten Fragen der Abgrenzung innerhalb des Nationalparks vertieft und abgestimmt werden. Die Almgebiete innerhalb des Waldgürtels, die anthropogenen Ursprungs sind, weisen eine hohe Biodiversität auf. Diese ist am besten durch eine geregelte Weideführung und Almpflege zu erhalten. Ziel ist es, diese Gebiete – es handelt sich um 2 % der Fläche des Nationalparks – aus Gründen der Biodiversität langfristig durch Nutzung in ihrem derzeitigen Zustand zu erhalten. Die Belastung der angrenzenden Wälder durch Weidevieh soll nach wie vor reduziert werden.

Für die Entwicklungszone wurde ein Verkehrsgutachten erstellt, mit dem eine Neuordnung und Reduzierung der Verkehrsströme geplant ist. Als erste wichtige Bestandteile neben der Planung sind hier die Umverteilung der Ver-

Foto 7: Schönau am Königssee, Hoher Göll, Hohes Brett (Foto: Bildarchiv Nationalparkverwaltung Berchtesgaden).

kehrsströme und die Verkehrsberuhigung innerhalb Berchtesgadens zu nennen. Die begonnenen Baumaßnahmen, wie Einbau von Kreisverkehr, Auflösung von Ampeln, Umbau von Kreuzungen u. a., werden weitergeführt.

1992 konnte die erweiterte Kläranlage in Betrieb genommen werden. Dieses Gemeinschaftswerk der vier Gemeinden Berchtesgaden, Bischofswiesen, Schönau am Königssee und Ramsau ist die Erweiterung des Anschlußgebietes und stellt die notwendigen Kapazitäten nach neuestem Stand der Technik dar. Als Besonderheit der Abwasserbeseitigung muß die Entsorgung durch den Königssee dargestellt werden. Sowohl die Gaststätte Salet als auch alle Gebäude von St. Bartholomä werden über eine Schlauchleitung, die im Königssee verlegt wurde, entsorgt. Das Abwasser wird im Dorf Königssee in den Sammler eingeleitet. Für den Anschluß der Gemeinde Ramsau wurde der Hauptsammler erweitert und der Sammler in die Ramsau verlegt. Damit sind alle Voraussetzungen für die Hausanschlüsse gegeben, die erstellt werden.

In den Gemeindeteilen Maria Gern und Salzberg wurde die Trinkwasserversorgung neu angelegt und ergänzt. Die Gemeinde Schönau am Königssee erneuert die Trinkwasserversorgung schrittweise.

Bei der Landwirtschaft ist zusammen mit den Verwertern eine Tendenz zur direkten Vermarktung im Gebiet erkennbar. Es wird versucht, diese Ansätze zu unterstützen.

Die Forstwirtschaft ist nach wie vor durch die Auswirkungen der großen Stürme geprägt. Weniger die Aufarbeitung der Sturmschäden als die in Folge derselben aufgetretenen Befälle durch Borkenkäfer haben die Diskussionen über den richtigen Umgang mit dem Problem angeheizt. Wie in vielen anderen Gebieten, kam es zu einer sehr günstigen Situation für den Borkenkäfer: Windwurf, durch Luftbelastungen vorgeschädigte Bestände, durch die früheren Forstmethoden großflächig vorhandene Fichtenbestände und eine Reihe warmer Sommer. Aus dieser Konstellation heraus sollte das Problem betrachtet werden, dann können auch die geringen Chancen aller Maßnahmen zur Bekämpfung sachlich eingeschätzt werden.

Neben dem Borkenkäfer als aktuelles Problem spielt der Umbau der Wälder in standortgerechte Bestände eine wesentliche Rolle. Dies bedeutet im wesentlichen eine Erhöhung des Laubholzanteils. Hierzu werden die notwendigen waldbaulichen Maßnahmen durchgeführt. Als wichtige zusätzliche unterstützende Maßnahmen sind ein tragbarer Wildbestand herzustellen und die Probleme der Waldweide zu lösen.

Der Tourismus hatte nach Öffnung der Grenzen zunächst eine starke Zunahme. 1994 haben sich die Gästezahlen im Gebiet deutlich reduziert. Wobei die Rückgänge geringer als in den umliegenden Gebieten sind.

Wesentliche Vorarbeiten für die Erstellung eines Rahmenkonzeptes wurden eingeleitet. Vor allem wurde die Datenbasis für das Biosphärenreservat ergänzt und Leitbilder entwickelt.

Anschrift: Biosphärenreservat Berchtesgaden
Doktorberg 6, D-83471 Berchtesgaden
Tel.: (0 86 52) 96 86 0
Fax: (0 86 52) 96 86 40

5.3.3 Biosphärenreservat Hamburgisches Wattenmeer

Das Hamburgische Wattenmeer, das in der südlichen Nordsee im Küstengebiet zwischen Weser- und Elbemündung liegt, wurde am 10. November 1992 von der UNESCO als Biosphärenreservat anerkannt.

Größe: 11.700 ha
Einwohnerzahl: 38 Einwohner

Gliederung:
Kernzone: 10.500 ha
Pflegezone: 1.200 ha
Entwicklungszone: –

Naturausstattung in Stichworten:
- Watt als Gezeitengebiet,
- Vorländereien mit typischer Flora: Schlickgras, Queller, Andel, Rotschwingel, Strandnelke, Strandwermut, Strandaster, Strandsimse,
- Fortpflanzungs-, Aufzucht-, Nahrungs- und Rastgebiet für Vögel, Fische, Krebse und Seehunde
  * herausragendes Brutgebiet für Seeschwalben: Brandseeschwalbe, Zwergseeschwalbe, Küstenseeschwalbe, Flußseeschwalbe,
  * darüber hinaus Brutgebiet für über 60 weitere Vogelarten: z. B. See- und Sandregenpfeifer, Austernfischer, Rotschenkel, Löffelente, Eiderente,
  * Durchzugs- und Rastgebiet u.a. für Ringelgänse, Nonnengänse, Pfuhlschnepfen, Knutts, Große Brachvögel,
- Sanddünen mit typischer Flora: Strand- und Dünenquecke, Strandhafer, Strandroggen.

Leiter des Biosphärenreservates: Dr. Klaus Janke

Ein Bericht zum Biosphärenreservat Hamburgisches Wattenmeer lag bei Redaktionsschluß nicht vor.

Anschrift: Nationalparkverwaltung Hamburgisches Wattenmeer
Naturschutzamt Hamburg
Steindamm 22, D-20099 Hamburg
Tel.: (0 40) 24 86 39 45
Fax: (0 40) 24 86 25 79

5.3.4 Biosphärenreservat Mittlere Elbe

1. Allgemeine Einführung

Am 24. November 1979 erkannte die UNESCO das Biosphärenreservat Steckby-Lödderitzer Forst an. Am 29. Januar 1988 erfolgte die Erweiterung des Gebietes um die Dessau-Wörlitzer Kulturlandschaft und die Umbenennung in Biosphärenreservat Mittlere Elbe. Das Biosphärenreservat Mittlere Elbe liegt in Sachsen-Anhalt.

Größe:	43.000 ha
Einwohnerzahl:	ca. 100.000 Einwohner
Gliederung:	
Kernzone:	624 ha
Pflegezone:	6.171 ha
Entwicklungszone:	36.205 ha (davon ca. 9.800 ha als Regenerationszone ausgewiesen)
Flächennutzung:	
– Wald	11.740 ha (27 %)
– Grasland	8.600 ha (20 %)
– Acker	16.985 ha (40 %)
– Gewässer	2.880 ha (7 %)
– Siedlungen	2.235 ha (5 %)
– Sonstiges	560 ha (1 %)
Parks, Streuobstwiesen, Magerrasen	

Naturausstattung in Stichworten:
Das Biosphärenreservat Mittlere Elbe beinhaltet den größten zusammenhängenden Auenwaldkomplex Mitteleuropas mit vielfältigen Standort- und Nutzungsformen. Das Biosphärenreservat dient der Erhaltung der ältesten im 18. Jahrhundert bewußt gestalteten Parklandschaft des europäischen Festlandes.

Vorkommen gefährdeter / geschützter Pflanzen- und Tierarten der Roten Liste:
Flora: Wassernuß, Schwimmfarn, Schwanenblume, Krebsschere, Banater Segge, Brillenschötchen, Südliche Sumpfkresse und Stattliches Knabenkraut, Sibirische Schwertlilie (Iris Sibirica), Großer Haarstrang (Peucedanum officinale) und Brenndolde (Cnidium dubium) sind charakteristische, aber seltene Arten der Auenwiesen.
Fauna: Elbebiber (Castor fiber albicus), Rotmilan (Milvus milvus), Weißstorch und Graureiher sind Charaktervögel der Mittleren Elbauen.

Das Biosphärenreservat Mittlere Elbe ist Überwinterungsgebiet für Seeadler, Sperber, Merlin, Sumpfohreule und junge Steinadler und ist Lebensraum für Hirschkäfer, Mulm- und Eichenbock.

Leiter des Biosphärenreservates: Dr. Peter Hentschel

2. Organisations- und Personalstruktur

2.1. Organisationsstruktur

Die Biosphärenreservatsverwaltung ist dem Ministerium für Umwelt, Naturschutz und Raumordnung des Landes Sachsen-Anhalt (Abt. Naturschutz, Ref.

Schutzgebiete) beigeordnet. Die Schutzverordnung ist durch Erlasse des Ministeriums modifiziert worden:
- Bei allen Maßnahmen in Kern- und Pflegezone ist das Einvernehmen der Biosphärenreservatsverwaltung einzuholen.
- Bei Baumaßnahmen und Nutzungsartenänderung in der Entwicklungszone (einschließlich der Regenerationszone) ist das Einvernehmen mit der Verwaltung des Biosphärenreservates herzustellen.
- Bebaute Flächen sind nicht Teil des Landschaftsschutzgebietes (LSG) und damit des Biosphärenreservates. Ordnungsgemäß mit der Verwaltung des Biosphärenreservates für eine Bebauung abgestimmte Flächen im Außenbereich werden in einem förmlichen Verfahren vom Verbot der Bebauung befreit, verbleiben aber im Biosphärenreservat.

Die Ausstattung der Verwaltung des Biosphärenreservates hat sich verbessert: Neubau Ölheizung, Renovierung, Möbelausstattung. Ein weiteres Grundstück zum Ausbau als Informationszentrum wurde der Biosphärenreservatsverwaltung zugeordnet.

2.2. Personalstruktur

Die Verwaltung des Biosphärenreservates setzt sich derzeit wie folgt zusammen:
- 5 hauptamtliche Mitarbeiter
 (1 Ökologe, 1 Landwirt, 1 Forstwirt, 2 Technische Mitarbeiter)
- 2 Projektbeauftragte
 (1 Person für Wasserpflanzen-Seesanierung [2 Jahre]; 1 Person für Biotoperfassung [4 Monate])
- 4 ABM
 Datenspeicherung und technische Arbeiten
- 5 ABM
 Reservatsdienst-Mitarbeiter (Ranger seit 7 / 93)
- 45 ABM-Kräfte der Sanierungsgesellschaft DABS
 Arbeiten im Bereich des Biosphärenreservates in der praktischen Pflege der Landschaft und bei der Eigentumserfassung und Katasterauswertung (seit Januar 1993 bis August 1994).

Es fehlen noch: 1 Hausmeister, 1 EDV-Fachmann, 1 Mitarbeiter für Öffentlichkeitsarbeit, 1 Sekretärin / Sachbearbeiterin / Buchhalterin, 2 Mitarbeiter für das Informationszentrum.

3. Arbeitsschwerpunkte der letzten zwei Jahre

- Mitwirkung bei der Entwicklung der Landschaft im Biosphärenreservat durch:

* Erarbeitung von Entwicklungskonzepten und Pflegestrategien für einzelne Regionen nach einem Leitbild (z. B. PEP für Muldeaue und das geplante NSG Olberg in der Regenerationszone),
* Einarbeitung von Vorschlägen in die Landschaftsrahmenpläne der Landkreise, die Landschafts- und Grünordnungspläne der Gemeinden sowie die Forsteinrichtungswerke,
* fachliche Stellungnahmen zu Maßnahmen der Bauleitplanung (FNP und BBP) und Flächennutzungsänderung,
* Mitwirkung bei Vorschlägen für umweltverträgliche Landnutzungsformen und mögliche Entschädigungen,
* Vorschläge von Ausgleichs- und Ersatzmaßnahmen bei Eingriffen in den Landschaftshaushalt und das Landschaftsbild sowie
* Mitwirkung bei Erschließungskonzepten: Tourismus-, Radweg-, Bootsverkehrskonzepte; Vereinbarungen zu Fischerei und Angelsport in der Pflegezone (Ausnahmen!).
- Schaffung und Mitwirkung an Vorbildprojekten der Landschaftspflege z. B.:
  * Renaturierung des „Sauren Kapen" (vorher kanalisiert),
  * Sanierung des Kühnauer Sees durch Entschlammung (mit Unterstützung der Allianz-Stiftung zum Schutz der Umwelt),
  * Neuanpflanzung alter Landobstsorten (Projekt der Bundesumweltstiftung),
  * Wiederansiedlung ausgestorbener oder vom Aussterben bedrohter Pflanzenarten, z. B. der Wassernuß,
  * Alleenerfassung und Schaffung neuer Flurgehölze und Alleen sowie Erfassung, Anzucht, Wiederansiedlung von autochthonen Schwarzpappeln und
  * Anlage eines Naturlehrpfades und eines Obstlehrpfades.
- Mitwirkung bei der umweltverträglichen Planung und Durchführung von Verkehrs- und Wirtschaftsvorhaben:
  * Neubau Weizenstärkefabrik Barby durch Cerestar Deutschland,
  * A 9-Ausbau (6-spurig durch NSG Untere Mulde),
  * Abstimmungen zum Elbe-Saaleausbau,
  * Stellungnahmen zu 29 Anträgen auf Kiesabbau im Biosphärenreservat (bei 2 zugestimmt),
  * zu 8 Standorten für Kläranlagen
  * und Abstimmung der Baustandorte und Gewerbegebiete im Biosphärenreservat (Herzklinik Coswig, Gewerbegebiet Klieken-Buro u. a.).
- Analyse der für einen besonderen Schutzzweck vorgesehenen Landschaftsteile hinsichtlich ihrer Biotopausstattung und Entwicklungsmöglichkeit:

- * Umwidmung von Teilen der Regenerationszone in Kern- und Pflegezone sowie
- * für die Kern- und Pflegezone Aufstellung von Pflege- und Entwicklungsplänen als Grundlage für die Erhaltung und Sicherung wertvoller Ökosysteme.
- Einleitung von Forschungen als Grundlage für die Analyse des Gebietszustandes und der notwendigen Management-Forschung:
  * Forschungsgruppe „Europas Jugend forscht" durch Deutsche Bank und Stiftung „Jugend forscht" im August 1992 (gute Analyse der Regenerationszone als Grundlage für die Umwidmung in Kern- und Pflegezone),
  * Auftragsforschung des MULSA führt zu ersten Ergebnissen (FHS Magdeburg, MLU Halle),
  * Projektforschung ermöglicht längerfristige Bearbeitung durch einzelne Fachwissenschaftler (Elbe-Saale-Winkel, Revier Olberg u.a.),
  * Anleitung von Diplomarbeiten, Praktikabelegen und Belegarbeiten führen zu guten Detailergebnissen (z. B. Vegetation und Entomofauna auf Xerothermrasen im Biosphärenreservat u. a.).
- Die eigenen Forschungen beziehen sich vorwiegend auf die Auswahl und Analyse von Dauerbeobachtungsflächen für die Ökologische Umweltbeobachtung.
- Knüpfung der Zusammenarbeit mit anderen Einrichtungen (Umweltbehörden, Bildungseinrichtungen, Landnutzern, Verbänden und Vereinen). Bewährt haben sich Beratungen mit spezifischen Nutzergruppen zu speziellen Themen.
- Öffentlichkeits- und Bildungsarbeit: Schaffung von weiteren Informationsmaterialien (Faltblätter, Postkarte, Poster Biosphärenreservat, Kalender) und des Naturlehrpfades Kapen. Pressearbeit und Vortragstätigkeit wurden um ca. 50 % im Vergleich zu 1990– 1992 erhöht. Ein Konzept für den Aufbau des Informationszentrums im Biosphärenreservat Mittlere Elbe wurde entwickelt, vom MU bestätigt und in der Phase 1994 finanziell abgesichert.

4. Ergebnisse in den Bereichen

4.1 Schutz von Ökosystemen

- Erarbeitung der Grundlagen für das Naturschutzgroßprojekt „NSG von gesamtstaatlicher Repräsentanz" (Projektskizze an BfN),
- Erarbeitung der Biotoptypenkarte und des Pflege- und Entwicklungsplans für die Umwandlung der Regenerationszone (Revier Olberg) in ein NSG und entsprechende Verhandlungen mit den Eigentümern,

- Bearbeitung der Antragsunterlagen für die spätere Angliederung der Kühnauer Heide an das Biosphärenreservat,
- Konzeption zur Erweiterung des Biosphärenreservates Mittlere Elbe in Sachsen-Anhalt entsprechend des Beschlusses des Landtages von Sachsen-Anhalt,
- Durchsetzung der Pflege- und Entwicklungspläne für die NSGs Saalberghau, Krägen-Riß, Schönitzer See und Saarenbruch,
- zahlreiche Stellungnahmen und Vorträge zum geplanten Elbe- und Saaleausbau und Einleitung von Untersuchungen (Flora, Fauna, Vegetation, Hydrologie) zum Elbe-Saale-Winkel als Grundlage für fundierte Argumente zur Erhaltung dieses Gebietes,
- fachliche Leitung bei der Durchführung von Sanierungsmaßnahmen des Kühnauer Sees (Entschlammung des Sees in Teilabschnitten mit Unterstützung der Allianz-Stiftung zum Schutz der Umwelt), des Löbben-Leiner-Sees und des Krüger-Sees,
- Durchsetzung einer neuen Kennzeichnung der Zonen (einschließlich der Kernzone) des Biosphärenreservats,
- Konzeption zur individuellen Kennzeichnung der Besonderheiten und Schutzvorschriften für jedes NSG und
- regelmäßige Kontrollen in den NSG und Anleitung von praktischen Pflegemaßnahmen (NSG Steckby-Lödderitzer-Forst, Krägen-Riß, Schönitzer See).

4.2 Land- und Forstwirtschaft, Fischerei

- Entwicklungs- und Pflegekonzept für die nicht mehr landwirtschaftlich nutzbare Muldeaue und Einwirkung auf praktische Durchsetzung der Sanierungsmaßnahmen,
- Festlegung der differenzierten Maßnahmen und Flächen zur extensiven Grünlandnutzung im Biosphärenreservat,
- Abstimmung von Nutzungskonzepten für die Grünlandnutzung in der Dessau-Wörlitzer Kulturlandschaft mit den Landwirtschaftsbetrieben,
- Regulierung von Überflutungs- und Verbißschäden durch den Elbebiber (Stellungnahmen, Umsetzung, fachliche Beratung, Dammdränung),
- Förderung des Anbaus von Solitäreichen in ausgewählten Wiesen des Biosphärenreservats,
- fachliche Unterstützung und Durchsetzung des Flurholzanbaus in der Dessau-Wörlitzer Kulturlandschaft,
- fachliche Betreuung der Anzucht und Anpflanzung von autochthonen Schwarzpappeln in der Elbaue,

- Mitwirkung an der naturgemäßen Waldbewirtschaftung in allen Zonen durch fachliche Abstimmung der Forsteinrichtungsunterlagen mit den Entwicklungskonzepten des Biosphärenreservats,
- Abstimmung von Einzelmaßnahmen der Jagd und des Wegebaus in den Forstflächen des Biosphärenreservats sowie
- vertragliche Abstimmung der Befischung und des Angelns in den Gewässern des Biosphärenreservats.

4.3 und 4.4 Produzierendes Gewerbe und tertiärer Sektor

- Abstimmung aller Bau- und Landschaftspflegemaßnahmen einschließlich Wasserfassung – von Planung bis Durchführung – mit der Fa. Cerestar Deutschland (Größte Weizenstärkefabrik Europas) in Barby (im Biosphärenreservat),
- fachliche Stellungnahmen und Verhandlungen zu 29 Kiesabbau-Anträgen im Biosphärenreservat (2 davon mit Zustimmung, 27 mußten abgelehnt werden),
- fachliche Stellungnahmen zu allen Bauvorhaben und -maßnahmen einschließlich Wohnbau- und Gewerbegebieten im Umfeld von Ortslagen (Außenbereich), z. B. im Bereich Klieken-Buro, Aken-Obselauer Weg, Oranienbaum, Dessau-Mildensee u. a., sowie Durchsetzung und Kontrolle der Stellungnahmen,
- fachliche Stellungnahmen zu allen Straßenbauten, Autobahnerweiterungen (A 9), Energietrassenerneuerungen oder -neuanlagen,
- Abstimmung von Tourismuskonzepten der Landkreise und Gemeinden, der Radwegekonzeptionen der Landkreise Dessau, Köthen, Zerbst und eines Bootsverkehrskonzeptes (Anlegestellen) für die Elbe und Mulde einschließlich Motorsportverkehr sowie
- fachliche Begleitung zur Standortwahl und zum Bau von Kläranlagen (Dessau, Aken, Oranienbaum, Schierau, Zerbst): Durchsetzung umweltverträglicher Standorte, Bau von Schönungsteichen, Erstellung landschaftspflegerischer Begleitpläne.

4.5 Forschung / Ökologische Umweltbeobachtung

Auftragsforschung, fachlich durch die Biosphärenreservatsverwaltung formuliert und begleitet, durch das Ministerium für Umwelt und Naturschutz des Landes Sachsen-Anhalt finanziert:
- Grundlagen und Maßnahmen zur Rekultivierung von geschädigter Grünlandvegetation im Biosphärenreservat Mittlere Elbe, MLU Halle, 1992–1995 (2 Zwischenberichte),

- Hydrologie und Gewässerzustand im Biosphärenreservat Mittlere Elbe, FHS Magdeburg, 1992–1995, Institut für Hydrologie; Teilprojekt 1: Hydrologie (Hydrographie, Abflußregime und Wasserdargebot, Hochwasseranalyse, Grundwasserregime, Wechselbeziehungen Oberflächen und Grundwasser – 2 Zwischenberichte) und Teilprojekt 2: Zustand von Oberflächengewässern (2 Zwischenberichte),
- Analyse der landwirtschaftlichen Belastung von Boden und Oberflächengewässern durch Tierproduktionsanlagen im Biosphärenreservat Mittlere Elbe, MLU Halle, 1992–1994 (2 Zwischenberichte),
- Erfassung der Fischfauna in den Fließ- und Standgewässern des Biosphärenreservats Mittlere Elbe, 1993 (1 Abschlußbericht),
- Simulationsmodell über die ökologischen Folgen eines Staustufenbaus an der Saale, 1993–1995 (1 Zwischenbericht),
- Studie zur Gestaltung des agrarischen Raums im Biosphärenreservat Mittlere Elbe (insbesondere Ermittlung der Möglichkeiten zur Vernässung der Elbaue, 1993–1994 (Abschlußbericht 8 / 1994),
- Studie zur Beantragung eines Naturschutzgroßprojektes „NSG von gesamtstaatlicher Repräsentanz" 1993–1994 (Fertigstellung der Projektskizze) und
- ökologische Voruntersuchungen an der Elbe von der Grenze zur Tschechischen Republik bis Tangermünde, AG Elbaue (Zwischenbericht 1994).

Durch die Biosphärenreservatsverwaltung fachlich begleitete Diplom-, Beleg- und Praktikumsarbeiten von Studenten und Praktikanten:
- Entomofaunistische und vegetationskundliche Untersuchungen als Grundlage für die Pflege von Mager- und Trockenrasenstandorten im Biosphärenreservat Mittlere Elbe, 1993 (3 Diplomarbeiten, Universität Hamburg: Vegetation, Hautflügler, Heuschrecken),
- Biotoptypenerfassung in der Regenerationszone zwischen Dessau und Aken, 1992 (Belegarbeit TU Hannover),
- Landschaftsplan für den Gemeindeverband Oranienbaum-Kakau-Horstdorf-Griesen, 1992-1993 (3 Diplomarbeiten TU Hannover),
- Pflege- und Entwicklungskonzept für die Elbtalaue zwischen Dessau und Aken, 1993 (3 Diplomarbeiten TU Hannover),
- Zustandserfassung der Oberflächen- und Grundwässer im Umfeld des NSG „Wulfener Bruchwiesen", 1994 (Diplomarbeit FHS Magdeburg),
- limnologische und sedimentstratigraphische Untersuchungen am Kühnauer See, 1994 (Diplomarbeit FHS Magdeburg),
- Bewertung des ökologischen Zustandes des Kapengrabens im Biosphärenreservat Mittlere Elbe 1994 (Diplomarbeit FHS Magdeburg),
- Analyse der Grund- und Oberflächenwässer im Elbe-Saale-Einkel, 1994 (Diplomarbeit FHS Magdeburg) sowie

- Erfassung der Nutzungstypen als Grundlage für die Bewertung und Planung der Landschaftsentwicklung in der Gemeinde Wörlitz, 1992 (Belegarbeit Uni Trier).
- Forschungsprojekt des 1. Internationalen Sommercamps 1992 „Europas Jugend forscht für die Umwelt", Ökologische Untersuchungen im Biosphärenreservat mit den Teilthemen:
- biologische und chemische Beschaffenheit der Standgewässer,
- Vegetations- und Bestockungsstruktur von Auewäldern,
- Biotopstrukturen und Tierartenbesatz ausgewählter Elbeufer,
- Artenzusammensetzung von Flutrinnen und Altwässern hinsichtlich Fledermaus-, Lurch-, Reptilien- und Vegetationsarten.

4.6 Umweltbildung

- Gestaltung und Beschilderung des Naturlehrpfades Kapen sowie Erstellung eines dazugehörigen Faltblattes,
- Aufstellung von Informationstafeln zum Biosphärenreservat an Schwerpunkten des Tourismus und Verkehrs,
- Entwicklung eines Konzeptes für den Aufbau des Informationszentrums Biosphärenreservat Mittlere Elbe ab 9 / 1994,
- Mitwirkung bei der Ausgestaltung der Heimatstube Steckby (Eröffnung 7 / 1994),
- zahlreiche Führungen im Biosphärenreservat für Hochschulen, Universitäten des Auslands, Wissenschaftler, Schulen, Umweltverbände u. a. sowie
- zahlreiche Vorträge an Fachhochschulen, Universitäten und in Museen. Veranstaltungen gemeinsam mit Friedrich-Ebert-Stiftung, Rudolf von Bennigsen-Stiftung und WWF vorwiegend zum Elbe- und Saaleausbau.

4.7 Öffentlichkeitsarbeit

Veranstaltungen im Biosphärenreservat:
- internationales Sommerlager der Preisträger „Europas Jugend forscht für die Umwelt" (8 / 1992),
- Tagung „Ständige Arbeitsgruppe der Biosphärenreservate in Deutschland" (AGBR) in Wörlitz (9 / 1992),
- Vertragsunterzeichnung Allianz-Stiftung zum Schutz der Umwelt und dem MULSA zur Sanierung des Kühnauer Sees (7 / 1993),
- Eröffnung des Naturlehrpfades Kapen (7 / 1994),
- Teilnahme, Vortrag und Exkursionsführung zur Tagung des WWF-Stiftungsrates in Magdeburg (7 / 1994),
- Ausstellung zum Umweltmarkt Dessau (1992 / 1993 / 1994),

- Konferenz über die Elbe in Dessau mit MULSA und Landesumweltamt Halle (1992) sowie
- Treffen der Abtn. Naturschutz der Landesumweltämter in Deutschland (1994).

Mitarbeit in Vereinen und Arbeitskreisen:
- Landesheimatbund, Schutzgemeinschaft Deutscher Wald,
- Förderverein Biosphärenreservat Mittlere Elbe e.V.,
- AK Dessau-Wörlitzer Kulturlandschaft am Bauhaus Dessau sowie
- Ständige Arbeitsgruppe der Biosphärenreservate in Deutschland (AGBR) sowie deren Unterarbeitsgruppe „Ökologische Umweltbeobachtung".

Publikationen, Pressearbeit, Rundfunk:
- Faltblatt Verwaltung Kapenmühle,
- Faltblatt Naturlehrpfad Kapen,
- Kalender Biosphärenreservat (gemeinsam mit der Sparkasse Dessau),
- Presseartikel in verschiedenen Presseorganen,
- 12 Rundfunkinterviews sowie
- Mitwirkung an 5 Kurzfilmen zum Biosphärenreservat.

5. Künftige Arbeitsschwerpunkte

Die künftigen Arbeitsschwerpunkte der Biosphärenreservatsverwaltung liegen vor allem
- in der Festigung der inneren Struktur der Verwaltung (durch Entwicklung eines festen Mitarbeiterstabes)
- und der inneren Struktur des Biosphärenreservats durch komplette Biotoptypenerfassung, Erfassung der GIS-Merkmale, z. T. Umwandlung der Zonen (z. B. der Regenerationszone) und planmäßige Pflege und Entwicklung der Kern- und Pflegezone,
- Begleitung der Entwicklung in der Entwicklungs- und Regenerationszone und Mitwirkung bei der Steuerung der Bau- und Nutzungsentwicklung entsprechend der Landschaftsrahmen- und Landschaftspläne, stärkere Förderung der angelaufenen Projekte
  * zur Wiederansiedlung von alten Landobstsorten,
  * zur Sanierung der Altwässer,
  * zur Wiederansiedlung vom Aussterben bedrohter Pflanzenarten,
  * zur Rekonstruktion der Dessau-Wörlitzer Kulturlandschaft,
  * zur Anlage von Weichholzauen mit autochthoner Schwarzpappel,
- Förderung des ökologischen Landbaus,
- in der Erkundung der zur Erweiterung des Biosphärenreservats geeigneten Flächen (wertvolle Nachbarbiotope) als Grundlage für die Angliederung geeigneter Nachbarräume an das Biosphärenreservat und als Beitrag zur Entwicklung eines Biosphärenreservats „Elbtalaue",

- Ausbau und Ausgestaltung des Informationszentrums Forsthaus Kapen für Umweltbildung und Öffentlichkeitsarbeit (Ausbau von Führungen und Ausstellungen),
- Erarbeitung einer neuen populärwissenschaftlichen Broschüre „Biosphärenreservat Mittlere Elbe",
- Ausbau der Forschungsaktivitäten, insbes. Forschungen über:
  * Gewässerzustand und -entwicklung,
  * Grünlandrenaturierung,
  * Vernässung der Elbaue im Sinne einer natürlichen Auendynamik,
- Auf- und Ausbau sowie Betrieb der Dauerbeobachtungsflächen zur Ökologischen Umweltbeobachtung vor allem in den Auewäldern,
- Anlage eines Altlastenkatasters,
- Förderung von alternativen, ökologischen Wirtschaftsweisen und Koordinierung dieser Aktivitäten über einen Landschaftspflegeverband sowie
- Entwicklung des Naturschutzgroßprojekts „Naturschutzgebiet von gesamtstaatlicher Repräsentanz zwischen Mulde- und Saalemündung".

6. Ausgewählte Literatur

ARBEITSGEMEINSCHAFT DER LANDESANSTALTEN UND -ÄMTER FÜR NATURSCHUTZ UND BUNDESAMT FÜR NATURSCHUTZ (1994): Die Elbe und ihr Schutz – eine internationale Verpflichtung in: Natur und Landschaft 69 / 6

HENTSCHEL, P. (1992): Aufgaben und Leitlinien zur Entwicklung des Biosphärenreservats Mittlere Elbe in: Berichte des Landesamtes für Umweltschutz Sachsen-Anhalt 5, S.74–79

HENTSCHEL, P. (1993): Die Entwicklung des Elberaumes aus ökologischer Sicht. – Tagungsband der Elbetagung Dresden, TU Dresden FB Wasserbau (im Druck)

HENTSCHEL, P. (1993): Traumhafte Aussichten – Das Biosphärenreservat Mittlere Elbe in: Nationalpark 4 / 1993

HENTSCHEL, P. (1994): Schiffahrt und Naturschutz an Elbe und Saale – Alternative oder Kompromiß? – Mitteilungen der ÖTV, Landesverband Sachsen-Anhalt, Magdeburg (im Druck)

HENTSCHEL, P. (1994): Dauerbeobachtungsflächen als Mittel zur Effizienzkontrolle des Naturschutzes in Großschutzgebieten. – Schriftenreihe für Landschaftspflege und Naturschutz 40, S.219–228

INTERNATIONALE KOMMISSION ZUM SCHUTZ DER ELBE (1993): Ökologische Sofortmaßnahmen zum Schutz und zur Verbesserung der Biotopstrukturen der Elbe. – Magdeburg

JÄHRLING, K.H. (1993): Auswirkungen wasserbaulicher Maßnahmen auf die Struktur der Elbauen – prognostisch mögliche ökologische Verbesserungen. – Information – Staatliches Amt für Umweltschutz Magdeburg

LÜDERITZ, V. / P. HENTSCHEL / K. BERNDT / Y. DEGNER und G. WEISSBACH (1994): Aspekte der Gewässerökologie im Biosphärenreservat Mittlere Elbe. – Naturschutz im Land Sachsen-Anhalt 4.2 / 1994 (im Druck)

PETSCHOW, U. / J. MEYERHOFF und D. EINERT (1992): Ökonomische-Ökologische Bewertung der Elbekanalisierung. – Gutachten des Institutes für ökologische Wirtschaftsführung (IÖW), Berlin im Auftrage von Greenpeace, Berlin

Anschrift: Biosphärenreservat Mittlere Elbe
Kapenmühle – Postfach 118, D-06813 Dessau
Tel.: (03 40) 21 45 03
Fax: (03 40) 21 45 03

5.3.5 Biosphärenreservat Niedersächsisches Wattenmeer

1. Allgemeine Einführung

Das Biosphärenreservat Niedersächsisches Wattenmeer liegt im Küstengebiet Niedersachsens zur Nordsee. Die Anerkennung durch die UNESCO erfolgte am 15. März 1993.

Größe:	240.000 ha
Einwohnerzahl:	18.574 Einwohner (Die besiedelten Bereiche der Inseln sind nicht Bestandteil des Biosphärenreservates.)
Gliederung:	
Kernzone:	128.000 ha
Pflegezone:	110.000 ha
Entwicklungszone:	2.000 ha

Naturausstattung in Stichworten:
– Salzwiesen, die unregelmäßig den Gezeiten unterliegen, mit charakteristischer Pflanzengesellschaft (Halophyten), Lebensraum für ca. 2000 hochspezialisierte Tierarten; Nutzung auf 60 % eingestellt, auf 25 % extensiviert,

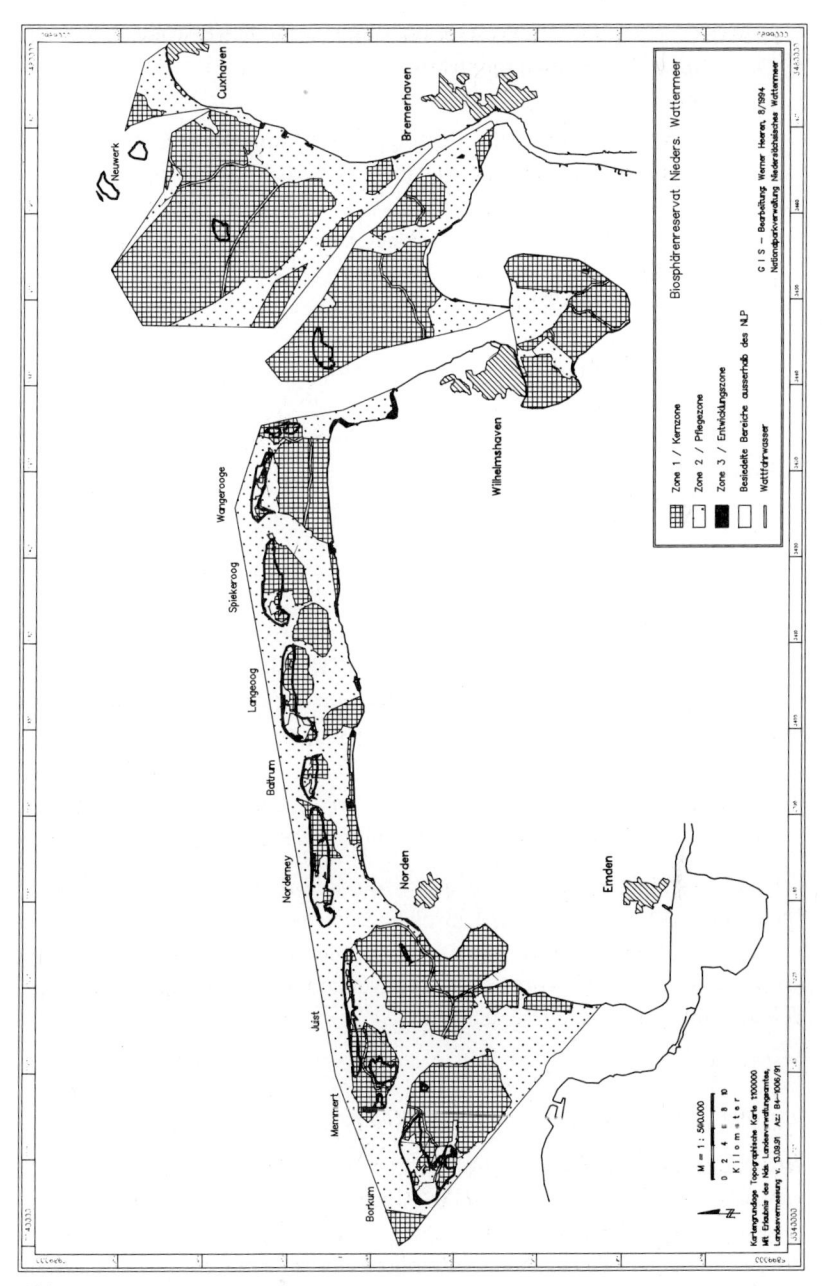

Abb. 11: Biosphärenreservat Niedersächsisches Wattenmeer.

- Schlick-, Sand- und Mischwatten, die ständig den Gezeiten ausgesetzt sind,
- Düneninseln, entstanden durch Verdriften und Verwehen des Sandes,
- Sanddünen mit standorttypischen Pflanzen,
- Kinderstube u. a. für Garnele, Hering, Scholle und Dorsch,
- Lebensraum zahlreicher, an amphibische Verhältnisse gebundener Wirbelloser, z. B. Wattwurm und Sandklaffmuschel,
- Nahrungs-, Aufzucht- und Ruhegebiet für Seehunde,
- Brut-, Nahrungs-, Rast- und Mausergebiet, Überwinterungs- und Übersommerungsgebiet für zahlreiche Vogelarten; darunter Küsten-, Zwerg-, Fluß- und Brandseeschwalbe, Säbelschnäbler, Rotschenkel, Austernfischer, Seeregenpfeifer, Sumpfohreule, Rohr- und Wiesenweihe, Knutt und Steinwälzer sowie
- wichtiges Durchzugs-, Rast- und Nahrungsgebiet der nordostatlantischen Brutvogelarten, z. B. Ringel- und Nonnengänse, Eiderenten.

Leiter des Biosphärenreservates: Dr. Claus-D. Helbig

2. Organisations- und Personalstruktur

Die Grenzen des Biosphärenreservates „Niedersächsisches Wattenmeer" sind identisch mit denen des gleichnamigen Nationalparkes; entsprechend wird die Verwaltung des Biosphärenreservates von der Nationalparkverwaltung wahrgenommen, die 1986 von der niedersächsischen Landesregierung als Sonderdezernat der Bezirksregierung Weser-Ems eingesetzt wurde. Dieses Dezernat ist dem Regierungspräsidenten unmittelbar unterstellt.

Nach einer Stellenausweitung im Jahr 1992 sind mittlerweile 33 Mitarbeiterinnen und Mitarbeiter bei der Biosphärenreservatsverwaltung in Wilhelmshaven beschäftigt (vier mit Halbtagsstellen). Davon sind neun Stellen in der Ökosystemforschung Niedersächsisches Wattenmeer angesiedelt, d. h. es handelt sich um befristete Projektstellen.

3. Arbeitsschwerpunkte der letzten zwei Jahre

Neben der umfangreichen „Routinearbeit" im Zusammenhang mit der Eingriffsregelung, der Koordination der Arbeit der im Bereich des Biosphärenreservats tätigen Behörden, Dienststellen und Verbände, der Forschungskoordination und der Planung, der Öffentlichkeits- und Bildungsarbeit lagen im wesentlichen folgende Arbeitsschwerpunkte an:

- Mitarbeit am Aufbau eines Programms zur Ökologischen Umweltbeobachtung im Wattenmeer im Rahmen des „Trilateralen Monitoring Assessment Programmes" (TMAP),
- Mitarbeit in verschiedenen Arbeitsgruppen auf nationaler und internationaler Ebene zur Entwicklung von ökologischen Qualitätszielen für das Wattenmeer. Auf der Grundlage der verschiedenen Habitattypen, die zu dem natürlichen, dynamischen Lebensraum Wattenmeer gehören, mit ihren charakteristischen Strukturen und ihrem typischen Arteninventar wurden Vorschläge formuliert, die darauf abzielen, die Störungen der verschiedenen Habitate zu reduzieren und die chemischen Belastungen zu minimieren,
- Mitarbeit am „Coordinated Managment Plan", einem Fachplan auf trilateraler Ebene zum Schutz des Ökosystems Wattenmeer, der auf der Grundlage der Ergebnisse der anderen trilateralen Arbeitsgruppen Maßnahmen vorschlägt, mit denen die oben genannten ökologischen Qualitätsziele erreicht werden sollen. Dazu wurden für einige Problemfelder die ökologischen Qualitätsziele noch weiter spezifiziert. Dieser Plan soll die Zielsetzung der Naturschutzpolitik im Wattenmeer für die nächsten 25 Jahre vorgeben,
- Ausbau der Hard- und Software des Geographischen Informationssystems (GIS), Erweiterung der Einsatzmöglichkeiten des GIS in der Verwaltung (Bestandserhebung, Planung, Bewertung, Öffentlichkeitsarbeit),
- Fortführung der Biotoptypenkartierung, die 1991 mit der Aufnahme von Color-Infrarot-Luftbildern (CIR) des gesamten terrestrischen Bereichs des Biosphärenreservates begonnen wurde. Inzwischen sind die Digitalisierarbeiten zur Übernahme der Luftbildinterpretation in das GIS beendet, die abschließende Abgleichung der Karten wird 1994 abgeschlossen sein. Die Biotoptypenkartierung ist eine wesentliche Grundlage für die o. g. Einsatzmöglichkeiten des GIS,
- Erstellung eines Nationalparkrahmenkonzepts, das die naturschutzfachlichen Zielvorstellungen für längerfristige Planungen im Biosphärenreservat vorgibt,
- Ausarbeitung eines Corporate Design in Anlehnung an das Konzept „Systematische Niedersachsen Kommunikation", um sämtliche Printmedien, Ausstellungen und Informationstafeln auf den ersten Blick unverwechselbar zu gestalten sowie
- Entwicklung eines Konzeptes zur Besucherinformation auf den Fährlinien zu den Ostfriesischen Inseln, wonach die Besucher bereits während der Anreise über das Biosphärenreservat informiert werden sollen. Die Arbeiten finden in enger Abstimmung mit den Reedereien, den Kurverwaltungen sowie mit Naturschutzverbänden statt. Das Konzept soll zunächst auf den Linien Emden / Borkum und Norddeich / Norderney umgesetzt werden.

4. Ergebnisse

4.1 Schutz von Ökosystemen

Die meisten Maßnahmen der Biosphärenreservatsverwaltung zielen auf einen verbesserten Schutz des Ökosystems Wattenmeer und seiner Teilökosysteme ab. So wurde im Einzelfall bei Maßnahmen des Küstenschutzes erreicht, daß Naturschutzvorstellungen verstärkt berücksichtigt werden, indem z. B. Binnendünen nicht mehr befestigt werden, eine Befestigung der Ostenden der Inseln nach Möglichkeit unterbleibt und die Gräben auf den Salzwiesen zur (Deichfuß-) Entwässerung nur noch alternierend geräumt werden, wodurch das Wiederbesiedlungspotential der Gräben verbessert und die Auflandungsgeschwindigkeit verringert wird. Ferner werden vermehrt Blänken (flache Wasserstellen), die sich nach hohen Tiden ausbilden, in den Salzwiesen toleriert und nicht mehr entwässert.

Auf 59 % der 7954 ha Salzwiesenfläche im Biosphärenreservat findet inzwischen keine landwirtschaftliche Nutzung (Mahd oder Beweidung) mehr statt, 25 % der Salzwiesenfläche im Biosphärenreservat werden nur noch extensiv genutzt (max. drei Schafe oder ein Rind pro ha).

4.2 Fischerei und Jagd

Nachdem die besonders problematische Herzmuschelfischerei 1992 in Niedersachsen völlig eingestellt worden ist, wurde in Zusammenarbeit mit Wissenschaftlern der Ökosystemforschung und Experten der anderen Wattenmeeranrainerstaaten ein Maßnahmenkatalog entwickelt, auf dessen Grundlage zukünftig verstärkt ökologische Gesichtspunkte – vor allem der dauerhafte Erhalt natürlicher Wildbänke – in der Miesmuschelfischerei berücksichtigt werden sollen.

Zum 01.01.1995 wurde eine Einstellung der Wattenjagd erreicht, d. h. unterhalb der MThW darf dann im Biosphärenreservat nicht mehr gejagt werden.

4.3 Produzierendes Gewerbe

Da das Biosphärenreservat sich an der Küste nur bis zum seeseitigen Deichfuß erstreckt und die besiedelten Bereiche der Inseln nicht in das Gebiet aufgenommen wurden, ist im Biosphärenreservat selbst kein produzierendes Gewerbe angesiedelt. Probleme, die von angrenzenden Produktionsbetrieben auf das Biosphärenreservat einwirken, werden von der Gewerbeaufsicht und anderen Behörden, den Landesregierungen bzw. auf nationaler und internationaler Ebene geregelt.

4.4 Tertiärer Sektor (Tourismus u. a.)

Die starke Ausweitung des Fremdenverkehrs in den letzten Jahrzehnten führt zu einer Belastung der Natur und der natürlichen Ressourcen. Aufgrund der hohen wirtschaftlichen Bedeutung des Tourismus für die Region konnte eine Begrenzung oder gar Reduzierung der Gästezahlen an der niedersächsischen Nordseeküste nicht erreicht werden. Es ist aber gelungen, durch vermehrte Öffentlichkeitsarbeit die Akzeptanz des Biosphärenreservates bei Gästen und Einheimischen zu steigern und damit die Einhaltung seiner Bestimmungen zu erleichtern. In Zusammenarbeit mit den Gemeinden, den Landkreisen und dem staatlichen Amt für Insel- und Küstenschutz konnte durch eine ständige Fortentwicklung der Wegeführung und Beschilderung – im Einzelfall auch durch eine Einzäunung besonders sensibler Bereiche – die Situation verbessert werden.

4.5 Forschung / Ökologische Umweltbeobachtung

1993 erschien der Teil „Wattenmeer" des „Quality Status Report of the North Sea", der von einer trilateralen Arbeitsgruppe (Wadden Sea Assessment Group, WAG) herausgegeben wurde, an der die Nationalparkverwaltung beteiligt war.

Die erste Phase der ökologischen Dauerbeobachtung im Rahmen des Trilateralen Monitoring Programmes ist 1994 angelaufen. Im wesentlichen werden zunächst Parameter aus bestehenden Überwachungsprogrammen erfaßt, wobei für die Bearbeitung, Auswertung und künftige Fragestellung stärker ökosystemare Aspekte berücksichtigt werden und der Datenaustausch auch auf trilateraler Ebene stattfinden soll.

Unter Federführung der Verwaltung des Biosphärenreservates wird seit 1989 das niedersächsische Teilvorhaben der „Ökosystemforschung Wattenmeer" in Zusammenarbeit mit bisher 10 angeschlossenen Forschungsinstitutionen realisiert. Das niedersächsische Vorhaben gliedert sich in einen mehr anwendungsbezogenen A-Teil und einen mehr grundlagenbezogenen B-Teil. Von dem mehr anwendungsbezogenen A-Teil liegen umfangreiche Ergebnisse der Vorphase als Abschlußberichte vor (Näheres siehe unter Kap. 3.4).

Zwischenergebnisse liegen auch aus dem Salzwiesenprojekt „Wurster Küste" vor, in dem Möglichkeiten zur standortgerechten Nutzung von Polderflächen wissenschaftlich untersucht werden. Der Schwerpunkt des Forschungsvorhabens liegt auf dem Sommergroden, es werden auch Aussagen über die Notwendigkeit von Entwässerung und Beweidung aus der Sicht des Küstenschutzes erwartet.

4.6 Umweltbildung

Vorrangige Aufgabe war es, die Multiplikatoren der Umweltbildung im Biosphärenreservat aus- und weiterzubilden. Neben regelmäßigen kleineren Veranstaltungen wurde im Frühjahr 1994 erstmals in Zusammenarbeit mit den Biosphärenreservaten Schleswig-Holsteinisches und Hamburgisches Wattenmeer und den Naturschutzakademien der norddeutschen Bundesländer eine Großveranstaltung zur Wattenmeer-Umweltbildung durchgeführt, auf der zukünftige Leitlinien der Bildungsarbeit diskutiert und erarbeitet wurden.

In Zusammenarbeit mit Nationalparkeinrichtungen und Naturschutzverbänden wurde ein Konzept zur Einrichtung von Lehrpfaden erstellt, das in den nächsten Jahren umgesetzt werden soll.

4.7 Öffentlichkeitsarbeit

Als Informationseinrichtungen vor Ort gibt es inzwischen 12 Nationalparkhäuser und je ein Nationalpark-Zentrum in Cuxhaven und Norden-Norddeich sowie ein vorläufiges Nationalparkzentrum in Wilhelmshaven. Es verfügen also mittlerweile fast alle Inseln und zahlreiche Küstenbadeorte im Biosphärenreservat über ein Nationalparkhaus bzw. -zentrum.

Das Angebot dieser Informationseinrichtungen wurde 1993 von einer halben Million Besuchern wahrgenommen, ca. 70 000 Besucher wurden in Gruppen betreut.

Als „Vorfeldstrategie" wurden Ausstellungen zum Biosphärenreservat und Nationalpark Niedersächsisches Wattenmeer auf Fremdenverkehrsmessen in den Hauptherkunftsgebieten der Gäste angeboten, um die Touristen frühzeitig mit einer themen- und zielgerichteten Darstellung des Biosphärenreservates zu erreichen.

Mit einem Reeder, der Ausflugsfahrten in das Biosphärenreservat unternimmt, wurden Möglichkeiten erprobt, die Besucher besser über die Schutzziele des Biosphärenreservates zu informieren. Diese Maßnahmen umfassen kleine Ausstellungen an Bord des Schiffes sowie eine gezielte Unterrichtung des Begleitpersonals. Bei einem Erfolg soll dieses Konzept auch auf anderen Ausflugsfahrten im Biosphärenreservat umgesetzt werden.

Abgesehen von der Aktualisierung der Bereichsfaltblätter zu den 14 Regionen des Biosphärenreservates wurden zusätzlich zwei neue Faltblätter zu den problematischen Freizeitaktivitäten Wassersport und Drachensteigen herausgegeben.

5. Künftige Arbeitsschwerpunkte

Ein Schwerpunkt der künftigen Arbeit wird weiterhin die Einrichtung, die Weiterentwicklung und Optimierung der Ökologischen Umweltbeobachtung im Wattenmeer sein.

Im Rahmen der Ökosystemforschung steht 1995 und 1996 die übergreifende Synthese der Forschungsergebnisse beider Teilprojekte an.

Im Bereich der Entwicklung müssen auf der Grundlage des Nationalparkrahmenkonzeptes Detailpläne (Nationalparkpläne) zu einzelnen Schwerpunktthemen wie Küstenschutz, Salzwiesenmanagment und Dünenschutz bzw. für einzelne Teilbereiche – wie z. B. Beweidungskonzepte für bestimmte Sommerpolder, Maßnahmen des Artenschutzes auf eingedeichten Grünlandflächen, Managementmaßnahmen für anthropogen entstandene Inseln – erarbeitet werden.

In Zusammenarbeit mit den betroffenen Behörden sollen Konzepte erstellt werden, um eine Optimierung der Standorte zur Verklappung von Baggergut aus den laufenden Unterhaltungsmaßnahmen der Hafen- und Schiffahrtsverwaltungen zu erreichen. Grundlage dieser Konzepte sind wissenschaftlich fundierte Untersuchungen zu den Auswirkungen der Verklappungen auf die Hydromorphologie, die Sedimentologie und die Flora und Fauna des Wattenmeeres in dem betroffenen Bereich, die 1994 beginnen.

Zur Umsetzung und Überwachung der bestehenden Schutzbestimmungen soll ein Betreuungs- und Aufsichtssystems für das gesamte Biosphärenreservat eingerichtet werden. Es wird angestrebt, hauptamtliche Überwachungskräfte einzusetzen, die der Biosphärenreservatsverwaltung direkt unterstellt sind. Diese Betreuer sollen vor Ort gleichzeitig Ansprechpartner für Besucher und Einheimische sein und so das Verständnis und die Einsicht für die Schutzziele fördern.

In Abstimmung mit den betroffenen Jägern sollen jagdberuhigte Bereiche auf den Ostenden der Inseln eingerichtet werden, auf denen bislang oberhalb der MThW noch die Jagd auf Haarwild ausgeübt werden darf. An der Festlandsküste soll die Jagd bei Neuabschluß von Pachtverträgen auf Jagdschutzaufgaben zurückgeführt werden.

6. Ausgewählte Literatur

BRÖRING, U. / R. DAHMEN / V. HAESELER / R. von LEMM / R. NIEDRIGHAUS und W. SCHULTZ (1993): Dokumentation der Daten zur Flora und Fauna terrestrischer Systeme im Niedersächsischen Wattenmeer. – Berichte aus der Ökosystemforschung Wattenmeer Nr. 2 / 1993 (Band 1 und 2)

ECOLOGICAL-TARGET-GROUP [ETG] (1994): Final Report of the Ecological Target-Group. – Common Wadden Sea Secretariat, Wilhelmshaven

HELBIG, C.-D. (1992): Future Management in the Niedersachsen Part of the Wadden Sea in: NETHERLANDS INSTITUTE FOR SEA RESEARCH (Hrsg.): Present and Future Conservation of the Wadden Sea 20 / 1992, S.83–86

HELBIG, C.-D. (1993): Die derzeitige Überwachungssituation im Nationalpark „Niedersächsisches Wattenmeer". – NNA-Berichte 6 / 2, S.49–50

HELBIG, C.-D. (1994): Tourismus und Naturschutz im Nationalpark „Niedersächsisches Wattenmeer". – NORDDEUTSCHE UNIVERSITÄTSGESELLSCHAFT (Hrsg.): Wilhelmshavener Tage, Nr. 5 (in Vorbereitung)

HÖPNER, T. und H. MICHAELIS (1994): Schwarze Flecken – Eutrophierungssymptom des Wattbodens in: LOZAN, J. L. et al. (Hrsg.): Warnsignale aus dem Wattenmeer. – Berlin

NATIONALPARKVERWALTUNG NIEDERSÄCHSISCHES WATTENMEER (Hrsg.) (1993): Nationalpark Niedersächsisches Wattenmeer wird Biosphärenreservat. Festschrift aus Anlaß der Urkundenübergabe am 14. Juni 1993 in Wilhelmshaven. – Wilhelmshaven

NATIONALPARKVERWALTUNG NIEDERSÄCHSISCHES WATTENMEER (Hrsg.) (1993): Nationalpark Niedersächsisches Wattenmeer – Biosphärenreservat – Natur-Bilder

RÖSNER, H.-U. (1993): The Joint Monitoring Project for Migratory Birds in the Wadden Sea. Report to the Trilateral Cooperation on the protection of the Wadden Sea. – Common Wadden Sea Secretariat, Wilhelmshaven

SÜDBECK, P. und B. HÄLTERLEIN (1994): Brutvogelbestände an der deutschen Nordseeküste 1992. 6. Erfassung durch die AG Seevogelschutz in: Seevögel 14 / 4, S.11–15

TRILATERAL MONITORING EXPERT GROUP [TMEG] (1993): Integrated Monitoring Programm of the Wadden Sea Ecosystem. – Common Wadden Sea Secretariat, Wilhelmshaven

WADDEN SEA ASSESSMENT GROUP [WAG] (1993): Quality Status report – Subregion 10 (The Wadden Sea)

Anschrift: Biosphärenreservat Niedersächsisches Wattenmeer
Virchowstraße 1, D-26382 Wilhelmshaven
Tel.: (0 44 21) 40 80
Fax: (0 44 21) 40 82 80

5.3.6 Biosphärenreservat Pfälzerwald

1. Allgemeine Einführung

Das Biosphärenreservat Pfälzerwald liegt im Süden von Rheinland-Pfalz und grenzt mit seiner Südseite an das Biosphärenreservat Vosges du Nord in Frankreich. Es findet eine Koordination der Arbeiten statt mit dem Ziel, ein grenzüberschreitendes Biosphärenreservat Nordvogesen-Pfälzerwald zu errichten. Der Pfälzerwald wurde am 10. November 1992 von der UNESCO als Biosphärenreservat anerkannt.

Größe:	179.800 ha
Einwohnerzahl:	ca. 162.000 Einwohner
Gliederung:	
Kernzone:	1.400 ha
Pflegezone:	40.000 ha
Entwicklungszone:	138.400 ha

Flächennutzung:

– Rebland (Weinberge),

– Fels- und Mauerfluren,

– Hainsimsen-Buchenwald,

– Naß- und Feuchtwiesen (Wiesenmahd, Beweidung mit Schafen),

– Halbtrocken- und Trockenrasen (Beweidung mit Schafen) sowie

– Gewässer mit Flach- und Zwischenmooren sowie Moorwälder.

Naturausstattung in Stichworten:
– nahezu vollständig bewaldetes Buntsandsteingebirge,

– Buntsandsteinfelsen, Tischfelsen,

– Terrassierung des Reblandes durch Weinbau.

Vorkommen von in Europa seltenen und in Rheinland-Pfalz sehr seltenen Pflanzenarten: u. a. Sand-Grasnelke, Lanzett-Strichfarn, Mondraute, Calla, Glockenblume, Dreijähriger Flachbärlapp, Kammfarn, Sand-Strohblume, Frühlings-Küchenschelle.

Gefährdete oder vom Aussterben bedrohte Tierarten der Roten Liste: u. a. Felis sylvestris, Martes martes, Glis glis, Barbastella barbastellus, Pipistrellus pipistrellus.

Leiter des Biosphärenreservates: Werner Dexheimer

2. Personal- und Organisationsstruktur

Träger des Biosphärenreservats ist der Verein Naturpark und Biosphärenreservat Pfälzerwald. Mitglieder des Vereins sind der Bezirksverband Pfalz, die flächenmäßig am Biosphärenreservat anteilhabenden Landkreise und kreisfreien Städte sowie verschiedene Umweltverbände, Wandervereine und Stiftungen. Organe des Vereins sind Mitgliederversammlung, Vorstand und Beirat. Ferner besitzt der Verein eine Geschäftsstelle mit Sitz in Bad Dürkheim, die zugleich als Verwaltungs- und Koordinationsstelle für den Naturpark und das Biosphärenreservat dient.

Die gewachsene Aufgabenstellung nach der Anerkennung des Pfälzerwaldes als Biosphärenreservat erfordert einen personellen und logistischen Ausbau der bisherigen Verwaltungsstelle des Naturparks. Die Beteiligung bei Eingriffen in Natur und Landschaft, Planungs- und Genehmigungsverfahren und die notwendige Präsenz ihrer Mitarbeiter vor Ort in einem Gebiet von rund 180 000 ha Größe erfordern einen entsprechenden Personalbestand. Der zusätzliche finanzielle Aufwand, um den Personalbestand von bisher 4 Personen den gewachsenen Aufgaben entsprechend aufzustocken, ist zur Zeit noch schwer zu beziffern. Die zusätzlichen Kosten stellen sich jedoch günstig dar, da die praktische Umsetzung vor Ort in aller Regel kostenneutral durch kommunale Mitarbeiter der betroffenen Gebietskörperschaften, durch Angehörige der Mitgliedsvereine des Trägers des Biosphärenreservates und in nicht unerheblichem Maße durch die örtliche Forstverwaltung getragen werden.

Für das geplante deutsch-französische Biosphärenreservat Pfälzerwald / Nordvogesen sind bislang noch mehrere Organisationsmodelle in der Diskussion, die bis hin zu einer gemeinsamen Verwaltung reichen.

3. Arbeitsschwerpunkte der zwei letzten Jahre

Seitdem der Pfälzerwald im Jahre 1992 von der UNESCO als Biosphärenreservat anerkannt wurde, steht die Umorganisation des Naturparkträgers zum Träger des Biosphärenreservats im Vordergrund der Bemühungen.

Dabei soll das Biosphärenreservat von möglichst vielen gesellschaftlichen Gruppen, Institutionen, den kommunalen Gebietskörperschaften und dem Land Rheinland-Pfalz gleichermaßen getragen werden. Ferner ist man dabei, die Naturparkverwaltung zu einer Koordinationsstelle für bisherige und zukünftige Forschungsarbeiten im Biosphärenreservat auszugestalten. Kontakte wurden diesbezüglich mit zahlreichen Universitäten, Forschungsanstalten, Instituten und Bildungseinrichtungen im Biosphärenreservat und der näheren Umgebung hergestellt.

4. Ergebnisse in den Bereichen

4.1 Schutz von Ökosystemen

Im Zuge eines gemeinsamen Projektes mit dem Biosphärenreservat Nordvogesen wird eine Inventarisierung und Katalogisierung der schützenswerten Ökosysteme im Bereich der Biosphärenreservate Pfälzerwald und Nordvogesen durchgeführt. Sie soll Grundlage für Vorschläge eines einheitlichen Schutzes von Ökosystemen werden und soll die Basis für die noch zu erarbeitenden Schutz- und Pflegemaßnahmen im gemeinsamen Biosphärenreservat Nordvogesen / Pfälzerwald liefern.

4.2 Forst- und Landwirtschaft (Fischerei)

Von seiten der Landesforstverwaltung ist man dabei, die bestehenden Naturwaldreservate im Pfälzerwald im Hinblick auf ihre zukünftige Funktion als Kernzone des Biosphärenreservats zum Teil erheblich auszuweiten. Darüber hinaus ist angedacht, in Grenznähe ein gemeinsames deutsch-französisches Naturwaldreservat zu schaffen.

In Zusammenarbeit mit dem Biosphärenreservat Nordvogesen wird derzeit eine Studie erstellt, die Möglichkeiten einer landwirtschaftlichen Nutzung der brachgefallenen Wiesentäler aufzeigen soll. Sie soll Grundlage eines gemeinsamen Pflegeplans für die Wiesenbrachen beiderseits der Grenze werden.

4.3 Produzierendes Gewerbe

Bislang Fehlanzeige

4.4 Tertiärer Sektor (u. a. Tourismus)

Bislang Fehlanzeige

4.5 Forschung / Ökologische Umweltbeobachtung

Im Bereich des Pfälzerwaldes wurde bereits eine Vielzahl von Forschungsaktivitäten durchgeführt, die zukünftig unter dem Dach des Biosphärenreservates koordiniert werden sollen. Dabei sollen insbesondere die Umweltbeobachtung sowie die natur- und kulturwissenschaftliche Landesforschung die Grundlagen für die Verwirklichung der Ziele des Biosphärenreservates liefern. Von besonderer Bedeutung ist auch die Durchführung gemeinsamer Forschungen mit dem Biosphärenreservat Nordvogesen, z. B. im Bereich schützenswerter Biotopflächen, Schutz bestandsbedrohter und Wiederansiedlung ausgestorbener Tierarten und begleitende Untersuchungen zu Pflegemaßnahmen in Feuchtwiesen sowie die Erarbeitung gemeinsamer Datenformate und Erhebungskriterien für die Schaffung eines gemeinsamen Zentrums der Naturressourcen.

Projekte aus dem INTERREG I Förderprogramm der EU mit dem Naturpark Nordvogesen unter dem Titel „Schaffung eines gemeinsamen grenzüberschreitenden Biosphärenreservats" sind bereits angelaufen. Dazu gehört eine Untersuchung zur Sicherung der Haselhuhn-Restvorkommen, eine vergleichende Studie über wertvolle Biotope und deren Schutz in beiden Biosphärenreservaten und die Erstellung einer Flechtenkartierung zur Beobachtung der Luftqualität.

4.6 Umweltbildung

Unter Federführung des Vereins Naturpark Pfälzerwald wurde in Zusammenarbeit mit der Universität Landau, dem Verein für Naturforschung und Landespflege Pollichia e.V., der Forstverwaltung und dem Pfalzmuseum für Naturkunde Bad Dürkheim eine Konzeptgruppe „Bildungskonzept Biosphärenreservat Pfälzerwald" gegründet, um ein Programm für die Bildungsarbeit im Biosphärenreservat zu erarbeiten. Eine der vordringlichsten Aufgaben für die nähere Zukunft wird die Umsetzung dieses Bildungskonzepts sein.

4.7 Öffentlichkeitsarbeit

Die bisher unter dem Begriff Naturpark durchgeführte Öffentlichkeitsarbeit soll im Hinblick auf die Aufgaben des Biosphärenreservates modifiziert und intensiviert werden. Insbesondere soll der abstrakte Begriff „Biosphärenreservat" für Bewohner und Besucher des Pfälzerwaldes mit Leben gefüllt werden.

5. Künftige Arbeitsschwerpunkte

Ein erster Entwurf für einen Vertrag zwischen dem Verein Naturpark Pfälzerwald und dem Syndicat Mixte des Naturparks Nordvogesen über die Absicht, ein gemeinsames grenzüberschreitendes Biosphärenreservat Pfälzerwald-Nordvogesen zu errichten, wurde vorgelegt. Gleichzeitig ist man dabei, eine deutsch-französische Kommission zu bilden, die den Entwurf eines Staatsvertrages für einen deutsch-französischen Naturpark Pfälzerwald / Nordvogesen ausarbeiten soll.

Weiterhin wurde in Abstimmung mit den Franzosen ein Projektvorschlag für das LIFE Programm formuliert. Dabei geht es um die Einrichtung eines gemeinsamen GIS und den Aufbau eines gemeinsamen Zentrums der Naturressourcen.

6. Ausgewählte Literatur

DEXHEIMER, W. (1987): Der Pfälzerwald als Naturpark in: GEIGER, M./ G. PREUSS und K.-H. ROTHENBERGER (Hrsg.): Der Pfälzerwald. Porträt einer Landschaft. – Landau / Pfalz, S.369–376

GLESIUS, W. W. und G. PREUSS (1985): Die Weinstraße als Lebensraum für Pflanzen und Tiere in: GEIGER, M./G. PREUSS und K.-H. ROTHENBERGER (Hrsg.) : Die Weinstraße – Porträt einer Landschaft. – Landau / Pfalz, S.117–168

HAILER, N. (1970): Die natürlichen Vegetationsgebiete. Pfalzatlas, Erläuterungsband 2, S.638–644

PREUSS, G. (1987): Der Pfälzerwald, Lebensraum für Pflanzen und Tiere in: GEIGER, M. / G. PREUSS und K.-H. ROTHENBERGER (Hrsg.): Der Pfälzerwald – Porträt einer Landschaft. – Landau / Pfalz, S.133–164

PREUSS G. (1987): Naturschutz und Landschaftspflege in: GEIGER, M. / G. PREUSS und K.-H. ROTHENBERGER (Hrsg.): Der Pfälzerwald. Porträt einer Landschaft. – Landau / Pfalz, S.173–182

ROWECK, H. (1987): Grünlandbrachen im Südlichen Pfälzerwald. – Pollichia-Buch 12

ROWECK, H. et al. (1988): Flora und Vegetation dystropher Teiche im Pfälzerwald. – Pollichia-Buch 15

WEISS, A. (1993): Pflege- und Entwicklungsplan Naturpark Pfälzerwald. – Bad Dürkheim, Verein Naturpark Pfälzerwald

Anschrift: Biosphärenreservat Pfälzerwald
Hermann-Schäfer-Straße 15, D-67098 Bad Dürkheim
Tel.: (0 63 22) 95 07 0
Fax: (0 63 22) 95 07 99

5.3.7 Biosphärenreservat Rhön

1. Allgemeine Einführung

Das von der UNESCO am 7. März 1991 anerkannte Biosphärenreservat Rhön erstreckt sich über die drei Länder Bayern, Hessen und Thüringen.

Größe:	166.674 ha, davon
	54.402 ha Bayern
	63.641 ha Hessen
	48.631 ha Thüringen
Einwohnerzahl:	ca. 72.000 Einwohner

Gliederung:
Kernzone:	4.468 ha
Pflegezone:	66.636 ha
Entwicklungszone:	95.570 ha

Flächennutzung:
– Wald	41,2 %
– Grünland	24,7 %
– Acker	29,5 %
– Siedlungen, Straßen etc.	ca. 4,2 %

Das Biosphärenreservat Rhön umfaßt einen repräsentativen Ausschnitt der vom tertiären Basaltvulkanismus geprägten Mittelgebirgslandschaft.

Naturausstattung in Stichworten:
- ca. 50 größere Basaltkegel mit meist naturnahen Wäldern und Blockhalden,
- mehrere große Hochmoore und zahlreiche kleinere Zwischenmoore, Flachmoore und Quellmoore,
- ca. 2000 ha Kalkmagerrasen,
- ca. 5000 ha artenreiche, montane Wiesen und Weiden sowie
- zahlreiche naturnahe Bachläufe und Quellbäche.

Vorkommen gefährdeter / geschützter Pflanzen- und Tierarten der Roten Liste:
Fauna: Wasser-, Sumpf-, Wald- und Alpenspitzmaus, Schwarzstorch, Rotmilan (Milvus milvus), Birkhuhn, Wasseramsel, mehrere Fledermausarten,
Flora: Rundblättriger Sonnentau, Frühlings-Adonisröschen, Torf-Segge, Frauenschuh, Sichelblättriges Hasenohr, Fliegen- und Bienen-Ragwurz, Männliches Knabenkraut.

Leiter des Biosphärenreservates: Michael Geier (Bayern),
Ewald Sauer (Hessen),
Karl-Friedrich Abe (Thüringen)

2. Personal- und Organisationsstruktur

Bayerischer Teil des Biosphärenreservates Rhön:

Die Verwaltungsstelle Biosphärenreservat Rhön bayerischer Teil ist als Außenstelle der Regierung von Unterfranken förmlich zum 01.05.1993 errichtet worden und dort der Abteilung 8 Landesentwicklung und Umweltfragen direkt zugeordnet. Die Verwaltungsstelle verfügt gegenwärtig über folgenden Personalstand:
- 1 Planstelle Fachbeamter des höheren Dienstes (Leiter) seit dem 01.05.1993,

- 1 Planstelle Verwaltungsangestellte (2 Halbtagssekretärinnen),
- 3 Fachkräfte im Werkvertrag (1 Dipl.-Ing. Landschaftsökologie, 2 Dipl.-Biologen),
- 1 technische Hilfskraft im Werkvertrag für Digitalisierarbeiten an der zentralen EDV-Anlage in Kaltensundheim,
- 1 AB-Maßnahme (Dipl.-Geologe) sowie
- 1 Praktikant (von Fall zu Fall).

Die Einrichtung einer neuen Stelle im mittleren technischen Dienst wird voraussichtlich zum 01.01.1995 vollzogen.

Hessischer Teil des Biosphärenreservates Rhön:

Die hessische Verwaltungsstelle ist nach dem Einrichtungserlaß vom 12.06. 1992 dem Regierungspräsidium Kassel (Obere Naturschutzbehörde) unmittelbar nachgeordnet und mit 2 Beamten des höheren Dienstes, einem Verwaltungsbeamten des gehobenen Dienstes und einer Verwaltungsangestellten besetzt.

Thüringischer Teil des Biosphärenreservates Rhön:

Die Thüringer Verwaltungsstelle des Biosphärenreservates Rhön ist dem Thüringer Umweltministerium nachgeordnet. Auf Grund der Verordnung über die Festsetzung von Naturschutzgebieten und einem Landschaftsschutzgebiet von zentraler Bedeutung mit der Gesamtbezeichnung Biosphärenreservat Rhön vom 12. September 1990 ist im thüringischen Teil bei Maßnahmen zur Unterhaltung der Straßen, Wege und Gewässer, Erweiterungen und Neuanlagen von Freizeiteinrichtungen sowie bei der Aufstellung von Bauleitplänen das Einvernehmen mit der Verwaltung des Biosphärenreservates herzustellen. Neben dem Leiter und zwei Verwaltungskräften sind drei Sachbearbeiter in den Sachgebieten Allgemeine Aufgaben, Schutzgebiete, Landschaftspflege, Landschaftsplanung, Arten- und Biotopschutz, Eingriffe, Öffentlichkeitsarbeit und Ökologische Umweltbeobachtung tätig. Das Geographische Informationssystem für das Biosphärenreservat Rhön wird zentral in Kaltensundheim aufgebaut. Für den Aufbau des Landschaftsüberwachungsdienstes wurde eine weitere Stelle geschaffen.

3. Arbeitsschwerpunkte der letzten zwei Jahre

Bayerischer Teil des Biosphärenreservates Rhön:

Die Arbeitsschwerpunkte lagen 1993 und 1994 bei der Ausarbeitung des Rahmenkonzeptes für das Biosphärenreservat Rhön. An der Verwaltungsstelle wurden dafür eigene Beiträge erstellt (Kapitel Forschung und Umweltbeobach-

Foto 8: Bayerische Rhön: Bischofsheim / Ortsteil Haselbach; harmonische Einbindung der Siedlung in die umgebende Landschaft (Foto: Pokorny).

tung) bzw. die vorgelegten Zwischenberichte um ortsbezogene Information ergänzt und korrigiert. Die Öffentlichkeitsarbeit im Rahmen des Anhörungsverfahrens vor allem in Form von Informationsveranstaltungen in den Gemeinden und Einzelgesprächen erforderte erheblichen zeitlichen Einsatz. In diesem Zusammenhang fand eine rege Berichterstattung über das Biosphärenreservat in der lokalen bis regionalen Presse statt.

Der Aufbau des GIS bewegte sich nach wie vor auf der Ebene der Erstellung einer einheitlichen Datenbasis (sowohl geometrisch als auch fachlich). Die Erstellung der geometrischen Datenbasis ist noch nicht abgeschlossen. Der Dipl.-Geologe an der Verwaltungsstelle trägt gegenwärtig das Material für die Erstellung einer einheitlichen Geologischen Karte 1 : 25 000 zusammen, die in das GIS übernommen werden soll. Nachdem in den Jahren 1993 und 1994 eine einheitliche CIR-Befliegung für das gesamte Biosphärenreservat durchgeführt wurde und der CIR-Auswertungsschlüssel auf Bundesebene arbeitsfähig vorliegt, läuft derzeit ein Auftrag zur Ausarbeitung eines Interpretationsschlüssels für das Biosphärenreservat Rhön. Die Auswertung der CIR-Luftbilder auf dieser Basis soll spätestens 1995 beginnen.

Die Abwicklung des Bundesförderprojektes für Gebiete mit gesamtstaatlich repräsentativer Bedeutung band in den zurückliegenden Jahren erhebliche Arbeitskapazitäten, nachdem erst in der Schlußphase des Projektes die Umsetzung der umfangreichen forstlichen Umbaumaßnahmen möglich war. Mit Abschluß des Bundesförderprojektes Hohe Rhön / Lange Rhön Ende 1994 beläuft sich das innerhalb von 13 Jahren aufgewendete Finanzvolumen für Planung, Grunderwerb und biotoplenkende Erstmaßnahmen auf rund 11 Mio. DM, wovon knapp 10 Mio. durch den Bund aufgebracht wurden. Mit den Arbeiten für eine Erfolgskontrolle der durchgeführten Maßnahmen wurde begonnen.

Im Rahmen der Förderprogramme des Naturschutzes und der Landschaftspflege mit der Landwirtschaft in Bayern hat die Verwaltungsstelle zwischenzeitlich den gesamten Bestand an Bewirtschaftungsvereinbarungen im Landkreis Rhöngrabfeld, soweit im Biosphärenreservat gelegen, zur Betreuung übernommen. Daraus werden jährlich ca. 1,3 Mio. DM an Entgelten für naturschutzkonforme Bewirtschaftung an die Landwirte ausgezahlt. Gleichzeitig wird durch die Landwirtschaftsverwaltung das Bayerische Kulturlandschaftsprogramm auf allen nicht unmittelbar naturschutzrelevanten Flächen angeboten.

Nach den vertraglichen Vorarbeiten im Jahr 1993 ist im Jahr 1994 die Umsetzung des EU-LIFE-Projekt Hochrhön für den bayerischen Teil angelaufen.

Außerhalb der unmittelbar naturschutzbezogenen Arbeiten bildete die Mitwirkung an den EU-Förderungen nach Ziel 5b und LEADER einen wesentlichen Schwerpunkt der Arbeit. Auf die dort initiierten Projekte wird weiter unten eingegangen.

Hessischer Teil des Biosphärenreservates Rhön:

Mitarbeit bei der Umsetzung des EU-LEADER-Programms, Mitarbeit bei der Konzeption und Umsetzung des LIFE-Programms, Zu- und Mitarbeit beim Rahmenkonzept für das Biosphärenreservat Rhön sowie Mitarbeit bei der Erstellung eines Soforthilfeprogramms zur Erhaltung des Birkhuhns im hessischen Teil des Biosphärenreservates Rhön.

Thüringischer Teil des Biosphärenreservates Rhön:

Der schon 1991 gegründete Landschaftspflegeverband „Biosphärenreservat Thüringen Rhön e.V." ist ein Zusammenschluß von Naturschützern, Land- und Forstwirten, Kommunalpolitikern, Vertretern des Tourismus und der Flurneuordnung. Dieser Verein widmet sich vor allem der Durchführung und Förderung von landschaftspflegerischen und -gestalterischen Maßnahmen, die aus Gründen des Naturschutzes und der Landschaftspflege erforderlich sind. Hierzu arbeitet der Landschaftspflegeverband aktiv bei der Vorbereitung, Koordinierung sowie bei der Erfolgskontrolle bestehender Förderprogramme in Thüringen mit.

1992 wurden erstmals die Biosphärenreservate in Deutschland im thüringischen Teil der Rhön als Wanderausstellung dargestellt. Diese Ausstellung war auf Grund der guten Zusammenarbeit zwischen Umweltbundesamt, Bundesforschungsanstalt für Naturschutz und Landschaftsökologie (heute Bundesamt für Naturschutz), der Allianz-Stiftung zum Schutz der Umwelt und dem Deutschen MAB-Nationalkomitee möglich.

Im Herbst 1992 führten Umweltminister Sieckmann, die Landräte der Region sowie der Leiter der Verwaltung des Biosphärenreservates ein Informationsgespräch. Die Wirtschaft und das ökologische Potential dieser einzigartigen Landschaft sollen modellhaft in Einklang gebracht werden.

Im Frühjahr 1993 hatten alle Bürgermeister der im thüringischen Teil des Biosphärenreservates Rhön liegenden Gemeinden die Möglichkeit, sich im Rahmen von Gesprächsrunden zum Zwischenbericht des Rahmenkonzeptes für das Biosphärenreservat Rhön zu äußern.

Als Modellvorhaben „Einkommenssicherung durch Dorftourismus", durchgeführt an 5 Standorten innerhalb der neuen Bundesländer, wurde die

Gemeinde Brunnhartshausen im Biosphärenreservat Rhön ausgewählt. Mit der Eröffnung des Modellprojektes im Juni 1993 sollen durch den Dorftourismus neue Anstöße zum wirtschaftlichen Aufschwung gegeben sowie Einkommensalternativen und Nebenerwerbsquellen für die Landbevölkerung geschaffen werden. Mit dem „Modelldorf" Brunnhartshausen wird für die Entwicklung des Tourismus auf dem Lande beispielhaft ein Zeichen gesetzt, welches auf die gesamte Region des thüringischen Teils der Rhön ausstrahlen soll.

Im September 1993 wurde die 1. Ökologische Regionalschau in der Rhönstadt Tann eröffnet. 211 Aussteller aus Bayern, Hessen und Thüringen präsentierten regionstypische Produkte und Innovationen. Neben einer Selbstdarstellung des Gebietes am Dreiländereck wurden Wege der künftigen Entwicklung von Industrie in Verbindung mit ökologischen Aspekten aufgezeigt.

Mit der Einführung des Kulturlandschaftsprogrammes (KULAP) in Thüringen, als gemeinsames Programm von Landwirtschaft und Naturschutz, wurden neue Fördermöglichkeiten für das Biosphärenreservat anwendbar. Für alle Haupt- und Nebenerwerbslandwirte wurden Informationsveranstaltungen dazu durchgeführt sowie individuell Landschaftspflegemaßnahmen beraten.

Ein weiterer Höhepunkt war im September 1993 die Grundsteinlegung für die „Rhöngold-Molkerei". Die Molkerei ist der erste Baustein im zukünftigen ökologisch ausgerichteten Gewerbegebiet von Kaltensundheim.

Im Dezember 1993 wurde der Entwurf des Rahmenkonzeptes für das Biosphärenreservat Rhön feierlich in der Rhöngemeinde Zella übergeben. Kommunen, Behörden, Verbände und Vereine wurden im Rahmen der Anhörung aufgefordert, dazu Stellung zu nehmen.

Die Rhön hat 1993 als einziges LIFE-Projekt für den Naturschutz in Deutschland den Zuschlag erhalten. Unter dem Titel „Schutz des Lebensraumes Rhön – Baustein im Europäischen Schutzgebietsnetz Natura 2000" wurde von den zuständigen Ministerien der Länder Thüringen, Bayern und Hessen, ein Vertrag mit der Europäischen Gemeinschaft unterzeichnet, der in dem Zeitraum 1993 bis 1996 im Rahmen der LIFE-Verordnung EU-Fördermittel für Naturschutzmaßnahmen in die Rhön bringt.

Für einen sehr bedeutenden Bereich des thüringischen Teils des Biosphärenreservates Rhön wurde 1993 ein Antrag auf „Förderung zur Errichtung schutzwürdiger Teile von Natur und Landschaft mit gesamtstaatlich repräsentativer Bedeutung" vorbereitet. Das Projektgebiet umfaßt eine Fläche von ca. 12 000 Hektar und erstreckt sich zwischen Hoher Geba, Kaltennordheim, Fischbach und Roßdorf. Mit Hilfe von Bundesfördermitteln soll die Erhaltung der einzigartigen Vielfalt und Schönheit der durch Ziegen- und Schafbeweidung geprägten Kulturlandschaft in diesen Bereichen gefördert und entwickelt werden. Die Laufzeit des Projektes soll 10 Jahre betragen. Mit diesem Projekt können die Ziele des Biosphärenreservates Rhön wirksam unterstützt werden. Das Naturschutzvorhaben wird direkt und indirekt den hier lebenden und arbeitenden Menschen zugute kommen.

Im Mai 1994 wurde in Fulda die Ausstellung zum Biosphärenreservat Rhön im Rahmen der Landesgartenschau eröffnet. Ziel der Ausstellung ist es, einer breiten Öffentlichkeit die Einzigartigkeit dieser Kulturlandschaft näher zu bringen. Auf 12 Schautafeln wird dem Besucher die Thematik: „Der Natur eine Zukunft – Den Menschen neue Chancen" vorgestellt.

4. Ergebnisse in den Bereichen

Mit Entscheidung des Bundestages Ende 1993 ging der NATO-Truppenübungsplatz Wildflecken an die Bundeswehr über. Die Bundeswehrverwaltung hat mittlerweile zugestimmt, daß der Übungsplatz zur Gänze in das Biosphärenreservat aufgenommen wird. Die Zonierung in diesem Bereich wird noch Gegenstand weiterer Verhandlungen sein.

Als wesentlichstes Ergebnis mehrjähriger Arbeit liegt nun seit September 1994 das Rahmenkonzept für das Biosphärenreservat Rhön fertig vor.

4.1 Schutz von Ökosystemen

Bayerischer Teil des Biosphärenreservates Rhön:

Aus dem Bereich des hoheitlichen Naturschutzes ist die Festsetzung von 3 neuen Naturschutzgebieten im Biosphärenreservat Rhön, der NSGs „Schwarze Berge", „Mühlwiesen" und „Feuchtbereiche am Steizbrunngraben" zu melden. Für das NSG „Schwarze Berge", mit rund 3100 ha das größte außeralpine Naturschutzgebiet in Bayern, wurde gleichzeitig ein Pflege- und Entwicklungsplan fertiggestellt.

Nach 10 Jahren segensreichen Wirkens hat der erste und bislang einzige hauptamtliche Naturschutzwart für das NSG „Lange Rhön" die gleichen Aufgaben im thüringer Teil des Biosphärenreservates Rhön übernommen. Eine systematische Überwachung der Großschutzgebiete im bayerischen Teil des Biosphärenreservates Rhön fehlt seither. Über die umfangreichen Maßnahmen im Rahmen von Bundes- und Landesförderprogrammen wurde bereits kurz berichtet.

Im Bad Kissinger Teil des Biosphärenreservates Rhön hat die untere Naturschutzbehörde im großen Umfang Maßnahmen des Naturschutzes und der Landschaftspflege in Umsetzung des Pflege- und Entwicklungsplanes für das NSG „Schwarze Berge" eingeleitet. Auf diesem Feld sind auch der Landschaftspflegeverband Bad Kissingen und der Zweckverband Naturpark Bayerische Rhön tätig.

Hessischer Teil des Biosphärenreservates Rhön:

Die im Rahmenkonzept als Kern- und Pflegezone A vorgesehene Fläche wird derzeit als Naturschutzgebiet ausgewiesen. Die Flächengröße beträgt ca. 7000 ha (3000 ha Kernzone, 4000 ha Pflegezone A).

Thüringischer Teil des Biosphärenreservates Rhön:

Grundlage des Gebietsschutzes im thüringischen Teil des Biosphärenreservates Rhön sind die Verordnung über das Biosphärenreservat Rhön vom 12.09.1990 und das Vorläufige Thüringer Naturschutzgesetz vom 28.01.1993, welches Biosphärenreservate als eigene Schutzgebietskategorie enthält. Schutzwürdigkeitsgutachten wurden in Auftrag gegeben, um die einstweilig gesicherten Gebiete im Biosphärenreservat Rhön als Naturschutzgebiete auszuweisen.

4.2 Forst- und Landwirtschaft, Fischerei

Bayerischer Teil des Biosphärenreservates Rhön:

Die Umsetzung der EU-Förderprogramme nach Ziel 5b und LEADER wandte sich von ihrer Hauptzielrichtung an Landwirte mit der Absicht, neue Perspektiven für ein Leben und Wirtschaften im ländlichen Raum zu initiieren und zu ermöglichen. Mit Hilfe dieser Mittel konnten zukunftsweisende Projekte in der Erschließung neuer Einkommensquellen für die ländliche Bevölkerung und in der Vermarktung ländlicher Produkte angegangen werden. In diesem Bereich hat die „Ländliche Entwicklungsgruppe 5b" wichtige, im Sinne des Rahmenkonzeptes relevante Leistungen erbracht.

Die Entgelte aus den Bewirtschaftungsvereinbarungen des Vertragsnaturschutzes bilden inzwischen in einigen landwirtschaftlichen Betrieben einen wesentlichen Anteil am Betriebseinkommen. Ihre Bedeutung für die Stützung landwirtschaftlicher Betriebe ist in den letzten Jahren deutlich angestiegen.

Die in größerer Zahl laufenden Flurbereinigungsverfahren leisten zwar wichtige Aufgaben für die Erschließung der landwirtschaftlich genutzten Flächen, können aber bisher ihrer Verantwortung für eine umfassende Verbesserung der landwirtschaftlichen Produktionsbedingungen wegen fehlender Dorferneuerung und Beratung nicht gerecht werden.

Hessischer Teil des Biosphärenreservates Rhön:

Die Staatswaldflächen sind wie üblich in Hessen naturgemäß bewirtschaftet. Auch den sonstigen Waldbesitzern wird die naturgemäße Waldwirtschaft empfohlen. Folgende Projekte wurden begonnen (auszugsweise):
- Rhönschafpräsentation,
- Betriebsberatung der Landwirte,
- Vermarktung von Apfelwein,
- Aus der Rhön für die Rhön-Partnerschaft von Land- und Gastwirten zur Erhaltung der Kulturlandschaft des Biosphärenreservates Rhön,
- Förderung der Direktvermarktung u. a.

Thüringischer Teil des Biosphärenreservates Rhön:

Ausschlaggebend für die künftige Entwicklung der Rhön ist nach wie vor die Beibehaltung einer landwirtschaftlichen Nutzung mit dem Ziel der Offenhaltung der Landschaft. Nach der Wiedervereinigung Deutschlands ergab sich eine notwendige Umstrukturierung und Neuformierung der thüringischen Landwirtschaftsbetriebe in Verbindung mit der Klärung von Eigentumsfragen. Die prekäre ökonomische Lage der Landwirtschaftsbetriebe im Zusammenhang mit unbefriedigenden Absatzbedingungen war verbunden mit einem enormen Abbau von Arbeitskräften in der Landwirtschaft sowie einem erhöhten Abbau der Tierbestände. Besonders drastisch reduzierten sich die Schafbestände der Rhön auf Grund der jetzt wirksamen Weltmarktpreise. Durch eine Soforthilfe des Bundesumweltministeriums und dem Einsatz von Landesförderprogrammen konnte eine noch dramatischere Reduzierung der Bestände verhindert werden. Für besonders sensible Landschaftsräume wurden Pflege- und Entwicklungspläne erstellt, die durch die Fördermöglichkeiten des Landes gestützt und mit Hilfe der Landwirtschaftsbetriebe und der Kommunen umgesetzt wurden.

4.3 Produzierendes Gewerbe

Bayerischer Teil des Biosphärenreservates Rhön:

Die Windenergienutzung im Biosphärenreservat Rhön bildete in den letzten Jahren ein äußerst kontrovers diskutiertes Thema. Den topographisch sehr günstigen Voraussetzungen für die Windenergienutzung in den Hochlagen stehen grundlegende Belange des Artenschutzes und des Landschaftsbildes entgegen. Zwei geplante Vorhaben scheiterten vorläufig im Raumordnungsverfahren bzw. vor dem Verwaltungsgericht. Mit der Beantragung weiterer Windenergieanlagen in den Hochlagen ist zu rechnen. Die diesbezüglichen positiven Standortvorschläge des Rahmenkonzeptes fanden bisher keinen Anklang.

Thüringischer Teil des Biosphärenreservates Rhön:

Die industriell-gewerbliche Entwicklung wurde bei dem gegebenen Nachholbedarf der thüringischen Rhön in umweltschonende Bahnen gelenkt, um erhebliche Belastungen des Naturhaushaltes zu vermeiden. Für die Rhöngemeinde Kaltensundheim gibt es konzeptionelle Überlegungen zum Projekt eines ökologischen Gewerbegebietes. Der Schwerpunkt wurde dabei auf die Ansiedlung von Firmen aus dem Nahrungsmittelsektor, die Rohstoffe aus dem Biosphärenreservat verarbeiten, gelegt. Der Grundstein dazu ist die Ansiedlung der „Rhöngold-Molkerei", welche noch im Jahr 1994 die Produktion aufnehmen wird.

4.4 Tertiärer Sektor (u. a. Tourismus)

Bayerischer Teil des Biosphärenreservates Rhön:

Die Förderung des Fremdenverkehrs im landwirtschaftlichen wie im gewerblichen Bereich bildete eine wesentliche Zielsetzung von 5b-Förderung und LEADER-Förderung. Aussagen über den Erfolg dieser Maßnahmen lassen sich auf Grund des geringen zeitlichen Abstandes derzeit noch kaum machen. Ein gravierendes Konfliktfeld zwischen Naturschutz und Erholungsnutzung stellen die verschiedenen Formen des Flugsportes dar. Hierzu wird demnächst in Konkretisierung des Rahmenkonzeptes vom Deutschen Aeroclub mit finanzieller Unterstützung der drei Länderministerien ein detailliertes Standortgutachten in Auftrag gegeben. Wichtige Maßnahmen der Erholungslenkung in Umsetzung des Pflege-und Entwicklungsplanes NSG „Schwarze Berge" konnten durch den Naturparkzweckverband Bayerische Rhön mit Hilfe von 5b-Mitteln durchgeführt werden.

Hessischer Teil des Biosphärenreservates Rhön:

Im Bereich des Fremdenverkehrs kamen nachfolgende Projekte zur Umsetzung:
— Beschaffung eines gemeinsamen Messestandes für das Biosphärenreservat Rhön,
— Erstellung eines Radwanderkonzeptes,
— Vergabe einer Studie zum Skitourismus in der Hochrhön,
— Erstellung eines Tourismuskonzeptes u. a.

Thüringischer Teil des Biosphärenreservates Rhön:

Mit der Anerkennung der Rhön als Biosphärenreservat und verstärkten Marketing-Anstrengungen im Fremdenverkehrsbereich, entsprechend einem sozial- und umweltverträglichen Tourismus, konnte die Wertschöpfung des Fremdenverkehrs in der Rhön als zusätzliche Einkommensquelle gesteigert werden.

4.5 Forschung / Ökologische Umweltbeobachtung

Bayerischer Teil des Biosphärenreservates Rhön:

Auf das Thema Forschung / Umweltbeobachtung wurde bereits unter dem Stichwort GIS-Aufbau unter 3. eingegangen.

Thüringischer Teil des Biosphärenreservates Rhön:

Auf dem Gebiet der Forschung stehen im Biosphärenreservat die Wechselbeziehungen zwischen Naturhaushalt, der Landnutzung und ihren sozioökonomischen Rahmenbedingungen im Mittelpunkt der Betrachtung. Seit 1992 wurden 11 Diplomarbeiten durch die Verwaltung des Biosphärenreservates Rhön betreut. Die Landwirtschaftliche Untersuchungs- und Forschungsanstalt Thüringen untersucht seit mehreren Jahren die Auswirkungen spezieller landschaftspflegerischer Maßnahmen auf Grünland. Weiterhin führen im thüringischen Teil die Fachhochschule Weihenstephan und das Institut für Vegetationskunde und Landschaftsökologie Hemhofen Maßnahmen zur Erfolgskontrolle von Pflege- und Entwicklungsmaßnahmen in ausgewählten Ökosystemtypen (insbesondere Magerrasen) durch. In Abstimmung mit der Verwaltung des Biosphärenreservates Rhön werden in diesem Rahmen geeignete Dauerbeobachtungsflächen ausgewählt. Die Entwicklung nachhaltiger Nutzungen und der hierfür notwendigen Betriebs-, Erzeugungs- und Vermarktungsstrukturen im Biosphärenreservat Rhön standen im Hinblick auf Umsetzungsmodelle im Vordergrund.

Die Idee, nachwachsende Rohstoffe im Biosphärenreservat als Energieträger einzusetzen, fand in der Landschaftspflege Agrarhöfe und Co. KG Kaltensundheim seine Umsetzung. Seit 1993 versorgt hier eine Holzschnitzel-Heizanlage Büros, Lagerhallen, Werkstätten und Ställe mit Wärme.

Für die Forschung, die Ökologische Umweltbeobachtung und die Planung stellt das Geographische Informationssystem (GIS) eine auch weiterhin wichtige Grundlage dar. Die benötigten Daten wurden mit Hilfe eines Datenkataloges erhoben, der sich an den Hauptfragestellungen und Problemen der Rhön orientiert. Methodik und Ansatz der Forschungsvorhaben müssen gewährleisten, daß die erhobenen Daten in die Datenkataloge des GIS überführt werden können.

4.6 Umweltbildung und Öffentlichkeitsarbeit

Bayerischer Teil des Biosphärenreservates Rhön:

Im Rahmen der EU-Förderung nach Ziel 5b hat die Verwaltungsstelle in Zusammenarbeit mit der „Ländlichen Entwicklungsgruppe 5b" im Herbst 1993 einen Lehrgang für Landschaftsführer initiiert und durchgeführt. Seit Mai 1994 sind im bayerischen Teil des Biosphärenreservates 23 geprüfte Landschaftsführer im Einsatz, die vom Naturschutzinformationszentrum Oberelsbach an Interessenten weitervermittelt werden. Es war von Anfang an vorgesehen, daß damit auch eine (wenn auch bescheidene) zusätzliche Einkommensquelle für örtliche Landwirte und sonstige Interessierte geschaffen werden soll. In Abstimmung mit den Verwaltungsstellen Hessens und Thüringens wurde erstmals ein gemeinsames Führungs- und Vortragsprogramm für das Biosphärenreservat Rhön herausgegeben.

Die Fördermaßnahme neues Naturschutzinformationszentrum Oberbach (Haus der Schwarzen Berge) ist erst in diesen Tagen angelaufen.

Als Maßnahme innerhalb des EU-LEADER-Projektes wurde eine Präsentation des Biosphärenreservates Rhön auf der Landesgartenschau Fulda mit Ausstellung und örtlicher Betreuung verwirklicht. Diese Ausstellung über das Biosphärenreservat Rhön wird auf Dauer für das gesamte Biosphärenreservat zur Verfügung stehen. Sie wird unterstützt durch die Herausgabe von Faltblättern über das Biosphärenreservat allgemein und über das Rahmenkonzept. Die lokale und regionale Presse, z. T. auch Funk und Fernsehen, nahmen regen Anteil an den Vorgängen im und um das Biosphärenreservat.

Thüringischer Teil des Biosphärenreservates Rhön:

Gerade in einer Kulturlandschaft wie der Rhön ist es besonders wichtig, eine breite Akzeptanz von Maßnahmen des Naturschutzes und der Landschaftspflege zu erreichen. Die verständliche Darstellung von Zusammenhängen und ökologischen Zielen erleichtert die Umsetzung von Naturschutzmaßnahmen. Es wurden vielfältige Informationsveranstaltungen und Ausstellungen durchgeführt. Im Rahmen von Projektwochen in den Schulen wurde versucht, schon bei den Kindern Verständnis für Maßnahmen des Naturschutzes und der Landschaftspflege zu wecken.

Die Verwaltungsstelle Thüringen ist Ansprechpartner für alle Umweltfragen im Bereich des Biosphärenreservates Rhön. Für interessierte Gruppen wurden Führungen und Exkursionen im Biosphärenreservat angeboten.

5. Künftige Arbeitsschwerpunkte

Die unter 4. aufgeführten Ergebnisse sind durchwegs als Zwischenergebnisse laufender Arbeiten anzusehen. Damit liegen auch die Arbeitsschwerpunkte im wesentlichen fest. Sie lassen sich ausnahmslos unter der Hauptaufgabe Umsetzung des Rahmenkonzeptes für das Biosphärenreservat Rhön subsummieren.

6. Ausgewählte Literatur

ABE, K.-F. (1992): Biosphärenreservate – die Verknüpfung einer umweltverträglichen Nutzung der Natur und deren Schutz. – Schriftenreihe des Bundesverbandes Deutscher Gartenfreunde e.V., Heft 82

ABE, K.-F. und W. ULOTH (1993): Das Biosphärenreservat Rhön – eine kurze, einführende Beschreibung des thüringischen Teils. – MAB-Mitteilungen 37, S.11–18

DEHLER, J. (1991): Biosphärenreservat Rhön. Chancen für eine natur- und menschengerechte Regionalentwicklung. (Festansprache anläßlich der Einweihung des Biosphärenreservates Rhön am 25.09.1991 in Kaltensundheim / Thüringen). – Frankfurt / Main, S.37–56

EIGENBRODT, J. und E. OTT (1994): Debatten im Rhöner Dreiländereck. Positionen und Beiträge zur Diskussion um das Biosphärenreservat. – Schriftenreihe Biosphärenreservat Rhön, Band 3

GREBE, R. und G. BAUERNSCHMITT (1993): Rahmenkonzept Biosphärenreservat Rhön, Entwurf Endbericht. – Nürnberg

HIEKEL, W. / GÖRNER, M. / HAUPT, R. / WESTHUS, W. u. a. (1991): Übersicht über die Naturschutzgebiete, Biosphärenreservate, Schongebiete und Naturparke Thüringens sowie über die Naturschutzgebiete des grenznahen Raumes in Niedersachsen, Hessen und Bayern (Stand: 30.09.1990). – Naturschutzreport Jena 2 / 3, S.3–248

HOFMANN, G (1991): Begutachtung der Schutzwürdigkeit der NSG im thüringischen Teil des Biosphärenreservates Rhön Teile I–III. – (unveröffentlicht)

KÜMPEL, H. (1992): Orchideen in der thüringischen Rhön. Verbreitung, Gefährdung und Förderung einer faszinierenden Pflanzenfamilie. – Artenschutzreport 2 / 1992, S.1–14

OTT, E. und Z. GERLINGER (1992): Zukunftschancen für eine Region. Alternative Entwicklungsszenarien zum UNESCO-Biosphärenreservat Rhön. – Schriftenreihe Biosphärenreservat Rhön, Band 2

QUINGER, B. (1991): Der Wert der thüringischen Muschelkalk-Rhönhutungen für den Naturschutz und ihre Bedeutung als Pflegemodelle für süddeutsche Kalkmagerweiden. – Naturschutzreport Jena 4 / 1991, S.164–172

SCHIMMELPFENG, D. (1993): Vegetationskundliche Untersuchungen zur Überführung von Ackerbrachen in Magerrasen am Beispiel der Hohen Geba, thüringische Rhön. – Diplomarbeit

Anschriften: Biosphärenreservat Rhön
Bayerischer Teil
Hauptstraße 43, D-97656 Oberelsbach
Tel.: (0 97 74) 91 02 0
Fax: (0 97 74) 91 02 21

Biosphärenreservat Rhön
Hessischer Teil
Georg-Meilinger-Straße 9,
D-36115 Ehrenberg-Wüstensachsen
Tel.: (0 66 83) 96 02 0
Fax: (0 66 83) 96 02 21

Biosphärenreservat Rhön
Thüringer Teil
Mittelsdorfer Straße 23, D-98634 Kaltensundheim
Tel.: (03 69 46) 7 53
Fax: (03 69 46) 7 53

5.3.8 Biosphärenreservat Schleswig-Holsteinisches Wattenmeer

Das Biosphärenreservat Schleswig-Holsteinisches Wattenmeer liegt in der Nordsee und im Küstengebiet von Schleswig-Holstein (Anerkennung durch die UNESCO am 16.11.1990).

Größe:	285.000 ha
Einwohnerzahl:	2 Einwohner
Gliederung:	
Kernzone:	85.500 ha
Pflegezone:	ca. 6.400 ha
Entwicklungszone:	ca. 193.100 ha

Naturausstattung in Stichworten:
– Watt als Gezeiten-Gebiet,
– Salzwiesen mit typischer Flora: Rotschwingel (Festuca rubra), Andelgras (Puccinella maritima), Gemeiner Queller (Salicornia europea), Schlickgras, Strandflieder, Strandaster, Strandnelke,

- Fortpflanzungs-, Aufzucht-, Nahrungs- und Rastgebiet für Vögel, Fische und Seehunde:
  * Brutgebiet für über 30 Vogelarten: Säbelschnäbler, Seeschwalben, Lachmöwen, Brandgänse, Austernfischer, Eiderente, Sand- und Seeregenpfeifer, Kiebitz, Rotschenkel, Uferschnepfe, Kampfläufer, Wiesenpieper
  * Durchzugs- und Rastgebiet für Ringel- und Weißwangengänse, Alpenstrandläufer, Knutt, Pfuhlschnepfe, Großer Brachvogel, Kiebitzregenpfeifer. Für die Watvögel ist das Wattenmeer das wichtigste Rastgebiet Europas!
- Sanddünen mit typischer Flora: Strandhafer (Ammophila arenaria), Quecke,
- Vorkommen „endemischer" Arten: Salzwiesen weisen eine charakteristische Pflanzengesellschaft auf (Halophyten). Etwa 2000 Tierarten, überwiegend Insekten, sind auf die Salzwiesen als Lebensraum angewiesen. Ca. 400 Insektenarten sind auf nur 25 Pflanzenarten spezialisiert.

Leiter des Biosphärenreservates: Dr. Bernd Scherer

2. Personal- und Organisationsstruktur

Das Biosphärenreservat wird vom Nationalparkamt (NPA), einer direkt dem Ministerium für Natur und Umwelt (MNU) unterstehenden Landesoberbehörde in Tönning, verwaltet. Das Ministerium für Natur und Umwelt ist sowohl Dienstaufsichtsbehörde als auch Fachaufsichtsbehörde.

Das NPA ist innerhalb des Nationalparkgebietes Obere und Untere Naturschutzbehörde und Vollzugsbehörde zugleich. Das NPA hat als „Träger öffentlicher Belange" ein Mitspracherecht bei raumordnerischen Belangen.

Dem Nationalpark Schleswig-Holsteinisches Wattenmeer sind z.Zt. 28 feste staatliche Planstellen zugeordnet. Darüber hinaus sind in jedem der vier Informationszentren zwei Halbtagskräfte auf Dauer und je eine Saisonkraft (vom 01.03. bis 10.11.) eingestellt. Das fünfte, neu eingerichtete Informationszentrum in Meldorf wird durch zwei Aushilfskräfte (halbtags) und einen Angestellten auf 560,00 DM-Basis betreut. Weitere Zeitverträge werden über drittmittelgeförderte Forschungsprojekte bis Ende 1995 finanziert. Die Mitarbeiter des NPA werden zeitweise durch Langzeitpraktikanten unterstützt.

Dem Amtsleiter des NPA unterstehen vier Dezernate: das Dezernat 10 „Verwaltung", das Dezernat 12 „Landschaftspflege", das Dezernat 13 „Öffentlichkeitsarbeit" und das Dezernat 14 „Forschung".

Für die Gebietsüberwachung steht innerhalb der Nationalparkverwaltung keine Stelle zur Verfügung. Die Überwachung der Ge- und Verbote vor Ort wird von der Landespolizei, der Wasserschutzpolizei, ehrenamtlichen Betreuern und Zivildienstleistenden aus Naturschutzverbänden (Naturschutzgesellschaft Schutzstation Wattenmeer e.V., Verein Jordsand e.V., Naturschutzbund Deutschland) übernommen. Die Naturschutzvereine haben vom Land für die früheren Naturschutzgebiete einen Betreuungsauftrag erhalten.

Der Haushaltsetat betrug im Haushaltsjahr 1993 ingesamt rund 6,7 Millionen DM. Rund 45 % der Mittel wurden zur Deckung der Personalkosten verwendet. In der Haushaltssumme von 6,7 Millionen DM sind auch die Drittmittel für Forschung vom Bund enthalten. Etwa 40 % des Haushalts stehen für Sachkosten in der Forschung zur Verfügung. Hierin sind überwiegend zeit- und projektbegrenzte Drittmittel enthalten. Die restlichen 15 % der Mittel sind für Sach- und Investitionskosten des Haushalts und für Öffentlichkeitsarbeit vorgesehen.

3. Arbeitsschwerpunkte der letzten zwei Jahre

Nationalparkservice

Es gilt, einen Nationalparkservice aufzubauen, der Besucherlenkung, Umweltbildung und Aufsicht im Nationalpark gleichzeitig leisten kann. Diese staatliche Aufgabe erfordert hauptamtliche, entsprechend ausgebildete Mitarbeiter. Ihnen sind als Nationalparkwarte hoheitliche Aufgaben zu übertragen. Die wichtigsten Aufgaben des Nationalparkservices sind:
– für die Anwendung und Einhaltung der Bestimmungen zum Schutz und zur Entwicklung des Nationalparks zu sorgen,
– die Besucher so zu lenken, daß die Naturvorgänge in den ausgewiesenen Schutzzonen ungestört ablaufen können,
– die Besucher zu informieren, um ihnen den Wert der Natur und die Notwendigkeit der Schutzbestimmungen nahezubringen.

Ein effizienter Nationalparkservice ist allein von zentraler Stelle nicht zu leisten. Es sollen deshalb Bezirkszentren im Nationalpark eingerichtet werden, die vom Nationalparkamt betrieben und personell ausgestattet werden. Sieben derartige Nationalparkbezirkszentren sind vorgesehen. Sie sollen durch 17 sogenannte Ortszentren ergänzt werden, die von Naturschutzverbänden oder Gemeinden betrieben werden. Die Bezirke und die Standorte der Zentren sind unter Berücksichtigung der naturräumlichen Gliederung und der Schwerpunkte des Fremdenverkehrs festgelegt worden.

Das Netz der Nationalparkzentren wird schrittweise ausgebaut. Von den Bezirkszentren sind vier der angestrebten sieben Zentren inzwischen in Betrieb (Wyk, Nordstrand, Friedrichskoog, Büsum), die schrittweise mit dem nötigen hauptamtlichen Personal ausgestattet werden, soweit es die Haushaltslage jeweils ermöglicht.

Insgesamt sieht das Konzept der regional dezentralisierten Betreuung des Biosphärenreservates eine Zahl von 54 Mitarbeitern vor. Derzeit ist allerdings nicht absehbar, wann ein solcher Nationalparkservice vollständig installiert sein wird. Momentan fehlen dem Land die notwendigen Mittel.

Zentrum für Wattenmeer-Monitoring und -Information

Seit 1991 wird die Konzeption einer solchen Station entwickelt. Sie soll Besucher fortlaufend und umfassend über den „Gesundheitszustand" des Ökosystems informieren. Mit modernster Computertechnik sollen Einblicke in die aktuellen Monitoringdaten gegeben und die Besucher über ökosystemare Zusammenhänge im Wattenmeer informiert werden. Das Landeskabinett hat 1994 nach einer einjährigen Vorphase dem Bau der Station zugestimmt. Bund, Land und Gemeinde Tönning werden dies zusammen finanzieren.

Naturschutz und Küstenschutz

Durch das 1993 in Kraft getretene Landesnaturschutzgesetz – LNatSchG – ist eine neue Rechtslage entstanden: Alle Eingriffe im Sinne des Landesnaturschutzgesetzes bedürfen einer eigenständigen Genehmigung der zuständigen Naturschutzbehörde. Eine Sonderregelung besteht für Eingriffe, über die im Rahmen von Planfeststellungsverfahren zu entscheiden ist (z. B. Deichverstärkungen). Das LNatSchG stellt darüber hinaus eine Reihe von Biotopen unter besonderen Schutz. Wattflächen und Salzwiesen sowie Nationalparke werden in § 15 LNatSchG ausdrücklich als „vorrangige Flächen für den Naturschutz" bezeichnet. Dadurch ist die Zusammenarbeit der für Küstenschutz zuständigen Behörden mit dem NPA noch weiter intensiviert worden. Zudem ist das NPA intensiver in die Regionalplanung (z. B. Windkraft) einbezogen.

Internationale Zusammenarbeit

Wesentlicher Arbeitsschwerpunkt war dabei die Abfassung eines Qualitätszustandsberichtes des gesamten Wattenmeeres im Rahmen des Qualitätszustandsberichtes (QSR) für die Nordsee.

Weiterer Schwerpunkt sind die inhaltlichen Vorbereitungen der 7. trilateralen Regierungskonferenz zum Schutz des Wattenmeeres in Leeuwarden am 29. und 30. November 1994.

Ökosystemforschung

Der von Bund (BMU) und Land geförderte anwendungsorientierte Teil A der Ökosystemforschung Wattenmeer in Schleswig-Holstein (ÖSF) ist nach 5 Jahren in seinem praktischen Teil abgeschlossen worden.

Aus dem Teil A gingen wesentliche Impulse zur Konzeptionierung des trilateralen Wattenmeermonitorings hervor. Für den bundesdeutschen Teil des Monitorings ist die Programmkoordination im Einvernehmen von Bund und Küstenländern im NPA Tönning angesiedelt. Diese hat in einer Installationsphase Anfang 1994 seine Arbeit aufgenommen.

Die seit Juni angelaufene und vom BMFT und dem Land geförderte Synthesephase soll die Ergebnisse des Teiles A und die grundlagenorientierten Erkenntnisse des Teiles B in Handlungskonzepte überführen. Dabei werden Schwerpunkte die Konzeption der Hauptphase des Wattenmeermonitorings, die Festlegung von Referenzgebieten und eine flächendeckende Nationalparkplanung sein.

4. Ergebnisse in den Bereichen

4.1 Schutz von Ökosystemen

Durch das in 1993 novellierte Landesnaturschutzgesetz sind fast alle Biotoptypen des Wattenmeeres unter besonderen Schutz gestellt.

Dies führt z. B. dazu, daß die nunmehr grundsätzlich verbotene Beweidung der Vorländer nach einer Übergangsregelung auslaufen wird. Zusätzlich wird durch die mit dem Küstenschutz abgesprochenen Reduzierungen der Küstenschutzarbeiten in den Vorländern die natürliche Entwicklung vieler Salzwiesen wesentlich gefördert.

Leider ist es bisher trotz intensiver Bemühungen des NPA, großer Teile der Küstenbevölkerung und der Landespolitiker und -innen nicht gelungen, den Bundesverkehrsminister zum Erlaß einer generellen Geschwindigkeitsbegrenzung von Schiffen auf 12 Knoten (rd. 20 km / h) zu bewegen.

Die zum Schutz von Robben und Vogelbeständen erlassene Befahrensverordnung für große Teile der Zonen 1 ist ein erster Schritt in die richtige Richtung, auch wenn dies noch nicht ausreichend zum Schutz der Tierwelt ist und nicht den Forderungen der Wattenmeer-Biosphärenreservate entspricht.

4.2 Fischerei

Die Fischerei auf Frischfisch spielt im Biosphärenreservat eine untergeordnete Rolle. Wesentliche Erwerbszweige sind Krabben- und Muschelfischerei. Negative ökologische Auswirkungen der Krabbenfischerei entstehen vor allem durch die hohen Beifangmengen. Durch die geringen Maschenweiten werden viele Jung- und Kleinfische vernichtet. Diese werden leichte Beute von Vögeln, Fischen, Bodentieren und Seehunden.

Im Rahmen der Ökosystemforschung sind Verbesserungen der Fanggeschirre entwickelt worden, die Beifang minimieren helfen und den Wattboden schonen.

Miesmuschelfischerei wird im Nordfriesischen Wattenmeer in erheblichem Umfang betrieben. Negative Auswirkungen sind Veränderungen der Altersstruktur von Wildbänken durch Abfischen, Überprägung von Biotopen durch die Anlage von Muschelkulturen und eine aktive Ausbreitung der Miesmuschel.

Die Forderungen der 6. Trilateralen Wattenmeerschutzkonferenz 1991 in Esbjerg zur wesentlichen Reduzierung der Belastungen durch Miesmuschelfischerei sind in Schleswig-Holstein derzeit in der Umsetzung.

4.3 Produzierendes Gewerbe

Bislang Fehlanzeige.

4.4 Tertiärer Sektor (u. a. Tourismus), Umweltbildung und Öffentlichkeitsarbeit

Mittlerweile liegt eine Konzeption für einen flächendeckenden Nationalparkservice vor. Eine Umsetzung wird, hervorgerufen durch die angespannte Finanzlage des Landes, nur schrittweise erfolgen können.

Ebenfalls langsam schreitet der Aus- und Aufbau von Informationseinrichtungen voran. Steigende Besucherzahlen in den Infozentren zeigen, daß der Bedarf an Information nach wie vor groß ist.

Das neu zu errichtende Zentrum für Wattenmeer-Monitoring und -Information soll den speziellen Wissensbedarf nach ökosystemaren Zusammenhängen und dem Gesundheitszustand dieses Lebensraumes decken. Es wird 1996 / 1997 seinen Betrieb aufnehmen können.

4.5 Forschung / Ökologische Umweltbeobachtung

Die Ökosystemforschung hat bereits vor Abschluß der praktischen Arbeiten viele Impulse bei der Lösung einzelner Konflikte oder Erarbeitung von Maßnahmen gegeben.

Besonders wichtig war die Zuarbeit in die Konzeptionierung des trilateralen Wattenmeermonitorings. In einer Installationsphase von 1994 bis 1997 werden bestehende Einzelprogramme gebündelt und Ergebnisse in nationalen Datenbanken gespeichert und abrufbereit verarbeitet werden.

In dieser Installationsphase wird die Hauptphase konkretisiert. Referenzräume, Erhebungsfrequenzen u. a. mehr müssen festgelegt werden. Dazu wird die Synthese der Ökosystemforschung Beiträge liefern.

5. Künftige Arbeitsschwerpunkte

Wesentliche Schwerpunkte in den kommenden Jahren sind die Umsetzungen der erarbeiteten Konzepte. Insbesondere sind erste Schritte zur Installierung einer flächendeckenden Betreuung durch einen Nationalparkservice und zu einem noch mehr naturverträglich ausgerichteten Küstenschutz durch intensiven Dialog und enge Abstimmung mit dem Küstenschutz zu gehen. Der Bau des Zentrums für Wattenmeer-Monitoring und -Information soll 1995 begonnen werden.

Die Synthese der Ökosystemforschung mit z. B. der Erarbeitung eines Nationalparkplanes soll 1995 abgeschlossen werden. Das trilaterale Wattenmeermonitoring muß für die Hauptphase konzipiert werden.

6. Ausgewählte Literatur

ANDRESEN, F. H. (1993): Eine unendliche Geschichte? Befahrensregelung in den Wattenmeer-Nationalparken in: Nationalpark 4 / 93, S.6–9

CWSS (19913): Quality status report of the North Sea, Subregion 10: The Wadden Sea

KELLERMANN, A. / K. LAURSEN / R. RIETHMÜLLER / P. SANDBECK / R. UYTERLINDE und B. van de WETERING (1994): Concept for a trilateral integrated monitoring program in the Wadden Sea. Proc. 8th Intern. Wadden Sea Symp. Esbjerg, Denmark, 29. Sept.–2. Oct.1993. – Ophelia (im Druck)

LANDESINSTITUT SCHLESWIG-HOLSTEIN FÜR PRAXIS UND THEORIE DER SCHULE (IPTS), NPA, (1993): Erlebnis Wattenmeer; Bausteine für ganzheitliches Lernen zur Natur- und Umwelterziehung. – Tönning

LOZAN, J. L. / E. RACHOR / K. REISE / H. v. WESTERNHAGEN und W. LENZ (Hrsg.) (1994): Warnsignale aus dem Wattenmeer. – Berlin 1994

NEHLS, G. (1992): Eiderenten im schleswig-holsteinischen Wattenmeer. – Schriftenreihe Nationalpark Schleswig-Holsteinisches Wattenmeer, Heft 3

NATIONALPARK SCHLESWIG-HOLSTEINIGES WATTENMEER (Hrsg.) (1993): Ökosystemforschung Schleswig-Holsteinisches Wattenmeer – Eine

Zwischenbilanz. – Schriftenreihe Nationalpark Schleswig-Holsteinisches Wattenmeer Heft 5

RUTH, M. (1993): Auswirkungen der Miesmuschelfischerei auf die Struktur des Miesmuschelbestandes im schleswig-holsteinischen Wattenmeer – mögliche Konsequenzen für das Ökosystem in: Arbeiten des Deutschen Fischerei-Verbandes, Heft 57, S.85–102

STOCK, M. / H.-H. BERGMANN / H.-W. HELB / V. KELLER / R. SCHNIDRIGPETRIG und H.-C. ZEHNTER (1994): Der Begriff „Störung" in naturschutzorientierter Forschung: ein Diskussionsbeitrag in: Zeitschrift Ökologie und Naturschutz 3, S.49–57

Anschrift: Biosphärenreservat Schleswig-Holsteinisches Wattenmeer
Schloßgarten 1, 25832 Tönning
Tel.: (0 48 61) 6 16-0
Fax: (0 48 61) 4 59

5.3.9 Biosphärenreservat Schorfheide-Chorin

1. Allgemeine Einführung

Das Biosphärenreservat Schorfheide-Chorin liegt in Brandenburg, ca. 70 km nordöstlich von Berlin. Die Anerkennung durch die UNESCO erfolgte am 16. November 1990. In § 25 des Brandenburgischen Naturschutzgesetzes ist der Schutzstatus Biosphärenreservat formuliert. Weitergreifende Bestimmungen sind in der Schutzverordnung vom 12. September 1990 enthalten.

Größe:	129.161	ha
Einwohnerzahl:	ca. 35.000	Einwohner (in 75 Gemeinden und den Kleinstädten Joachimsthal, Greiffenberg und Oderberg. Die Landschaft zählt mit 28 Einwohnern/km^2 zu den dünnbesiedeltsten Deutschlands)
Gliederung:		
Kernzone:	3.648	ha
Pflegezone:	24.113	ha
Entwicklungszone:	101.410	ha (davon sind ca. 4.200 ha als Regenerationszone ausgewiesen)

21 Prozent der Reservatsfläche, das sind 27 751 ha, wurden zu Naturschutzgebieten erklärt. Davon sind 3648 ha Kernzone (2,8 Prozent der Gesamtfläche), also Totalreservate, aus denen sich der wirtschaftende Mensch gänzlich zurückzieht. Die angrenzenden Naturschutzflächen stellen Pflegezonen dar, in denen eine Nutzung nur gemäß den Erfordernissen des Biotop- und Artenschutzes möglich ist.

101 410 ha, also fast 79 % der gesamten Fläche, werden als Entwicklungszone bezeichnet und sind auch zukünftig wirtschaftlich zu nutzende Landschaften. Allerdings soll hier die Nutzung im höchsten Maße umweltverträglich praktiziert werden. Die Entwicklungszone hat flächendeckend den Schutzstatus eines Landschaftsschutzgebietes.

Sanierungsgebiete in der Entwicklungszone sind bewußt in das Biosphärenreservat Schorfheide-Chorin aufgenommen worden. Dazu zählen z. B. auf den Waldflächen Kiefernmonokulturen mit erhöhten Wildbeständen, auf den Ackerflächen die Güllehochlastflächen der Britzer Platte und auf Grünlandflächen die meliorierten Niedermoorstandorte des Welse-Bruchs.

Foto 9: Ausschnitt aus der Kulturlandschaft des Biosphärenreservates Schorfheide-Chorin (Foto: Succow).

Flächennutzung:
- Wald   64.580 ha (48%)
- Äcker   40.200 ha (32%)
- Grünland   8.000 ha (6%)
- Gewässer   9.040 ha (7%)
- Siedlungen und Wegenetz   (7%)

Fast die Hälfte des Schutzgebietes ist mit Wald bedeckt. Auf 64 580 ha stehen Waldgesellschaften in den verschiedensten Formen von Kiefernmonokulturen bis zum natürlichen Erlenbruchwald.

In der Offenlandschaft nimmt mit ca. 40 000 ha das Ackerland den größten Raum ein. 8000 ha Grünland befinden sich zum größten Teil auf meliorierten Niedermoorstandorten. 2500 ha Ackerland und 1600 ha Grünland befinden sich in der Pflegezone, in der keine Meliorationsmaßnahmen durchgeführt werden, keine Reliefveränderungen und kein Dauergrünlandumbruch vorgenommen werden dürfen.

Mit 9040 ha Gewässerfläche deutet sich der Reichtum des Schutzgebietes an natürlichen Gewässern an. 240 Seen über 1 ha Größe, bei denen alle Typen von Flachlandseen vertreten sind, geben dem Biosphärenreservat seinen typischen Charakter. Dazu kommen unzählige Feldsölle, wasserführende Hohlformen eiszeitlicher Herkunft. Ungefähr 10 Prozent der Gesamtfläche des Gebietes sind lebende oder trockengelegte Moore. Alle Moortypen, die für den norddeutschen Raum charakteristisch sind, kommen im Biosphärenreservat vor. Prägnant ist die große Zahl von Kesselmooren in den Endmoränengebieten.

Naturausstattung in Stichworten:
Das Biosphärenreservat Schorfheide-Chorin stellt einen vollständigen Ausschnitt einer jungglazialen Landschaft dar. Folgende landschaftsgenetische Einheiten sind vertreten:
- Grundmoräne (in kuppiger und ebener Ausbildung),
- Endmoräne (einschließlich mehrerer Zwischenstaffeln und Gletscherzungen),
- Sander (Wurzelsander, Sanderebenen, Durchbruchsander),
- Talsande (Grundwassersande, Anmoore, Moore) und
- Urstromtal (Moore, Sande, Auen).

Vorkommen gefährdeter / geschützter Pflanzen- und Tierarten der Roten Liste:
Flora: Breitblättriges- und Fleischfarbiges Knabenkraut, Natternzunge, Sumpfwurz, Trollblume, Sonnentau, Fieberklee, Sumpfblutauge, Sumpfporst, Rosmarinheide,

Fauna: Biber, Fischotter, Schrei-, Fisch- und Seeadler, Rotmilan, Kranich, Schwarzstorch, Wasserläufer, Sumpfschildkröte, Schleier- und Waldohreule, Waldkauz, Zwergschnäpper, Sperbergrasmücke, Schwarzspecht, Rohrschwirl, Neuntöter, Große und Kleine Rohrdommel, Drosselrohrsänger, mehrere Fledermausarten.

Leiter des Biosphärenreservates: Dr. Eberhard Henne

2. Personal- und Organisationsstruktur

Das Schutzgebiet wird von 23 Angestellten verwaltet, davon in den Referaten und Sachgebieten:

Leiter (1), ökolog. Waldwirtschaft (2), Gewässerökologie (2), Landwirtschaft (2), Landschaftsplanung / Tourismus (2), Öffentlichkeitsarbeit (2), Naturwacht (6), Sekretariat (1), Bibliothek (1), Gebäudebewirtschaftung (2). Über das Arbeitsfördergesetz § 249 h sind außerdem 54 Mitarbeiter der Naturwacht befristet eingestellt.

3. Arbeitsschwerpunkte der letzten zwei Jahre

– Konzipierung, Unterstützung und praktische Förderung naturverträglicher Landnutzungsformen,
– Erarbeitung von Pflege- und Entwicklungsplänen für das Biosphärenreservat Schorfheide-Chorin,
– Umweltmonitoring, Realisierung von Forschungsprojekten und Bewertungen von spezifischen Ökosystemen im Biosphärenreservat Schorfheide-Chorin.
– Umweltbildung, Aufbau und Entwicklung von Informationszentren, Öffentlichkeitsarbeit.

4. Ergebnisse in den Bereichen

4.1 Schutz von Ökosystemen; Biotop- und Artenschutz

Kartierung von Biotopen mit Erfassung biotoptypischer und gefährdeter Arten als Grundlage für die Zielstellung des Vertragsnaturschutzes und die Ableitung notwendiger Pflegemaßnahmen und zur Beurteilung von Eingriffen. Erfassung bedrohter Arten als Voraussetzung für das Naturschutzmanagement. Daraus abgeleitete Maßnahmen sind u. a.:
– Artenschutzprogramm für Fledermäuse,
– Pflege- und Entwicklungsplan für Biberpopulation,

- Schutzprojekt Sumpfschildkröte,
- Großtrappenschutzprogramm,
- Schreiadlerprogramm,
- Kranichschutzprogramm,
- Nisthilfeprogramm für Weißstorch, Fischadler, Trauerseeschwalbe, Baumfalke.

Realisierung des Projektes „Alternative Nutzung von Niedermoorstandorten im Nordosten Deutschlands" und des Projektes „Genressourcenschutz von Wild- und Kulturpflanzen" in den Großschutzgebieten Brandenburgs.

4.2 Forst- und Landwirtschaft, Fischerei

Im Biosphärenreservat Schorfheide-Chorin wurden 89 Verträge mit 60 Landwirtschaftsbetrieben abgeschlossen. Beispiele ökologischer Landwirtschaft entwickeln sich sehr gut im Ökodorf Brodowin (ökologischer Landbau nach Demeterrichtlinien auf 1100 ha). Wie zugleich mit extensiver Produktion die Vermarktung und damit die Ökonomie zu sichern ist, demonstriert die Erzeugergemeinschaft Uckermärkisches Qualitätsrindfleisch in Stegelitz, die 1200 Rinder auf 2300 ha extensiv hält und gegenwärtig die Nachfrage nach Rindfleisch aus nachgewiesen kontrollierter Produktion kaum bewältigen kann.

In der Ökodomäne Hohenwalde, einem anerkannten GÄA-Betrieb mit 600 ha Fläche, wurde kürzlich mit gutem Erfolg ein Hofladen für ökologisch erzeugte Produkte eröffnet.

Die extensive Weidewirtschaft wird in zunehmendem Umfang praktiziert, u. a. im Stadtgut Angermünde und in der Weidegenossenschaft Liepe mit Mutterkuhhaltung.

Seit 1992 sind im Biosphärenreservat über 8000 ha Ackerlandfläche auf die extensive Nutzung umgestellt worden.

Gefördert und unterstützt wurden in den Bereichen Landwirtschaft, Forst und Gewässernutzung u. a.:
- Landschaftspflege mit Schafen / Rindern,
- Landschaftspflege Mahd,
- Kopfweidenpflege und -neupflanzungen,
- Streuobstwiesen / Hecken / Flurgehölze / Sölle (Pflege, Neuanlage bzw. Renaturierung),
- Umwandlung Ackerland zu Grünland und Anlage von Gewässerrandschutzstreifen,
- Errichtung fester Koppelzäune,

- Extensive Grünlandbewirtschaftung mit einem Aufwand von insgesamt 3,5 Mio. DM seit 1992,
- umweltgerechte Fischerei mit 6 Fischereibetrieben über 55 000 DM,
- Vertragsnaturschutzzahlung zur Entwicklung einer ökologischen Teichwirtschaft im NSG „Blumberger Teiche" (60 000 DM),
- Wasserrückhaltungsmaßnahmen an 19 Stellen in Wasserläufen 1. Ordnung,
- Grundwasseranhebungen (Kosten 1993: 70 000 DM),
- Freistellung von Alteichen in der Schorfheide (Kosten: 33 000 DM),
- Ökologische Umgestaltung von Wildäckern in der Schorfheide (Kosten: 137 000 DM),
- Mähen von Forstwiesen (Kosten: 10 000 DM),
- Anlage von Feuchtbiotopen im Wald (Kosten: 40 000 DM) sowie
- Waldrandgestaltung (Kosten: 14 000 DM).

Initiiert und unterstützt wurde die Bildung eines Landschaftspflegeverbandes, in dem 5 regionale Landschaftspflegevereine mitwirken. Grundprinzip aller Landschaftspflegeverbände ist das gleichberechtigte und freiwillige Zusammenwirken von Vertretern der Naturschutzverbände, Landwirte und Kommunalpolitiker. Diese verschiedenen Interessengruppen sind im Vorstand drittelparitätisch vertreten. Eine so ausgewogene Konstruktion schafft Vertrauen und ermöglicht es, anders gelagerte Interessen in die Naturschutzziele einzubinden. Die Maßnahmen werden im Sinne der Satzung vorrangig von ortsansässigen Landwirtschaftsbetrieben ausgeführt. Dazu steht den Landwirten ein verbandseigener Maschinenpark mit Spezialgeräten für Landschaftspflegearbeiten kostenfrei zur Verfügung.

Entscheidend für die Entwicklung von stabilen Strukturen extensiver oder ökologischer Landwirtschaft ist die Organisation der Verarbeitung und Vermarktung der Produkte. Deshalb haben sich z. B. im nördlichen Teil des Biosphärenreservates mehrere Landwirte zur Erzeugergemeinschaft „Uckermarker Landwerkstätten" zusammengeschlossen. Sie gehen davon aus, daß nur durch den Verbund von professionell und arbeitsteilig organisierten Erzeuger- und Verarbeitungsbetrieben des ökologischen Landbaus und durch den Aufbau von gemeinsamen Vermarktungsformen eine Chance besteht, die Strukturprobleme der Landwirtschaft in der Uckermark zu bewältigen.

Geplant ist die Errichtung eines ökologisch ausgerichteten landwirtschaftlichen Betriebes als Lehr- und Versuchsgut, in dem Möglichkeiten landwirtschaftlicher Verarbeitung und Vermarktung unter den Bedingungen des Großschutzgebietes gezeigt werden und von dem Impulse für die Umstellung auf eine ökologische Landwirtschaft ausgehen. Daran beteiligt sind gegenwärtig

7 Landwirte, die selbst gut funktionierende Betriebe bewirtschaften, ein vielfältiges Produktionsprofil und Erfahrungen einbringen. Ergebnisse sind u. a. ein Laden für die Direktvermarktung in Berlin, in Hohenwalde und mehrere mobile Verkaufseinrichtungen sowie verschiedene Ausbildungsinitiativen. Unterstützt werden solche Vorhaben von ehrenamtlichen Kräften wie dem Verein „Kulturlandschaft Uckermark", der Initiativen zur natur- und sozialverträglichen Regionalentwicklung fördert und mit Öffentlichkeits- und Bildungsarbeit beiträgt, diese Erfahrungen im Biosphärenreservat zu verbreiten.

Ins Leben gerufen wurde ein Bildungswerk extensive Landnutzung e.V., das in den Wintermonaten Workshops, Betriebsbesichtigungen, Feldrandgespräche und Vorträge organisiert, die von den Landwirten gut besucht waren. Für das nächste Winterhalbjahr wird eine Wunschliste der Landwirte zusammengestellt, nach der die Veranstaltungen mit namhaften Wissenschaftlern und Praktikern durchgeführt werden.

Regelmäßig stimmen Mitarbeiter der Ämter für Forstwirtschaft und des Biosphärenreservates gemeinsame Arbeiten ab, so bei der ökologischen Waldrandgestaltung oder dem Schutz der mehr als zweitausend 400 bis 600 Jahre alten Eichen in der Schorfheide, die nicht nur einmalige Naturdenkmäler sind, sondern die auch von früheren Nutzungsformen des Waldes durch den Menschen – den Hutewald – zeugen.

Interessante und wichtige Schritte zur Wiederherstellung natürlicher Flußläufe wurden gemeinsam mit den örtlichen Wasser- und Bodenverbänden gemacht. Die Welse z. B. kann dadurch in der Nähe von Greiffenberg wieder die Funktion der Wasserrückhaltung und damit des Aufhaltens von Hochwasser übernehmen, das in diesem Jahr schon sehr bedrohlich in die Dörfer und Städte vorgedrungen ist. Zugleich erhalten Fische und Amphibien Lebensräume und Laichplätze zurück.

4.3 Produzierendes Gewerbe

Vgl. 4.2 Forst- und Landwirtschaft, Fischerei.

4.4 Tertiärer Sektor (Tourismus u. a.)

Die Entwicklung eines natur- und sozialverträglichen Tourismus ist der Schwerpunkt gemeinsamer Arbeit mit den Fremdenverkehrsvereinen der Region. Gemeinsame Projekte wie ein Radwanderwegekonzept in und um Ringenwalde und Gerswalde seien als Beispiel genannt. Gefördert werden kleine Pensionen und Familienbetriebe, die landschaftsangepaßt dem Biosphärenreservat sehr gut zu Gesicht stehen.

Foto 10: Landschaftspflegende Maßnahmen im Biosphärenreservat Schorfheide-Chorin (Foto: Succow).

4.5 Forschung / Ökologische Umweltbeobachtung

BMFT-DBU Verbundvorhaben „Naturschutzmanagement in der offenen agrarisch genutzten Kulturlandschaft am Beispiel des Biosphärenreservates Schorfheide-Chorin" wurde für den Zeitraum vom 01.01.1994 bis 31.12.1997 mit einem Finanzvolumen von 13,1 Mio. DM durch das Bundesforschungsministerium und die Deutsche Bundesstiftung Umwelt bewilligt. Beteiligt sind 18 wissenschaftliche Einrichtungen und 45 landwirtschaftliche Betriebe. Im Rahmen dieses Verbundvorhabens wird beabsichtigt, regionalisierte Ziele für den Umwelt-, Landschafts- und Naturschutz durch die Fachdisziplinen Geoökologie, Geobotanik und Zoologie für größere Landschaftsausschnitte zu entwickeln. Auf deren Basis sollen Fragen ihrer großflächigen administrativen Umsetzung mit und durch die ortsansässigen Landwirtschaftsbetriebe untersucht werden. Hierbei wird ein besonderer Schwerpunkt auf die Untersuchung umwelt- und agrarpolitischer Strategien und Instrumentarien zur Zielrealisierung gelegt. Regionale sozioökonomische Konsequenzen unterschiedlicher ökologischer Zielvarianten sollen beleuchtet werden. Weitere Forschungsprojekte sind:

- Landschaftsplanung und -gestaltung im Bereich Ökodorf Brodowin (T.U. Berlin),
- Limnologische und hydrologische Erforschung der Seen (H.U. Berlin),
- Definition von Waldökosystemen (BFA Eberswalde, Universität Göttingen),
- Ökologische Ackernutzungssysteme (ZALF Müncheberg),
- Extensive Grünlandbewirtschaftung (Paulinenaue, ABM-ÖBBB),
- Forschung zu Bioindikatoren als Umweltfrühwarnsystem (Deutsches Entomologisches Institut),
- Ökologische Landnutzungssysteme (Förderung durch die Deutsche Bundesstiftung Umwelt),
- Aufbau eines geographischen Informationssystemes zur integrativen Verarbeitung (Landesanstalt für Großschutzgebiete Eberswalde) sowie
- Erfassung, Bewertung und Schutz der Moore im Biosphärenreservat Schorfheide-Chorin (TU Berlin).

Seit 1992 wurden 49 Diplomarbeiten und Studien von nationalen Wissenschaftseinrichtungen in Zusammenarbeit mit den Fachbereichen des Biosphärenreservates Schorfheide-Chorin abgeschlossen.

1993 wurden beispielsweise Gutachten und Studien erarbeitet zu den Themen:
- Einfluß von Altlastenstandorten auf angrenzende landwirtschaftliche Nutzung und Umwelt,
- Aspekte der Weidehygiene der Mutterkuhhaltung,
- Grundwasseranhebung im Raum Gollin / Reihersdorf,

- Fischerei unter ökologischen Gesichtspunkten,
- Renaturierung von Fließgewässern,
- Vermessung und hydrologische Studie im Bereich der Sernitzniederung unter dem Aspekt der ökologischen Landnutzung des Niedermoorstandortes,
- Möglichkeiten und Methoden einer flächendeckenden Überwachung der forstsanitären Situation in den Totalreservaten,
- Schalenwild-Management-Konzept,
- Umweltkontaminanten an Wild,
- Entwicklung eines Monitorings „Greifvögel" auf einer Fläche von 800 km^2,
- Erarbeitung eines Monitoringsystems Fischotter im gesamten Biosphärenreservat,
- Schreiadlermonitoring und -telemetrie,
- u. v. a.

Eine wichtige Form der Zusammenarbeit hat sich durch den Arbeitskreis Artenschutz (AKAS) des Biosphärenreservates entwickelt. Langjährig tätige Spezialisten sind über dieses Gremium in den Artenschutz des Schutzgebietes eingebunden. Durch ihre langjährige Erfahrung und weit zurückreichende Beobachtungsdaten leisten diese Mitarbeiter ein wertvolles Monitoring bei Biber, Fischotter, Fledermäusen, einzelnen Großvogelarten, ausgewählten Lurch- und Kriechtierarten. Im AKAS werden auch alle anderen wissenschaftlichen Arbeiten des Biosphärenreservates abgestimmt, um einen reibungslosen Ablauf der Forschungen einerseits zu gewährleisten und eine Störung sensibler Arten andererseits zu vermeiden.

4.6 Umweltbildung

- 60 Fachvorträge und Fachinformationen durch Leiter und Referenten,
- Durchführung von 13 Bildungs- und Beratungsveranstaltungen mit externen Fachleuten im Bereich Landwirtschaft und ökologische Waldwirtschaft,
- Betreuung von 45 Studentengruppen mit ca. 1200 Teilnehmern,
- Betreuung von 40 Schülerprojekten (insbesondere durch die Naturwacht),
- Unterstützung von 6 Jugendlagern, einem Schulbauernhof, einem Freilandlabor und von Naturlehrpfaden.

4.7 Öffentlichkeitsarbeit

Info-Zentren / Besucherbetreuung:
- Betreuung und Neueröffnung von Info-Zentren und Ausstellungen in Groß Schönebeck, Angermünde und Brodowin,

- Unterstützung der Konzeption und Vorbereitung künftiger Info-Zentren Blumberger Mühle, Chorin und eines Studien- und Beratungszentrums in Neuhaus,
- 300 nationale und internationale Fachbesucher,
- 15 Exkursionen nur im Bereich landwirtschaftlicher Nutzung im Schutzgebiet,
- 254 Führungen mit 4500 Personen, 1200 Belehrungen und 5100 Auskünfte durch die Naturwacht,
- Mitwirkung bei der Organisation des 2. Aktionstages des Fördervereins, der Aktion „Mobil ohne Auto", der Eröffnung eines 140 km langen Radwanderwegenetzes u. a. Veranstaltungen,
- Medienarbeit
- Herausgabe und Redaktion der Zeitung „Adebar",
- künstlerisch gestalteter Kalender 1994,
- Broschüre zum Biosphärenreservat,
- 45minütiger Film zum Biosphärenreservat,
- diverse kleine Broschüren und Informationen,
- 200 Info-Tafeln für die Außeninformation,
- 14 Tafeln Wanderausstellung,
- Mitarbeit an 35 Publikationen Dritter,
- 40 Presseinformationen, 4 Pressekonferenzen, 4 Presseexkursionen sowie
- 35 eigene Veröffentlichungen in anderen Medien.

5. Künftige Arbeitsschwerpunkte

Nicht dargestellt.

6. Ausgewählte Literatur

ACHTERBERG (1992): Beschreibung der im Biosphärenreservat „Schorfheide-Chorin" vorhandenen Dörfer. Entwicklung und heutiger Zustand. – Eberswalde

APEL, K. H. (1994): Möglichkeiten und Methoden einer flächendeckenden Überwachung der forstsanitären Situation in den Schutzzonen I des Biosphärenreservates Schorfheide-Chorin. – Gutachten der Forstlichen Forschungsanstalt Eberswalde

APEL, K. H. / HEXDECK und MAJUNKE (1992): Forstsanitäre Situation in den Waldbeständen der Schutzzone I des Biosphärenreservates Schorfheide-Chorin. – Gutachten der Forstlichen Forschungsanstalt Eberswalde

FREIE UNIVERSITÄT BERLIN (1993): Entwicklung eines Fremdenverkehrs- und Marketingkonzeptes für den Kreis Eberswalde: Berichte und Materialien. – Studienprojekt der FU Berlin 1991 / 92

HECK, C. (1992): Entwicklungsplanung für landschaftsbezogene Erholung. Choriner Endmoränenbogenerholungsplanung Biosphärenreservat Schorfheide-Chorin. – TU Berlin

HOFMANN, G. (1990): Die Wald- und Forstsysteme im Biosphärenreservat Schorfheide-Chorin. Übersichtsinventur und Kurzcharakteristik. – Eberswalde

KRAY, E. (1992): Tourismus in einem Biosphärenreservat – Möglichkeiten einer umwelt- und sozialverträglichen Entwicklung im Biosphärenreservat Schorfheide-Chorin. – Freie Universität Berlin

LEBERECHT, M. (1992): Regionalisierte Umweltqualitätsziele zur Steuerung, Kontrolle und Bewertung von Maßnahmen des Naturschutzmanagements im nordostdeutschen Tiefland am Beispiel des Biosphärenreservates Schorfheide-Chorin. – Müncheberg

NIPPERT, E. (1993): Die Schorfheide. Zur Geschichte einer deutschen Landschaft. – Brandenburg

SCHULZKE, D. (1992): Leitlinien für Schutz, Pflege und Entwicklung des Biosphärenreservates „Schorfheide-Chorin". – Eberswalde

SCHWIGON, B. und P. KÖNIG (1992): Aufbau und Arbeitsschwerpunkte eines Landschaftspflegeverbandes im Biosphärenreservat Schorfheide-Chorin. – Humboldt-Universität / Berlin

SEITZ, G. (1993): Standortgerechte Landnutzung im Biosphärenreservat Schorfheide-Chorin. Methodische Fallstudie in der Gemeinde Groß Fredenwalde. – Diplomarbeit TUM-Weihenstephan

TIMMERMANN, T. (1993): Erfassung, Bewertung und Schutz der Moore im Biosphärenreservat Schorfheide-Chorin: Voruntersuchungen an 50 Mooren im Raum Neuhaus. – Eberswalde

UNSELT, Ch. (1993): Konzeption zur standortgerechten Landwirtschaft am Beispiel der Fluren Zuchenberg, Altkünkendorf und Wolletz im Biosphärenreservat Schorfheide-Chorin. – Diplomarbeit am Lehrstuhl für Landschaftspflege der Universität Hannover

Anschrift: Biosphärenreservat Schorfheide-Chorin
Am Stadtsee 1–4, D-16225 Eberswalde
Tel.: (0 33 34) 21 20 35 / 36 / 37
Fax: (0 33 34) 21 20 35 / 36 / 37

5.3.10 Biosphärenreservat Spreewald

1. Allgemeine Einführung

Das Biosphärenreservat Spreewald liegt in Brandenburg, ca. 100 km südöstlich von Berlin. Die UNESCO erkannte das Gebiet am 07. März 1991 als Biosphärenreservat an.

Größe:	48.460 ha
Einwohnerzahl:	ca. 55.000 Einwohner
Gliederung:	
Kernzone:	980 ha
Pflegezone:	8.720 ha
Entwicklungszone:	38.770 ha (davon 17.930 ha als Regenerationszone ausgewiesen)

Naturausstattung in Stichworten:
Das Biosphärenreservat Spreewald repräsentiert im Biosphärenreservat-Netz mitteleuropäische Niederungsgebiete. Die weitverzweigte Auenlandschaft bietet vielfältige Lebensräume für Flora und Fauna. Der Oberspreewald besteht aus einem kleinflächigen Mosaik von über die Jahrhunderte gewachsenen Landnutzungsformen. Im Gegensatz dazu ist der Unterspreewald vor allem durch naturnahe Waldbestockung geprägt.

Vorkommen gefährdeter / geschützter Pflanzen- und Tierarten der Roten Liste:
Flora: Lungenenzian, Schlangenknöterich, Wiesen-Alant, Gottes-Gnadenkraut, Sibirische Sumpf-Schwertlilie,
Fauna: Fischotter (Lutra lutra), Schwarzstorch (Ciconia nigra), Myotis myotis, Fischadler (Pandion haliaeetus).

Leiter des Biosphärenreservates: Dr. Manfred Werban

2. Personal- und Organisationsstruktur

– Planstellen
 1 Leiter, 3 Verwaltungsangestellte, 10 wissenschaftliche Mitarbeiter, 4 hauptamtliche Naturwächter
– befristete Stellen
 33 Naturwächter zeitbefristet (AfG), 30 ABM Naturwachthelfer, 10 Zivildienstleistende, 2 Mitarbeiter im freiwilligen ökologischen Jahr

- Struktur
  * Leiter mit Büroleitung (Haushalt, Personal, Sekretariat und Objektverwalter)
  * 4 Bereiche
  1. Öffentlichkeitsarbeit und Umweltbildung mit Naturwacht
  2. Ökologische Landwirtschaft und Vertragsnaturschutz
  3. Ökologische Grundlagenforschung / Ökosystemforschung
  4. Gebietsentwicklung / -planung

  Die zentrale Verwaltung befindet sich in Lübbenau mit Außenstellen in Burg und Schlepzig.

3. Arbeitsschwerpunkte der letzten zwei Jahre

- Mitarbeit an der Erarbeitung eines Planes zur Sicherung der Wasserbereitstellung für den Spreewald (Wassermanagementprojekt) – Sicherung der Wasserbereitstellung und -verteilung im Spreewald im Zusammenhang mit dem ständigen Rückgang der Sümpfungswässer und der Tagebaue,
- Erarbeitung der Pflege- und Entwicklungspläne für das Biosphärenreservat Spreewald,
- Erarbeitung des Landschaftsrahmenplanes für das Biosphärenreservat Spreewald,
- Erarbeitung eines Tourismuskonzeptes für die Region Spreewald,
- Erarbeitung von Richtlinien und Durchsetzung von Fördermaßnahmen auf Naturschutzflächen,
- Erarbeitung von Landschaftspflegekonzepten für das Grünland,
- Aufbau eines Beobachtungsprogrammes (Monitoring),
- Einrichtung und Arbeit mit dem Geographischen Informationssystem,
- Erarbeitung und Durchführung von Artenschutzprojekten (u. a. Weißstorchprojekt, Otterprojekt) sowie
- weiterer Aufbau der Verwaltung des Biosphärenreservates und der Naturwacht.

4. Ergebnisse in den Bereichen

4.1 Schutz von Ökosystemen

Im Rahmen der Erarbeitung der Pflege- und Entwicklungspläne Weiterführung und weitestgehender Abschluß der Biotopkartierung; Folgerungen zum Schutz der einzelnen Zonen werden z. Z. erarbeitet.

4.2 Forst und Landwirtschaft

Die landwirtschaftliche Nutzung in der Pflegezone und überwiegend in der Entwicklungszone sind durch Verträge und andere Vereinbarungen gesichert. In der Forstnutzung ist eine gemeinsame fachliche Arbeit angelaufen, die Umsetzung erfolgt jeweils durch Forstwirtschaftsbetriebe.

4.3 Produzierendes Gewerbe

Ein Gewerbegebiet mit Spreewaldgemüsevermarktung, Energiemixpark (Windkraft, Biogas und Hackschnitzelheizwerk) befindet sich im Aufbau.

4.4 Tertiärer Sektor (u. a. Tourismus)

Gegenüber 1993 mit 2,4 Mio. Touristen im Spreewald ist die Tendenz 1994 eindeutig rückläufig. Das vorliegende Tourismuskonzept muß nun mit den Fremdenverkehrsverbänden langfristig umgesetzt werden.

4.5 Forschung / Ökologische Umweltbeobachtung

Seit 1992 sind 37 Arbeiten mit unterschiedlichem Umfang angefertigt worden.

Erarbeitete Studien / Gutachten für das Gebiet des Biosphärenreservates Spreewald:
– Hydrologisch-ökologische Studie zu Möglichkeiten der Renaturierung in dem Bereich Stauabsenkung „Nord" und „Süd" im Oberspreewald; Auftragnehmer: PROWA (Auftraggeber Landkreis Calau) (1992),
– Studie zu Lösungsvorschlägen für Freiausläufe an den Schöpfwerken Kockrowsberg und Barzlin; Auftragnehmer: PROWA (1992),
– Studie zur Aufhöhung der Grundwasserstände im Bereich der Krummen Spree durch Anschluß von Altarmen; Auftragnehmer: PROWA (1993 / 94),
– Studie zur Bewertung der Altarme an der „Krummen Spree". Untersuchungen der Sedimente, der Makrophyten und der Fischfauna; Auftragnehmer: Institut für Gewässerökologie und Binnenfischerei, Berlin (1993 / 94),
– Studie zur Grundwasserstandsentwicklung im Gebiet des Unterspreewaldes; Auftragnehmer: PROWA (1993),
– Studie zur Verbesserung der ökologischen Verhältnisse in den Fließgewässern des Unterspreewaldes (Puhlstrom); Auftragnehmer: PROWA (1992),
– Fließgewässerkartierung im Unterspreewald; Praktikum von Matthias Frei (FU Berlin) (1992),

Foto 11: Biosphärenreservat Spreewald: Tagestourismus auf einem traditionellen Spreekahn (Foto: Nauber).

- Standgewässerkartierung Ober- und Unterspreewald; Praktikum von Ines Heinrich und Kirsten Erfkämper (Absolventen einer Umschulungsmaßnahme der UWEX-Ing.-Gesellschaft) (1992),
- Untersuchungen zum Makrozoobenthos in Fließgewässern des Spreewaldes; Diplomarbeit von D. Andres und C. Hess (Universität Mainz, Inst. für Zoologie, Prof. Seitz) (1992 / 93),
- Untersuchungen zur Besiedlung verschiedener Strukturen durch Makrozoobenthos im Puhlstrom; Diplomarbeit von Matthias Frei (FU Berlin) (1993 / 94),
- Kleinnagermonitoring in Totalreservaten; Praktikum von Studenten der Universität Halle (1992),
- Diplomarbeit und Kartierungsgutachten zu ökologischen Untersuchungen der Heuschreckenfauna im Sprecwald; Jürgen Borries (Universität Bonn, Inst. für Landw. Zoologie, Prof. Dr. Bick) (1992),
- Gutachten zu Strukturen der Neuropteriodea an pflanzensoziologisch erfaßten Standorten im Biosphärenreservat Spreewald; Auftragnehmer: Wieland Röhricht, Berlin (1991–1993),
- Gutachten zur Erfassung der Wanzen im Biosphärenreservat Spreewald; Auftragnehmer: Andre Grondke, Cottbus (1992),

- Studie zur faunistischen Besiedlung der Gewässer des Unterspreewaldes; Auftragnehmer: F. Pohle, Öko-Anlagen, Schlabendorf (1992 / 93),
- Erfassung der Käferfauna im Biosphärenreservat Spreewald; Auftragnehmer: Bill Landsberger, Peitz (1992),
- Avifaunistisches Gutachten im Totalreservat des Biosphärenreservates Spreewald (Monitoring-Aufbau); Auftragnehmer: Jens Kießling, Berlin (1991),
- Kurzbericht / Datenlisten zur chlororganischen und Schwermetallbelastung von Fischen in der Spree; Auftragnehmer: Staatl. Veterinär- und Lebensmitteluntersuchungsamt Cottbus (1992),
- Erster Beitrag zur Erfassung der Pilzflora in ausgewählten Gebieten im NSG „Innerer Oberspreewald", besonders Totalreservate; Auftragnehmer: M. Symmangk, Freiberg (1992),
- Gutachten zur Faunenstruktur der Lepidopteren an pflanzensoziologisch erfaßten Standorten im Biosphärenreservat Spreewald; Auftragnehmer: T. Karisch, Demitz-Thumitz (1991–1993),
- Studie zu Fischotterschutz und Reusenfischerei im Biosphärenreservat Spreewald; Auftragnehmer: Sybille und Manfred Wölfl, München (1993),
- Untersuchungen zum Landschaftszustand im Oberspreewald; Dissertation Ralf-Uwe Syrbe, Universität Potsdam (1990–1993),
- Erste ökotoxikologische Gewässerbewertung im Biosphärenreservat Spreewald; Auftragnehmer: ERTOX, Frankfurt / Oder (1993),
- Aufstellung und erste Wertung der im Biosphärenreservat Spreewald vorhandenen Altlasten; Auftragnehmer: ERTOX, Frankfurt / Oder (1993),
- Landschaftsrahmenplan für das Biospärenreservat Spreewald; Auftragnehmer: Büro für Landschaftsplanung A. Rosenkranz, Berlin (1993 / 94),
- Gutachten zur Siedlungsentwicklung im Biosphärenreservat Spreewald (Teil 1); Auftragnehmer: Forschungsgruppe Stadt und Dorf, Prof. Schäfer, Berlin (1993),
- Erholungskonzeption Biosphärenreservat Spreewald; Auftragnehmer: Büro für Landschaftsplanung A. Rosenkranz, Berlin (1993 / 94),
- Repräsentative Befragung der ortsansässigen Bevölkerung im Biosphärenreservat Spreewald; Auftragnehmer: HOLON – Gesellschaft für soziokulturelle, ökologische und regionale Studien (1993 / 94),
- Besucherbefragung im Biosphärenreservat Spreewald; Auftragnehmer: HOLON – Gesellschaft für soziokulturelle, ökologische und regionale Studien (1994),
- Gutachten zur Aufwertung der Bytna (historische Studie); Auftragnehmer H. Rippl, Cottbus (1993),

- Projektkonzeption Naturschutzgroßprojekt; Auftragnehmer: Schmal & Ratzbor, Hannover (1993),
- Ornithologisches Punkt-Stop-Monitoring entsprechend des Dachverbandes Deutscher Avifaunisten; Auftragnehmer: verschiedene Ornithologen der Region (seit 1992),
- Vorplanung für Regenerierungsmaßnahmen im Bereich Werben, Oberspreewald; Auftragnehmer: Ing.-Büro für Gewässerschutz und Kulturbau, Cottbus (1993 / 94),
- Brutvogelkartierung im NSG „Innerer Unterspreewald"; Auftragnehmer: C. Nitschke, V. Hastädt, Lübben (1992),
- Alleenkartierung; Praktikum von Heike Stegmann (1993),
- Erfassung der Schmetterlinge im Biosphärenreservat Spreewald; Auftragnehmer: A. Grondke und J. Gelbrecht (seit 1990) sowie
- Satellitenbildkarte und Landnutzungskartierung für das Biosphärenreservat Spreewald, Bericht – Deutsche Projektunion Berlin, Brandenburg (1994).

Abgeschlossene und laufende Untersuchungen / Projekte in der Verwaltung des Biosphärenreservates:
- Überarbeitung der Projektkonzeption für das Naturschutzgroßprojekt,
- Stillgewässerkartierung,
- Erfassung der Naturdenkmale im Biosphärenreservat,
- Störstellenanalyse Fischotter im Biosphärenreservat,
- Fledermauserfassung,
- Führung der Avifaunistischen Datenbank,
- Erfassung von Rast und Durchgang von Limikolen,
- Wasservogelzählung (fortlaufend),
- Großvogelnestkartierung,
- Erfassung der Libellenfauna,
- Erfassung der Herpetenfauna sowie
- Erfassung und Erweiterung der Streuobst- und Kopfweidenbestände.

4.6 Umweltbildung

Für das Biosphärenreservat bestehen flächendeckend Vereinbarungen mit den Schulen. Vorträge, Wanderungen und Seminararbeiten werden regelmäßig durchgeführt. Der Kräutergarten in Burg wurde im 3. Jahr des Bestehens von Gästen besucht. Insbesondere sind es Schüler und Interessentengruppen, die hier betreut werden. Dazu sind jährlich zwei Seminare im Angebot.

Von der Naturwacht der Außenstellen in Burg und Schlepzig sind über die gesamte Saison Führungen, Exkursionen etc. im Angebot. Mit den Schulen der Stadt Lübbenau wird z. Z. das Projekt „Schüler entdecken den Spreewald – das Biosphärenreservat Spreewald als Lebensraum" für eine Ausstellung im UNESCO-Gebäude (Paris) für 1995 betreut und vorbereitet.

4.7 Öffentlichkeitsarbeit

– Neben den unzähligen Beiträgen in Tageszeitungen wird vom Biosphärenreservat vierteljährlich der „Adebar" als Biosphärenreservatszeitung herausgegeben.
– Videos, Poster und Broschüren sind z. Z. weiterhin im Angebot.
– Ein Buchprojekt (Das Biosphärenreservat Spreewald) ist in Vorbereitung.
– Einwohnerversammlungen werden in allen Gemeinden des Biosphärenreservates regelmäßig durchgeführt.

5. Künftige Arbeitsschwerpunkte

– weitere Erarbeitung der Pflege- und Entwicklungspläne,
– weitere Arbeit am Wassermanagementprojekt,
– Sicherung der Landnutzung,
– Maßnahmen zum Artenschutz,
– weitere Arbeit mit dem Geographischen Informationssystem,
– Aufbau der Besucher- und Informationszentren in Lübbenau, Burg und Schlepzig,
– weitere Arbeit am Informationssystem für die Besucher im Biosphärenreservat sowie
– Weiterführung der Forschung und Ökologischen Umweltbeobachtung.

6. Ausgewählte Literatur

ANONYM (1993): Spreewald, Labyrinth aus Wald und Wasser in: Naturoasen, Faszinationen der sanften Wildnis

BIOSPHÄRENRESERVAT SPREEWALD (Hrsg.) (1992): Magazin zum 1. Spreewaldtag 1992

BIOSPHÄRENRESERVAT SPREEWALD UND BVB COTTBUS (Hrsg.) (1990): Biosphärenreservat Spreewald. – Faltposter

BUTZECK, St. (1990): Der Spreewald – ein Rückzugsgebiet des Fischotters in: Nationalpark 67

FREMDENVERKEHRSVERBAND SPREEWALD E.V. (Hrsg.) (1991): Biosphärenreservat Spreewald – Spreewald einzigartig. – Broschüre

MINISTERIUM FÜR UMWELT, NATURSCHUTZ UND RAUMORDNUNG DES LANDES BRANDENBURG (Hrsg.) (1993): Biosphärenreservat Spreewald. – Broschüre

SPANDAU, L. (1992): Nutzen und gleichzeitig bewahren in: Allianz-Journal 2 / 92

WERBAN, M. (1992): Aufbau und Entwicklung des Biosphärenreservats Spreewald. – Schriftenreihe des Bundesverbandes deutscher Gartenfreunde e.V. 79, S.104–108

WERBAN, M. (1993): Biosphärenreservat Spreewald – Labyrinth der 1000 Fließe in: SUCCOW, M. et al. (Hrsg.): Unbekanntes Deutschland

Anschrift: Biosphärenreservat Spreewald
           Schulstraße 9, D-03216 Lübbenau / Spreewald
           Tel.: (0 35 42) 37 48
           Fax: (0 35 42) 37 48

5.3.11 Biosphärenreservat Südost-Rügen

1. Allgemeine Einführung

Das Biosphärenreservat Südost-Rügen liegt im nordöstlichen Bundesland Deutschlands, in Mecklenburg-Vorpommern. Es umfaßt den südöstlichen Teil der Insel Rügen mit der Halbinsel Mönchgut, der Granitz, der Ebene um Putbus, die Insel Vilm, den nördlichen Bereich des Rügischen Boddens sowie, mit einem schmalen Außenküstenstreifen, angrenzende Teile der Ostsee. Die Anerkennung durch die UNESCO erfolgte am 07. März 1991.

Größe:	23.500 ha
Einwohnerzahl:	ca. 11.500 Einwohner
Gliederung:	
Kernzone:	349 ha
Pflegezone:	3.763 ha
Entwicklungszone:	19.388 ha

Naturausstattung in Stichworten:
Das Biosphärenreservat zeichnet sich durch eine vielgestaltige Jungmoränen- und Küstenlandschaft aus. Endmoränenhügel, Grundmoränenplatten, Haken und Nehrungen, vermoorte Niederungen und Boddengewässer spiegeln eine enge Durchdringung von Land und Meer wider.

Fauna und Flora sind ausgesprochen artenreich. Sowohl auf den Halbtrockenrasen als auch in den wenigen Mooren und aufgelassenen Ackerflächen sind viele bedrohte und geschützte Arten zu finden.

Im Biosphärenreservat befinden sich fünf Seen. Drei Seen haben Verbindung zum Greifswalder Bodden. Zwei Seen sind Binnenseen. Einer davon ist ein nährstoffarmer Kesselsee mit Hochmoorbildung in seinem Randbereich, ein See ist ein ehemaliges Gletscherzungenbecken, das vor ca. 2500 Jahren durch Verlandung von der Ostsee abgetrennt wurde.

Vorkommen gefährdeter / geschützter Pflanzen- und Tierarten der Roten Liste:
Flora: Rosmarienheide, Rundblättriger Sonnentau, Breitblättriges Wollgras, Sumpfporst, Stranddistel, Prachtnelke, Salzbinse, Küchenschelle, Großer Ehrenpreis, Geflecktes Ferkelkraut u. v. a.
Fauna: keine Angaben, da keine exakten zoologischen Daten vorliegen; bedeutungsvoll ist die Halbinsel Klein-Zicker für die Stechimmenfauna.

Leiter des Biosphärenreservates: Dr. Michael Weigelt

2. Personal- und Organisationsstruktur

Die Biosphärenreservatsverwaltung ist ein Außendezernat des Nationalparkamtes Mecklenburg-Vorpommern, einer oberen Landesbehörde. Im Schutzgebiet hat sie die exekutive Zuständigkeit der unteren Naturschutzbehörde.

In der Verwaltung des Biosphärenreservates Südost-Rügen sind 6 festangestellte Mitarbeiter mit den Aufgaben Eingriffsregelung, Landschaftspflege, Öffentlichkeitsarbeit, Naturschutzwacht und innerer Verwaltung betraut.

Ein Mitarbeiter, der den Komplex Landwirtschaft bearbeitet, hat einen Zeitarbeitsvertrag bis Jahresende 1994.

4 Zivildienstleistende und 4 Mitarbeiter, die auf der Basis LKZ 249h beschäftigt sind, arbeiten in den Sommermonaten in erster Linie als Naturschutzwächter. In der verbleibenden Zeit des Jahres sind sie mit Landschaftspflegearbeiten beschäftigt. Eine junge Frau leistet in der Verwaltung des Biosphärenreservates ein Freiwilliges ökologisches Jahr ab. Sie unterstützt dabei in erster Linie den Bereich Öffentlichkeitsarbeit.

Alljährlich, von Mai bis Oktober, wird der Bereich Öffentlichkeitsarbeit von einem(r) Commerzbankpraktikant(in) verstärkt. Der Einsatz erfolgt als Wanderführer sowie in der Betreuung von Kinder- und Schülergruppen auf dem Gebiet der Umweltbildung.

3. Arbeitsschwerpunkte der letzten zwei Jahre

Als Träger öffentlicher Belange wird die Verwaltung an allen planerischen Vorhaben in der Region, die genehmigungspflichtig sind, beteiligt. Die Bearbeitung der kommunalen Bauleitplanung und einzelner Bauvorhaben bildet zunehmend den Schwerpunkt der Arbeit.

Ein weiterer wichtiger Punkt ist die Realisierung und Betreuung des „Förderprogramms zur naturschutzgerechten Grünlandbewirtschaftung im Land Mecklenburg-Vorpommern", das 1991 das erste Mal von der Landesregierung aufgelegt worden ist. Dabei geht es sowohl um Vertragsabschlüsse als auch um die Überwachung der Einhaltung der Vertragsbedingungen wie Weidezeiten, Besatzdichten, Düngeregime etc.

Die Ausweisung von Wander- und Radwanderwegen gehört ebenso zum Aufgabenfeld wie die Durchführung von Wanderungen, Exkursionen und Umweltbildungsveranstaltungen.

4. Ergebnisse in den Bereichen

4.1 Schutz von Ökosystemen

Der Schutz von Ökosystemen wird durch hoheitliche Durchsetzung der Schutzvorschriften erreicht.

4.2 Forst- und Landwirtschaft, Fischerei

Forstwirtschaft

Der Waldanteil im Biosphärenreservat Südost-Rügen beträgt 2773 ha. Davon befinden sich 57 ha in der Kernzone, 1388 ha in der Pflegezone und 1328 ha in der Entwicklungszone. Die gesamte Waldfläche (ausgenommen der Kernzone) wird forstlich bewirtschaftet.

Mit dem NSG „Granitz" ist neben der Stubnitz einer der bedeutendsten zusammenhängenden Rotbuchenbestände Deutschlands unter Naturschutz gestellt worden. Dieses NSG beinhaltet neben der Pflegezone auch drei Kernzonen. In ihnen findet keine forstwirtschaftliche Nutzung statt. Natürliche Prozesse können hier vom Menschen weitgehend ungestört ablaufen.

Im Einvernehmen mit der Forstwirtschaft geht es in den Waldgebieten der Pflege- und Entwicklungszone heute darum, die Produktionsziele den Schutzzielen des Biosphärenreservates unterzuordnen.

Landwirtschaft

Nach der Erfassung aller landwirtschaftlichen Betriebe im Biosphärenreservat sowie deren Flächenkataster wurden in der zurückliegenden Zeit Zuarbeiten zu verschiedenen Landwirtschaftskonzepten und Extensivierungsprogrammen für den Kreis Rügen und einzelne Betriebe begonnen.

Daneben erfolgte der Abschluß der Verträge zum „Förderprogramm zur naturschutzgerechten Grünlandnutzung in Mecklenburg-Vorpommern" sowie deren weitere Betreuung. Seit Auflage dieses Programms sind im Bereich des Biosphärenreservates 47 Grünlandverträge abgeschlossen worden. Damit stehen heute insgesamt ca. 1700 ha Grünland unter Vertrag, die sich folgendermaßen zusammensetzen:

   ca. 115 ha Salzgrasland,
   ca. 1.065 ha Feuchtgrünland,
   ca. 260 ha Trockenrasen,
   ca. 260 ha Renaturierungsgrünland.

Je nach Grünlandtyp sind an die Verträge bestimmte Bedingungen geknüpft wie: – Düngeverbot,
   – Einhaltung der: Bodenbearbeitungszeiten,
           Mähzeiten,
           Weidezeiten,
           Besatzdichte.

Fischerei

Ebenso wie die Landwirtschaft ist die Fischerei eine der ältesten Erwerbsquellen der Küstenbewohner. Im Unterschied zur Landwirtschaft jedoch wird die Fischerei auch heute noch nach jahrhundertealten Traditionen betrieben. Sie läßt sich kaum modernisieren und vereinfachen.

Durch Abwanderung von Arbeitskräften aus der Fischerei, verursacht durch Preisverfall und Wegfall der Subventionen zu Beginn der 90er Jahre, ist ausgeschlossen, daß die herkömmliche Fischerei intensiver betrieben werden kann. Aus diesem Grunde ist die Fischerei bisher ein Wirtschaftszweig, mit dem es aus naturschutzrechtlicher Sicht wenig Berührungspunkte gibt.

4.3 Produzierendes Gewerbe

Bislang Fehlanzeige.

4.4 Tertiärer Sektor (u. a. Tourismus)

Seit Mitte des letzten Jahrhunderts entwickelte sich zunehmend der Fremdenverkehr auf der Insel Rügen. Dabei kristallisierten sich auf Grund der natürlichen Gegebenheiten – breite feine Sandstrände, weites Hinterland – sehr schnell die größeren Orte Südost-Rügens als Badeorte heraus. Dieser Tradition folgend kommen auch heute Jahr für Jahr hunderttausende Urlauber in diese Region. Für sie werden in großer Zahl Beherbergungsmöglichkeiten geschaffen. Durch die Beteiligung als Träger öffentlicher Belange ist die Verwaltung des Biosphärenreservates bereits in der Planungsphase solcher Objekte mit der Tourismusentwicklung der Region konfrontiert. Wichtig sind aber auch die touristischen Angebote. Neben der Anlage und Ausschilderung eines Wander- und Radwanderwegenetzes sind es v. a. geführte Fuß- und Radwanderungen, die angeboten und die in erster Linie von Praktikanten geleitet werden. Diese Veranstaltungen erfreuen sich wachsender Beliebtheit. Wöchentlich werden 11 unterschiedliche Veranstaltungen angeboten, die sich über einen Zeitraum von Anfang Mai bis Ende Oktober erstrecken. Eine Reduzierung der Kapazität der Campingplätze Südost-Rügens bei gleichzeitiger Qualitätsverbesserung konnte erreicht werden. Leider stellt im Gegenzug das wilde Campen, insbesondere mit Wohnmobilen, ein zunehmendes Problem dar. Wichtig ist ebenso die einvernehmliche Zusammenarbeit mit den örtlichen Kurverwaltungen sowie die Herausgabe eigener Infoschriften und die Zuarbeit zu Ortsprospekten.

4.5 Forschung / Ökologische Umweltbeobachtung

Fehlende finanzielle und personelle Ausstattung ließen es bisher nicht zu, selbständig auf diesem Gebiet tätig zu sein. Somit konnten bisher nur kleinere Forschungsaufgaben in Form von Diplomarbeiten vergeben werden. Im Oktober 1993 schloß das Nationalparkamt Mecklenburg-Vorpommern einen Kooperationsvertrag mit der Fachhochschule Mittweida ab, dem sich die Fachhochschulen Stralsund, Wismar, Neubrandenburg, Münster, Nürnberg, Coburg und Würzburg-Schweinfurt angeschlossen haben.

Im Verwaltungsgebäude des Biosphärenreservates und in einer hochschuleigenen Liegenschaft sollen mit anwendungsorientierter Forschung und Lehre unter dem Rahmenthema „Modellregion Rügen" Beiträge zur Strukturentwicklung Rügens im Sinne nachhaltiger Landnutzungen geleistet werden.

4.6 Umweltbildung

Die Umweltbildung hat in der zurückliegenden Zeit erheblich zugenommen. Thematisch orientierte Exkursionen und Seminarveranstaltungen zum Biosphärenreservat finden vermehrt statt. Die Anzahl der Kontakte zu Volkshochschulen und Umweltbildungseinrichtungen aus allen Teilen Deutschlands hat sich wesentlich erhöht. Ein steigender Bedarf ist bei Lehrerfortbildungsveranstaltungen zu verzeichnen. Wachsender Beliebtheit erfreuen sich derzeit Kindererlebnisnachmittage oder die Gestaltung von Projektwochen oder -tagen an den Schulen der Insel Rügen. Aber auch Führungen von Schüler- oder Studentengruppen werden verstärkt gefordert.

4.7 Öffentlichkeitsarbeit

Öffentlichkeitsarbeit ist der Schlüssel zur Akzeptanz des Biosphärenreservates. Sie umfaßt alles, womit die Verwaltung nach außen in Erscheinung tritt. Entsprechend werden alle Möglichkeiten dazu genutzt, Anliegen und Ziele des Biosphärenreservates der Öffentlichkeit zu erklären. Dabei wird v. a. die Lokalpresse genutzt, um die einheimische Bevölkerung anzusprechen. Faltblätter, Handzettel, geführte Fuß- und Radwanderungen sowie ein kleines Infozentrum vermitteln Informationen an Gäste der Region. Fachvorträge und Diskussionsrunden richten sich v. a. an Praxispartner und politische Entscheidungsträger der Region. Das Verwaltungsgebäude erfreut sich zunehmender Beliebtheit als Tagungsort. Durch diese Aktivitäten ist die Meinung der Verwaltung des Biosphärenreservates zu Entscheidungen im Territorium zunehmend mehr gefragt, was auf eine steigende Akzeptanz in der Region aber auch auf Kreisebene schließen läßt.

5. Künftige Arbeitsschwerpunkte

Angesichts steigender Arbeitsbelastung und gleichbleibend unzureichender Ausstattung mit Personal und Sachmitteln nehmen die gesetzlichen Pflichtaufgaben der unteren Naturschutzbehörde nahezu alle Kräfte in Anspruch. Neue Arbeitsschwerpunkte können unter diesen Gesichtspunkten nicht genannt werden.

6. Ausgewählte Literatur

ANONYM (1992): Informationen aus dem Biosphärenreservat Südost-Rügen, Nr. 1

AUTORENKOLLEKTIV (1990): Mönchgut – eine Landschaftsstudie. – Greifswald / Göhren

AUTORENKOLLEKTIV (1992): National- und Naturparkführer Mecklenburg-Vorpommern. – Schwerin

NATIONALPARKAMT MECKLENBURG-VORPOMMERN (Hrsg.) (1994): Das Biosphärenreservat Südost-Rügen. – Basisfaltblatt

RABIUS, E.-W. und R. HOLZ (1993): Naturschutz in Mecklenburg-Vorpommern. – Schwerin

Anschrift: Nationalparkamt Mecklenburg-Vorpommern
         Außendezernat Biosphärenreservat Südost-Rügen
         Nr. 1a, D-18586 Middelhagen
         Tel.: (03 83 08) 2 50 68
         Fax: (03 83 08) 2 50 68

5.3.12 Biosphärenreservat Vessertal-Thüringer Wald

1. Allgemeine Einführung

Das Biosphärenreservat Vessertal-Thüringer Wald liegt in Thüringen, im Mittleren Thüringer Wald. Die UNESCO erkannte das Biosphärenreservat Vessertal am 24. November 1979 mit damaliger Größe von 1384 ha an. Das Biosphärenreservat Vessertal (420–982 m üNN) stellt einen repräsentativen Ausschnitt einer hercynischen Mittelgebirgslandschaft dar.

Größe (seit 1990):	ca. 17.000 ha
Einwohnerzahl:	ca. 4.330 Einwohner
Einwohner in Randgemeinden:	über 100.000 Einwohner

Gliederung:	
Kernzone:	305 ha
Pflegezone:	ca. 2.131 ha
Entwicklungszone:	ca. 4.600 ha (davon 525 ha Regenerationszone)

Flächennutzung:	
– Wald	15.250 ha
– Grünland	1.300 ha
– Moore	10 ha
– Gewässer	120 ha
– Siedlungen (einschließlich Einrichtungen des Tourismus)	250 ha
– Linienführung: 11 km Gleisstrecke 11 km Bundesfernstraße 65 km Landstraßen	ca. 70 ha

Vorkommen gefährdeter / geschützter Pflanzen- und Tierarten der Roten Liste:

Flora: Wasser- und Wiesenschwertlilie, Sprossender und Keulen-Bärlapp, Gemeiner Flachbärlapp, Bunter Eisenhut, Heide- und Pracht-Nelke, Straußenfarn, Grüne Hohlzunge, Gefleckte-, Breitblättrige- und Holunder-Kuckucksblume, Pestwurz, Großes Zweiblatt, Stattliches Knabenkraut, Violetter Sitter, Arnika. – mindestens 500 Pilzarten, 259 Moosarten, 121 Flechtenarten,

Fauna: Schwarz- und Grauspecht, Bekassine, Birkhuhn, Eisvogel, Habicht, Rebhuhn, Neuntöter, Uhu, Wanderfalke, Wasseramsel, Wespenbussard, Rotmilan, Wachtel, Schwarzstorch, Hohltaube, Waldschnepfe, Karmingimpel, Birkenzeisig, Rauhfußkauz, Sperlingskauz.

Leiter des Biosphärenreservates: Dr. Alfons Kurz

2. Personal- und Organisationsstruktur

Die Verwaltung des Biosphärenreservates Vessertal-Thüringer Wald ist dem Thüringer Ministerium für Umwelt und Landesplanung direkt nachgeordnet. Sie besteht derzeit aus 7 fest angestellten Mitarbeitern, einer ABM-Kraft und drei Zivildienstleistenden.

Darüber hinaus wird die Verwaltung durch den Förderverein des Biosphärenreservates in der Öffentlichkeitsarbeit und im Rahmen eines Förderprojektes zur „Wirtschaftsentwicklung in den Gemeinden des Biosphärenreservates" unterstützt.

3. Arbeitsschwerpunkte der letzten zwei Jahre

– Vorbereitung und Begleitung von Planungen für das „Rahmenkonzept Biosphärenreservat Vessertal-Thüringer Wald" sowie der Einrichtungsplanung der Forstwirtschaft,
– Mitwirkung an der Bauleitplanung der Städte und Gemeinden des Biosphärenreservates,
– Sicherung der Landschaftspflege im gesamten Biosphärenreservat,
– Vorbereitung und Durchsetzung eines erweiterten Zonierungskonzeptes einschließlich neuer Naturschutzgebiete,
– Anlage und Komplettierung von Dauerbeobachtungsflächen,
– Ausgestaltung eines Besucherinformationszentrums in den Gebäuden der Verwaltung des Biosphärenreservates sowie
– Mitwirkung bei der Erarbeitung der Leitlinien für Schutz, Pflege und Entwicklung der Biosphärenreservate in Deutschland.

4. Ergebnisse in den Bereichen

4.1 Schutz von Ökosystemen

– Pflege wertvoller Bergwiesen,
– Unterstützung der Wiedereinbringung der Weißtanne sowie
– Biotoppflege in Hochmooren.

4.2 Forst- und Landwirtschaft (Fischerei)

– Zuarbeit für forstliches Gutachten zu Kern- und Pflegezone und
– Unterstützung von Betriebsgründungen in der Land- und Forstwirtschaft.

4.3 Produzierendes Gewerbe

Bislang Fehlanzeige.

4.4 Tertiärer Sektor (u. a. Tourismus)

– Erarbeitung abgestimmter touristischer Wegenetze (Rad, Reitwege, Wanderwege) sowie
– Herausgabe eines Wanderführers für das Biosphärenreservat Vessertal-Thüringer Wald gemeinsam mit dem Förderverein.

4.5 Forschung / Ökologische Umweltbeobachtung

– Anlage und Betreuung von Dauerbeobachtungsflächen im Bereich Grünland sowie in Forstflächen der Kernzone Vessertal,
– Totholzkartierung in der Kernzone Vessertal,
– Weiterführung der Gewässergüteuntersuchungen im Vessereinzugsgebiet durch die Thüringer Landesanstalt für Umwelt,
– Aufbau von Waldmeßstationen (Depositionsmessungen) durch die Thüringer Landesanstalt für Wald- und Forstwirtschaft,
– Pilzartenerfassung in ausgewählten Biotoptypen und Naturschutzgebieten im Biosphärenreservat,
– Beiträge zur Landnutzungsgeschichte (Ackerterrassen) sowie
– Bestandsüberwachung ausgewählter Brutvogelarten.

4.6 Umweltbildung

– Organisation von Fachführungen und Exkursionen für Schüler, Studenten, Volkshochschulen, Kommunalpolitiker und Verbände sowie
– Durchführung von Vorträgen und Foren zu aktuellen Umweltfragen gemeinsam mit dem Förderverein und dem EU-Umweltcenter Suhl (Biosphärenreservats-Entwicklung, Tourismus, Windenergie, Forstpolitik).

4.7 Öffentlichkeitsarbeit

– Erstellung von Informationsblättern zum Biosphärenreservat,
– Druck eines Ausstellungsführers,
– Druck eines Plakates im Rahmen einer Serie Großschutzgebiete in Thüringen,
– Arbeit mit Presseinformationen und Artikeln für Zeitungen und Zeitschriften sowie
– Organisation einer Wanderausstellung in den Gemeinden des Biosphärenreservates.

5. Künftige Arbeitsschwerpunkte

– Erarbeitung eines „Rahmenkonzeptes Biosphärenreservat Vessertal-Thüringer Wald",

- Waldpflege- und Waldentwicklungsplanung / Forsteinrichtungsplanung im Biosphärenreservat,
- Erstellung eines gemeinsamen Konzeptes zur Forschung und Umweltbeobachtung von der Verwaltung des Biosphärenreservates, der Landesanstalt für Wald- und Forstwirtschaft, der Landesanstalt für Umwelt, der Technischen Universität Ilmenau und der Friedrich-Schiller-Universität Jena,
- Beantragung und Nutzung von Förderprogrammen für die Ausgestaltung der Vorhaben des Biosphärenreservates Vessertal-Thüringer Wald als IBA-Gebiet und gesamtstaatlich repräsentatives Gebiet,
- Fortführung der Arbeiten zum Aufbau des Geographischen Informationssystems (GIS),
- Aufbau einer funktionsfähigen Naturschutzwacht gemeinsam mit dem Naturpark Thüringer Wald sowie
- Fortführung des Projektes zur Wirtschaftsentwicklung in den Gemeinden des Biosphärenreservates gemeinsam mit dem Förderverein.

6. Ausgewählte Literatur

AHRNS, Ch. (1993): Meinungsforschung im Biosphärenreservat Vessertal-Thüringer Wald. Ergebnisse und Versuche einer kritischen Kausalanalyse. – Vortragsmanuskript

APITZSCH, M. (1993): Untersuchung zur landwirtschaftlichen Nutzung von Ackerterrassen im Raum Silbach / Breitenbach. – Werkvertrag

BARCZYK, E. (1992): Alleen in der Zone 3 des Biosphärenreservates Vessertal-Thüringer Wald (Kartierung und Beschreibung). Praktikumsarbeit 12 / 1992

BAUER, P. (1993): Pilzvorkommen im Biosphärenreservat Vessertal-Thüringer Wald. – Werkvertrag

BRETTFELD, R. und R. MÜLLER (1992): Untersuchungen zur Fischfauna des Biosphärenreservates Vessertal-Thüringer Wald (Teil 2). – Bericht / Verbreitungskarten

BRÜCKNER, L. (1993): Schaffung naturnaher Waldbestände im Trinkwassereinzugsgebiet der Talsperre Schönbrunn, entlang von Bachläufen im Naturschutzgebiet, insbesondere Böse Schleuse, Oberlauf der Gabeltäler und des Tannengrundes. – Diplomarbeit 1 / 1993

ECKARDT, K. (1992): Gewässergütekartierung im Biosphärenreservat Vessertal-Thüringer Wald. Freibachtal und Lengwitz mit Zuflüssen. – Praktikumsarbeit 12 / 1992

JÄCKLEIN, M. (1993): Waldbiotopkartierung des Freibachtals und seiner Nebentäler Großer und Kleiner Sperberbach sowie Vorschläge zur weiteren waldbaulichen Behandlung in den nächsten 10 Jahren. – Diplomarbeit 1 / 1993

KIESEWETTER, B. (1992): Erfassung forstlich bedeutsamer genetischer Ressourcen im Biosphärenreservat Vessertal-Thüringer Wald. – Praktikumsarbeit 12 / 1992

KÖHLER, W. (1993): Jahresbericht über durchgeführte Landschaftspflege im Biosphärenreservat Vessertal-Thüringer Wald 1992. – Bericht

LANGE, H. (1992): Deutschlands grünes Herz. Biosphärenreservat Vessertal-Thüringer Wald in: Nationalpark 4 / 1992

LANGE, H. (1993): Das Biosphärenreservat Vessertal – Thüringer Wald. – MAB-Mitteilungen 37, S.61–69

SCHMIDT, R. (1993): Wechselwirkung zwischen Waldbau und Gewässerversauerung im Einzugsgebiet der Talsperre Schönbrunn. – Praktikumsarbeit 4 / 1993

STEIGE, C. und E. WEISS (1992): Gewässergüte und Leben in einigen Bächen des Biosphärenreservates Vessertal-Thüringer Wald. – Praktikumsarbeit 12 / 1992

STEIGE, C. und E. WEISS (1993): Weitere Untersuchungen von Fließgewässern auf der Südwestseite des Biosphärenreservates Vessertal-Thüringer Wald (Fortführung der Praktikumsarbeit). – Projektarbeit 4 / 1993

SÜSS, R. (1993): Biosphärenreservat Vessertal-Thüringer Wald. – Pflege- und Entwicklungsplan / Teil 1 forstliche Grundlagen (Teil A) 6 / 1993

Anschrift: Biosphärenreservat Vessertal-Thüringer Wald
An der Wilke 4, D-98553 Breitenbach
Tel.: (03 68 41) 81 87
Fax: (03 68 41) 81 87

5.4 Der Beitrag der Biosphärenreservate zur Ökologischen Umweltbeobachtung in Deutschland

Eine besondere Bedeutung haben die Biosphärenreservate in Deutschland als Standorte der Ökologischen Umweltbeobachtung (ÖUB).

Mit Hilfe der im Aufbau befindlichen ÖUB soll versucht werden, in repräsentativen Gebieten Veränderungen in der Biosphäre möglichst frühzeitig zu erkennen. Die ÖUB liefert in Form von Element-, Faktoren- und Wirkungskatastern für diese Gebiete valide flächendeckende Daten. Integriert in EDVgestützte Geographische Informationssysteme werden diese untereinander verknüpft, um den Zustand und evtl. Veränderungen der Umwelt von Mensch, Tier und Pflanze als Folge natürlicher Vorgänge und anthropogener Beeinflussung systematisch zu bestimmen bzw. vorherzusagen.

Existierten bislang ausschließlich sektoral orientierte Ansätze der Umweltbeobachtung, die sich auf einzelne Umweltsektoren bzw. Umweltmedien beschränkten, hat das BMU mit der Weiterentwicklung dieser Monitoring-Systeme zur integrierten Ökologischen Umweltbeobachtung, die das System „Umwelt" gesamt umfaßt, begonnen.

Mit Hilfe der ÖUB wird angestrebt, auch die bislang nur schwer ermittelbaren Auswirkungen auf Lebewesen, Lebensgemeinschaften, Ökosysteme und die Biosphäre als Ganzes rechtzeitig zu erkennen, die oft erst durch eine langfristige, systemare Beobachtung sichtbar werden.

Foto 12: Meßeinrichtung zur Erfassung ökologischer Parameter (Foto: Fränzle).

Foto 13: Meßeinrichtungen zur Erhebung von Klimadaten (Foto: Forschungszentrum Waldökosysteme Göttingen).

Da die ÖUB nicht unbegrenzt viele Erhebungsräume umfassen kann, muß eine repräsentative Auswahl der Beobachtungsräume getroffen werden. Prädestiniert hierfür sind vor allem die im Rahmen des MAB-Programms ausgewiesenen Biosphärenreservate.

Die Arbeiten zum Aufbau einer nationalen ÖUB werden auf europäischer MAB-Ebene (EUROMAB) im Rahmen des „Biosphere Reserve Integrated Monitoring" (BRIM) koordinierend abgestimmt, um als Baustein des von der UNESCO geplanten globalen Umweltmonitoringsystems dienen zu können. Zur Förderung der internationalen Zusammenarbeit und als Beitrag zum Aufbau des regionalen bzw. globalen Monitoringnetzes beschloß das Deutsche MAB-Nationalkomitee, den Aufbau und die Entwicklung von Biosphärenreservaten in anderen Staaten zu unterstützen. Nachdem diesbezüglich bereits 1989 / 1990 ein Kooperationsabkommen mit der damaligen Sowjetunion geschlossen wurde, folgte 1991 die Unterzeichnung eines deutsch-israelischen Naturschutzabkommens mit dem Ziel, in der Nähe der Stadt Haifa das Biosphärenreservat Mount Carmel einzurichten.

5.5 Die MAB-Ausstellung „Biosphärenreservate in Deutschland"

Im Frühjahr 1992 wurde die Wanderausstellung „Biosphärenreservate in Deutschland" gemeinsam von der „Allianz Stiftung zum Schutz der Umwelt", dem Bundesamt für Naturschutz, dem Umweltbundesamt sowie der MAB-Geschäftsstelle erstellt.

Die 23 Tafeln umfassende Ausstellung stellt die verschiedenen Aufgaben und Ziele der Biosphärenreservate in Deutschland vor. Eine Broschüre zur Ausstellung gibt ergänzende Hinweise und Informationen über die Biosphärenreservate in Deutschland.

Im Anschluß an die ENVITEC 1992 in Düsseldorf wurde die Wanderausstellung „Biosphärenreservate in Deutschland" bislang an folgenden Orten gezeigt:

08.06.–26.10.1992	Schloß, Lübbenau (BR Spreewald)
01.12.1992–31.01.1993	Museum Koenig, Bonn
15.03.–30.04.1993	Hambacher Schloß, Neustadt-Hambach (BR Pfälzerwald)

Foto 14: Die Wanderausstellung „Biosphärenreservate in Deutschland" (Foto: Euler).

10.05.–30.06.1993	Nationalparkhaus, Berchtesgaden (BR Berchtesgaden)
15.08.–31.10.1993	Gemeindehaus, Bleckede
02.11.–03.12.1993	Kreishaus, Steinfurt
13.01.–20.02.1994	Internationales Jugendkulturzentrum, Bayreuth
28.02.–08.06.1994	Allianz Stiftung zum Schutz der Umwelt, München
19.06.–26.08.1994	Schloß, Milkel / Landkreis Bautzen (Oberlausitzer Heide- und Teichlandschaft)
18.10.–10.11.1994	Bayerische Vereinsbank, München

Die Darstellung des Konzeptes Biosphärenreservat, mit dem Natur- und Kulturlandschaften geschützt, gepflegt und entwickelt werden sollen, stieß bislang bei allen Präsentationen auf große Resonanz. Die Besucher begrüßten, daß die Ausstellung als Beitrag zur gesamtdeutschen Umwelt- und Entwicklungspolitik angelegt ist. Die Konzeption der Einbindung des Menschen in ein ökologisches Programm wird als einleuchtend praktikabel und wegweisend angesehen. In bezug auf die touristisch sehr attraktiven Gebiete, wie z. B. die Biosphärenreservate Spreewald, Südost-Rügen, Berchtesgaden oder Schorfheide-Chorin, wurde insbesondere begrüßt, daß die tragfähige Entwicklung des Fremdenverkehrs einen wichtigen Stellenwert einnimmt.

6. Internationale Zusammenarbeit im Rahmen des MAB-Programms

Das MAB-Programm ist ein Regierungsprogramm. Die Regierungen der Mitgliedsstaaten sind für die Formulierung ihrer nationalen Programmbeiträge zum internationalen Programm verantwortlich. Die Programmbeiträge der einzelnen Staaten sind über das internationale MAB-Sekretariat der UNESCO miteinander verbunden.

Die Zusammenarbeit zwischen den MAB-Nationalkomitees kann nach nachbarschaftlichen Kriterien erfolgen, in der fachspezifischen Zusammenarbeit zweier oder mehrerer Nationalkomitees oder im Rahmen bilateraler Zusammenarbeit. Beispiele hierfür sind das DFG-finanzierte Projekt mit Pakistan (4.6) und das vom BMFT finanzierte Projekt mit Israel (4.2).

Besonders die Biosphärenreservate spielen eine immer wichtiger werdende Rolle in der internationalen Zusammenarbeit. Sie werden als Instrumente für eine nachhaltige Entwicklung sowie für den Schutz und die umweltgerechte Nutzung der Biodiversität eingesetzt. Über die MAB-Nationalkomitees in Entwicklungsländern können diesbezügliche Projekte in die Entwicklungszusammenarbeit eingebracht werden.

Eine weitere von Deutschland genutzte Art der Zusammenarbeit ist die Vergabe von Treuhandmitteln an die UNESCO, die mit diesen Mitteln zuvor beantragte Projekte durchführt. Beispiele sind das vom BMFT finanzierte CERP-Projekt mit China (4.5) und das vom BMZ finanzierte Tropenwaldprojekt (4.1).

Die globale MAB-Zusammenarbeit wird zwischen den einzelnen MAB-Nationalkomitees und dem internationalen MAB-Sekretariat der UNESCO und durch regionale Netzwerke einzelner Kontinente bzw. Subkontinente organisiert. Gegenwärtig sind regionale MAB-Netze in Mittel- und Südamerika im Aufbau, ein regionales Netz in Westafrika ist in Vorbereitung. In Europa ist es gelungen, ein europäisches MAB-Netzwerk (einschließlich Nordamerika) als EUROMAB aufzubauen.

6.1 EUROMAB

Ausgehend von dem „All-europäischen Koordinationstreffen" aller europäischen MAB-Nationalkomitees 1987 in Berchtesgaden wurde auf deutsche Anregung die regionale Zusammenarbeit in Europa auf dem EUROMAB II-

Kongreß 1989 in Trebon, damals CSFR, als EUROMAB institutionalisiert. Frankreich veranstaltete 1991 den EUROMAB III-Kongreß in Straßburg; für 1993 hatte Polen zu EUROMAB IV nach Zakopane eingeladen.

Aufgabe dieser EUROMAB-Sitzungen ist die inhaltliche Koordination der MAB-Arbeitsschwerpunkte sowie die Anregung grenzüberschreitender „Vergleichender Studien". Ergebnis der europäischen MAB-Zusammenarbeit ist u. a. die Einrichtung mehrerer thematischer und subregionaler Netzwerke:
– das Ökotonprogramm,
– das Netzwerk zur Erforschung der Auswirkungen von Landnutzungsänderungen,
– das Netzwerk zur Forschung in temperierten Waldökosystemen,
– das „Northern Science Network" sowie
– die Umweltbeobachtung in Biosphärenreservaten (Biosphere Reserves Integrated Monitoring [BRIM]).

6.2 Biosphere Reserve Integrated Monitoring (BRIM)

Das deutsche MAB-Nationalkomitee engagiert sich besonders für den Aufbau eines Monitoringprogrammes in Biosphärenreservaten. Die EUROMAB III-Konferenz von 1991 in Straßburg hatte u. a. beschlossen, in Europa beispielhaft eine Umweltbeobachtung unter Einsatz der etwa 180 europäischen Biosphärenreservaten zu planen und einzurichten.

In Biosphärenreservaten werden teilweise schon seit vielen Jahren Daten zu Umweltbeobachtung aus Forschungsprojekten erhoben. Mittels Zusammenführung und Auswertung der bestehenden Daten sowie der zielgerichteten und harmonisierten Beobachtung neuer Parameter wird MAB versuchen, den gegenwärtigen Zustand der Umwelt in Europa zu charakterisieren und Vorhersagen für ihre weitere Entwicklung zu treffen. Entsprechend dem MAB-Ansatz sind hierfür nicht nur naturwissenschaftliche sondern auch sozio-ökonomischen Beobachtungen heranzuziehen.

Es ist vorgesehen, in jedem teilnehmenden Land einen nationalen Knotenpunkt einzurichten. Ein gesamteuropäischer Knotenpunkt wird die nationalen Daten zu einem europäischen Gesamtbild zusammenfügen. In weiteren Phasen ist die harmonisierte Zusammenarbeit mit anderen regionalen Umweltbeobachtungsnetzen auf weltweiter Ebene vorgesehen.

EUROMAB hat für BRIM eine eigene Arbeitsgruppe eingerichtet, für die das MAB-Nationalkomitee der USA Anfang 1993 ein Nachschlagewerk

(„ACCESS") veröffentlicht hat. Es gibt Auskunft über 180 europäische Biosphärenreservate, insbesondere hinsichtlich ihrer Arbeitsschwerpunkte, Beobachtungs- und Forschungseinrichtungen sowie der jeweils zuständigen Ansprechpartner. Die Geschäftsstelle des Deutschen MAB-Nationalkomitees hat 1993 und 1994 eine Umfrage unter den europäischen Biosphärenreservaten durchgeführt mit dem Ziel, das Potential der von ihnen betriebenen Dauerbeobachtungsflächen für Monitoring und Forschung zu erfassen. Mitte 1995 werden die Ergebnisse als „ACCESS II" veröffentlicht. Außerdem sind Programme zur harmonisierten Erfassung der Biodiversität in Vorbereitung. Die Ergebnisse von BRIM werden über INTERNET voraussichtlich ab 1996 Online verfügbar sein.

7. Perspektiven der künftigen Arbeit des Deutschen MAB-Nationalkomitees

Gegenwärtig bereitet eine Arbeitsgruppe des Nationalkomitees die Fortschreibung des deutschen MAB-Programmes für den Zeitraum 1996 bis 2001 vor. Dieses geschieht vor dem Hintergrund der internationalen Entwicklung des Programmes und ist mit dem mittelfristigen Plan der UNESCO harmonisiert, der einen Planungszeitraum von sechs Jahren hat.

Bereits jetzt ist abzusehen, ohne den Beratungen des Nationalkomitees vorzugreifen, daß die weitere Umsetzung des Biosphärenreservatkonzeptes ein Arbeitsschwerpunkt der kommenden Jahre sein wird. Neben ihrer direkten Funktion für die Landnutzungsplanung und für den Naturschutz dienen die Biosphärenreservate dabei als Instrumente, in denen die MAB-Forschungsprojekte bevorzugt durchgeführt werden. Das Ziel ist eine arbeitsteilige und harmonisierte Umsetzung des deutschen Programmbeitrages.

Das nächste mittelfristige Nationalprogramm wird sich im Forschungsbereich auf die Handlungsfelder nachhaltige Entwicklung, umweltverantwortliches Handeln, Biodiversität und Landnutzungsänderungen konzentrieren. Ein wichtiger Baustein im Nationalprogramm stellt außerdem der Beitrag der Biosphärenreservate zur nationalen und internationalen Umweltbeobachtung dar.

8. Anhang

8.1 Verzeichnis der Abkürzungen

AA	Auswärtiges Amt
BfG	Bundesamt für Gewässerkunde
BfN	Bundesamt für Naturschutz (vormals Bundesforschungsanstalt für Naturschutz und Landschaftsökologie, BFANL)
BfS	Bundesamt für Strahlenschutz
BB	Brandenburg
BMBau	Bundesministerium für Raumordnung, Bauwesen und Städtebau
BMBW	Bundesministerium für Bildung und Wissenschaft
BMF	Bundesministerium der Finanzen
BMFT	Bundesministerium für Forschung und Technologie
BMI	Bundesministerium des Inneren
BML	Bundesministerium für Ernährung, Landwirtschaft und Forsten
BMU	Bundesministerium für Umwelt, Naturschutz und Reaktorsicherheit
BMZ	Bundesministerium für wirtschaftliche Zusammenarbeit
BR	Biosphärenreservat
BRIM	Biosphere Reserve Integrated Monitoring
DFG	Deutsche Forschungsgemeinschaft
DSE	Deutsche Gesellschaft für internationale Entwicklung
DUK	Deutsche UNESCO-Kommission
DWD	Deutscher Wetterdienst
FAO	Food and Agriculture Organisation of the United Nations
GfÖ	Gesellschaft für Ökologie
GEMS	Global Environmental Monitoring System
GTZ	Gesellschaft für technische Zusammenarbeit
HEM	Harmonization of Environmental Measurement
IBP	Internationales Biologisches Programm

ICC	International Coordinating Council
ICIMOD	International Centre for Integrated Mountain Development for the Hindu-Kush Himalayan Region (Kathmandu, Nepal)
ICSU	International Council of Scientific Unions
IGBP / GC	International Geosphere-Biosphere Programme / Global Change
IGCP	International Geological Correlation Programme / Internationales Geologisches Korrelationsprogramm
IHP	International Hydrological Programme / Internationales Hydrologisches Programm
INTECOL	International Association of Ecology
IOC	Intergovernmental Oceanographic Commission / Zwischenstaatliche Ozeanographische Kommission
IPAL	Integrated Project on Arid Lands
IUCN	International Union for Conservation of Nature and Natural Resources
IUBS	International Union of Biological Scientists
KALRES	Kenya Arid Lands Research Station
MAB	Man and the Biosphere Programme / Das Programm „Der Mensch und die Biosphäre"
MV	Mecklenburg-Vorpommern
NK	Nationalkomitee
NP	Nationalpark
ÖSF	Ökosystemforschung
ÖUB	Ökologische (bzw. Ökosystemare) Umweltbeobachtung
SCOPE	Scientific Committee of Problems in the Environment
SH	Schleswig-Holstein
SN	Sachsen
SRU	Rat der Sachverständigen für Umweltfragen
ST	Sachsen-Anhalt
TH	Thüringen
UBA	Umweltbundesamt
UK	United Kingdom

UNCED	United Nations Conference on Environment and Development / Konferenz der Vereinten Nationen für Umwelt und Entwicklung
UNEP	United Nations Environment Programme
UNESCO	United Nations Educational, Scientific and Cultural Organisation
UPB	Umweltprobenbank
USA	United States of America
WHO	World Health Organization
WMO	World Meteorological Organization

8.2 Mitglieder des Deutschen MAB-Nationalkomitees

(Stand 01.11.1994)

RD Dr. Andreas v. GADOW
Vorsitzender des MAB-Nationalkomitees
Bundesministerium für Umwelt, Naturschutz und Reaktorsicherheit
Postfach 12 06 29, 53048 Bonn
Tel.: (02 28) 305 26 60, Fax: (02 28) 305 26 95

Prof. Dr. Klaus-Achim BOESLER
Institut für Wirtschaftsgeographie der Rhein. Friedrich-Wilhelms-Universität
Meckenheimer Allee 166, 53115 Bonn
Tel.: (02 28) 73 72 38, Fax: (02 28) 73 75 06

Prof. Dr. Hans-Rudolf BORK
Zentrum für Agrarlandschafts- und Landnutzungsforschung (ZALF) e.V.
Eberswalder Straße 84, 15374 Müncheberg
Tel.: (03 34 32) 8 22 00, Fax: (03 34 32) 8 22 12

Prof. Dr. Dietrich DÖRNER
Otto-Friedrich-Universität, Lehrstuhl für Psychologie II
Markusplatz 3, 96047 Bamberg
Tel.: (09 51) 8 63 18 61, Fax: (09 51) 60 15 11

Dr. Berthold FINK
Bundesrichter a. D.
Oldenburgallee 14, 14052 Berlin
Tel.: (0 30) 3 05 45 47

Prof. Dr. Otto FRÄNZLE
Geographisches Institut der Christian-Albrechts-Universität
Olshausenstraße 40, 24118 Kiel
Tel.: (04 31) 880 34 26, Fax: (04 31) 880 46 58

MinR a.D. Wilfried GOERKE
Keltenweg 11, 53498 Bad Breisig
Tel.: (0 26 33) 93 99

Prof. Dr. Gode GRAVENHORST
Institut für Bioklimatologie der Georg-August-Universität
Büsgenweg 1, 37077 Göttingen
Tel.: (05 51) 39 36 82, Fax: (05 51) 39 96 29

Dr. Wolf-Dieter GROSSMANN
UFZ-Umweltforschungszentrum Leipzig-Halle GmbH
Permoserstraße 15, 04318 Leipzig
Tel.: (03 41) 235-22 82, Fax: (03 41) 235-25 11

Dr. Ulrich de HAAR
Deutsche Forschungsgemeinschaft
Kennedyallee 40, 53175 Bonn
Tel.: (02 28) 8 85 23 33, Fax: (02 28) 8 85 22 21

Prof. Dr. Günter HAASE
Institut für Geographie
Johannisallee 19a, 04103 Leipzig
Tel.: (03 41) 68 50-306, Fax: (03 41) 68 50-300

Prof. em. Dr. Dr. h.c. Wolfgang HABER
Lehrstuhl für Landschaftsökologie der Technischen Universität München
85354 Freising-Weihenstephan
Tel.: (0 81 61) 71 41 48, Fax: (0 81 61) 71 44 27

Prof. Dr. Wolf HÄFELE
Wissenschaftlicher Direktor Forschungszentrum Rossendorf e. V.
Postfach 51 01 19, 01314 Dresden
Tel.: (03 51) 5 91 23 50, Fax: (03 51) 3 61 74

Dr. Alexander v. HESLER
Umlandverband Frankfurt
Am Hauptbahnhof 18, 60329 Frankfurt / Main
Tel.: (0 69) 2 57 75 10, Fax: (0 69) 2 57 75 16

Dr. Robert HOLZAPFL
Waldparkstraße 37b, 85521 Ottobrunn-Riemeling
Tel.: (0 89) 6099 245

Prof. Dr. Gudrun KAMMASCH
TFH Berlin, FB 14 Lebensmitteltechnologie
Kurfürstenstraße 141, 10785 Berlin
Tel.: (0 30) 45 04 28 22, Fax: (0 30) 2 61 54 84

Prof. em. Dr. Dr. mult. h.c. Fritz Hubertus KEMPER
Westf. Friedrich-Wilhelms-Universität Münster
– Umweltprobenbank für Human-Organproben – Umweltdatenbank –
Domagkstraße 11, 48129 Münster
Tel.: (02 51) 83 60 65, Fax: (02 51) 83 55 24

Dr. Hartmut KEUNE
UNEP / HEM-Büro, c/o GSF
Neuherberg, Postfach 1129, 85758 Oberschleißheim
Tel.: (0 89) 31 87 54 87 / 88, Fax: (0 89) 31 87 33 25

Prof. Dr. Lenelis KRUSE
Ökologische Psychologie, Fernuniversität Hagen
Postfach 9 40, 58084 Hagen
Tel.: (0 23 31) 9 87 27 75, Fax: (0 23 31) 9 87 27 09
oder: Psych. Inst. Univ. Heidelberg
Tel.: (0 62 21) 54 73 65, Fax: (0 62 21) 54 77 45

Prof. em. Dr. Helmut LIETH
AG Systemforschung, Projekt Ökobaikal der Universität Osnabrück
Artilleriestraße 34, 49069 Osnabrück
Tel.: (05 41) 9 69 25 47, Fax: (05 41) 9 69 25 70
oder:
Wipperfürther Straße 147, 51515 Kürten-Dürscheid
Tel.: (0 22 07) 13 34, Fax: (0 22 07) 13 34

Prof. Dr. Clas M. NAUMANN
Zoologisches Forschungsinstitut Museum Alexander Koenig
Adenauerallee 160, 53113 Bonn
Tel.: (02 28) 9 12 22 00, Fax: (02 28) 9 12 22 02

Prof. Dr. Harald PLACHTER
Philipps-Universität, FB Biologie, Fachgebiet Naturschutz
Karl-von-Frisch-Straße, 35043 Marburg
Tel.: (0 64 21) 28 57 07, Fax: (0 64 21) 28 70 24

Prof. Dr. Peter SCHMIDT
TU Dresden, Abt. Forstwirtschaft
Pienner Straße 8, 01737 Tharandt
Tel.: (03 52 03) 3 73 31, Fax: (03 52 03) 3 74 95

Prof. Dr. Irmtraud STELLRECHT
Völkerkundliches Institut der Eberhard-Karls-Universität
Schloß, 72074 Tübingen
Tel.: (0 70 71) 29 24 02, Fax: (0 70 71) 29 49 95

Prof. Dr. Michael STUBBE
Martin-Luther-Universität Halle-Wittenberg, Lehrstuhl für Tierökologie
Domplatz 4, PF Universität, 06099 Halle
Tel.: (03 45) 20 281 82, Fax: (03 45) 20 295 15

Prof. Dr. Michael SUCCOW
Ernst-Moritz-Arndt-Universität, Fachrichtung Biologie
Botanisches Institut und Botanischer Garten
Grimmer Straße 88, 17487 Greifswald
Tel.: (0 38 34) 7 55 55, Fax: (0 38 34) 7 55 53

Nachrichtlich

Prof. em. Dr. Eberhard F. BRUENIG
360 Lorong 4D, Jln Kpg Siol Kandis
93050 Kuching, Sarawak
Malaysia
Tel. (++82) 44 60 58, Fax: (++82) 44 60 58

Vertreter des Bundes

MinR Helmut SCHULZ
Stellvertretender Vorsitzender des MAB-Nationalkomitees
Bundesministerium für Forschung und Technologie
Postfach 20 02 40, 53170 Bonn
Tel.: (02 28) 59 33 97, Fax: (02 28) 59 36 01

Auswärtiges Amt

VLR I Dr. Gerhard FULDA
Referat 430
Postfach 1148, 53001 Bonn
Tel.: (02 28) 17 25 36, Fax: (02 28) 17 41 75

Bundesministerium der Finanzen

MinR Graf Gisbert v. WESTPHALEN
Postfach 13 08, 53003 Bonn
Tel.: (02 28) 6 82 46 05, Fax: (02 28) 6 82 44 66

MinR Dietrich v. HIRSCHHEYDT
Postfach 13 08, 53003 Bonn
Tel.: (02 28) 6 82 25 67, Fax: (02 28) 6 82 44 66

Bundesministerium für Ernährung, Landwirtschaft und Forsten

MinR Immo WEIRAUCH
Postfach 14 02 70, 53107 Bonn
Tel.: (02 28) 5 29 44 31, Fax: (02 28) 5 29 43 18

Bundesministerium der Verteidigung

Oberst i. G. Udo MEIER
Referat S IV 3
Postfach 1328, 53003 Bonn
Tel.: (02 28) 12 24 64, Fax: (02 28) 12 21 60

Bundesministerium für Verkehr

Referat A 16
MinR Manfred RAUW
Postfach 20 01 00, 53170 Bonn
Tel.: (02 28) 3 00 24 60, Fax: (02 28) 3 00 32 82

Bundesministerium für Raumordnung, Bauwesen und Städtebau

MinR Rainer PIEST
Postfach 20 50 01, 53170 Bonn
Tel.: (02 28) 3 37 43 65, Fax: (02 28) 3 37 43 76

Bundesministerium für Bildung und Wissenschaften

MinR Dr. Hans-Herbert WILHELMI
Postfach, 53170 Bonn
Tel.: (02 28) 57 28 65, Fax: (02 28) 57 20 96

Bundesministerium für wirtschaftliche Zusammenarbeit und Entwicklung

Frank RITTNER
Postfach, 53045 Bonn
Tel.: (02 28) 53 53 40, Fax: (02 28) 53 52 02

Vertreter der Länder

Bayerisches Staatsministerium für Landesentwicklung und Umweltfragen
MinR Dieter MAYERL
Postfach 81 01 40, 81925 München
Tel.: (0 89) 92 14 33 12, Fax: (0 89) 92 14 36 22

Ministerium für Umwelt und Forsten des Landes Rheinland-Pfalz
MinDirig Dr. Wolf v. OSTEN
Kaiser-Friedrich-Straße 7, 55116 Mainz
Tel.: (0 61 31) 16 26 75, Fax: (0 61 31) 16 46 46

Ministerium für Umwelt, Naturschutz und Raumordnung
Abt.-Leiter Dr. Friedrich-Manfred WIEGANK
Albert-Einstein-Straße 42–46, 14473 Potsdam
Tel.: (03 31) 86 60 71 55, Fax: (03 31) 2 23 00 oder 2 25 85

Vertreter von Fachinstitutionen

Bundesanstalt für Gewässerkunde (BfG)
c / o Internationales Hydrologisches Programm
Prof. Dr. Karl HOFIUS
Kaiserin-Augusta-Anlage 15–17, Postfach 3 09, 56068 Koblenz
Tel.: (02 61) 1 30 63 13, Fax: (02 61) 1 30 63 02

Bundesamt für Naturschutz (BfN)
Prof. Dr. Martin UPPENBRINK
Konstantinstraße 110, 53179 Bonn
Tel.: (02 28) 84 91-206, Fax: (02 28) 84 91-200

Deutsche UNESCO-Kommission (DUK)
Dr. Folkert PRECHT
Colmantstraße 15, 53115 Bonn
Tel.: (02 28) 69 20 97, Fax: (02 28) 63 69 12

Deutscher Wetterdienst (DWD)
Dr. Karsten HEGER
Frankfurter Straße 135, 63067 Offenbach / Main
Tel.: (0 69) 80 62 23 94, Fax: (0 69) 80 62 24 84

Umweltbundesamt (UBA)
Bismarckplatz 1, 14193 Berlin
Tel.: (0 30) 89 03 22 41, Fax: (0 30) 89 03 22 85

8.3 Sitzungen des Deutschen Nationalkomitees für das UNESCO-Programm „Der Mensch und die Biosphäre" (MAB) in Berichtszeitraum

29. Sitzung	12.–13.10.1992	Bonn, Bundesforschungsanstalt für Naturschutz und Landschaftsökologie
30. Sitzung	24.–25.11.1993	Bonn, Bundesministerium für Umwelt, Naturschutz und Reaktorsicherheit sowie Bundesamt für Naturschutz
31. Sitzung	23.–24.03.1994	Bonn, Bundesamt für Naturschutz
32. Sitzung	08.–09.12.1994	Bonn, Bundesamt für Naturschutz

8.4 Sitzungen der Ständigen Arbeitsgruppe der Biosphärenreservate in Deutschland (AGBR) im Berichtszeitraum

5. Sitzung	23.03.–24. 03.1992	Tönning / Schleswig-Holstein (BR Schleswig-Holsteinisches Wattenmeer)
6. Sitzung	25.06.–26.06.1992	Breitenbach / Thüringen (BR Vessertal-Thüringer Wald)
7. Sitzung	30.09.–02.10.1992	Wörlitz / Sachsen-Anhalt (BR Mittlere Elbe)
8. Sitzung	20.01.–22.01.1993	St. Oswald / Bayern (BR Bayerischer Wald)
9. Sitzung	11.05.–14.05.1993	Horumersiel / Niedersachsen (BR Niedersächsisches Wattenmeer)
10. Sitzung	06.10.–08.10.1993	Trippstadt / Rheinland-Pfalz (BR Pfälzerwald)
11. Sitzung	26.04.–29.04.1994	Middelhagen / Mecklenburg-Vorpommern (BR Südost-Rügen)
12. Sitzung	20.09.–22.09.1994	Burg / Brandenburg (BR Spreewald)

8.5 Publikationen des Deutschen Nationalkomitees für das UNESCO-Programm „Der Mensch und die Biosphäre" (MAB)

8.5.1 MAB-Mitteilungen. Schriftenreihe des Deutschen Nationalkomitees für das UNESCO-Programm „Der Mensch und die Biosphäre" (MAB)

1. DEUTSCHES MAB-NATIONALKOMITEE (Hrsg.) (1977): Das UNESCO-Programm „Der Mensch und die Biosphäre" – eine Übersicht über seine Projekte und den Stand der Beiträge

2. DEUTSCHES MAB-NATIONALKOMITEE (Hrsg.) (1978): Ökologie und Planung im Verdichtungsgebiet – die Arbeiten zum MAB-Projekt in der Region Untermain. Ecology and planning in an urban area – the studies on MAB-project 11 in the Lower Main Region

3. KAULE, G. / M. SCHOBER und R. SÖHMISCH (1978): Kartierung erhaltenswerter Biotope in den Bayerischen Alpen. Projektbeschreibung

4. DEUTSCHES MAB-NATIONALKOMITEE (Hrsg.) (1979): Internationales Seminar „Schutz und Erforschung alpiner Ökosysteme", Berchtesgaden vom 28.11.–01.12.1978

5. DEUTSCHES MAB-NATIONALKOMITEE (Hrsg.) (1980): International meeting „The development and application of ecological models in urban and regional planning", Bad Homburg, March 13th to 16th, 1979

6. DEUTSCHES MAB-NATIONALKOMITEE (Hrsg.) (1980): Bericht über das Seminar „Notwendigkeit und Möglichkeit der Zusammenarbeit zwischen Natur- und Sozialwissenschaften", Berlin vom 13.02.–16.02.1980 und das Werkstattgespräch „Erarbeitung der Grundlagen für eine gemeinsame Feldstudie", Osnabrück vom 02.05.–04.05.1980

7. DEUTSCHES MAB-NATIONALKOMITEE (Hrsg.) (1981; 1982): Wechselwirkungen zwischen ökologischen, ökonomischen und sozialen Systemen agrarischer Intensivgebiete. Interactions between ecological, economical and social systems in regions of intensive agriculture

8. BICK, H. / H. P. FRANZ und B. RÖSER (1981): Möglichkeiten zur Ausweisung von Biosphärenreservaten in der Bundesrepublik Deutschland (MAB-Projektbereich 8) sowie B. von DROSTE ZU HÜLSHOFF: Ökosystemschutz und Forschung in Biosphärenreservaten

9. DEUTSCHES MAB-NATIONALKOMITEE (Hrsg.) (1981): Der Einfluß des Menschen auf Hochgebirgsökosysteme im Alpen- und Nationalpark Berchtesgaden

10. BRUENIG, E.F. (Hrsg.) (1982; 1983): Transactions of the „3. International MAB-IUFRO Workshop on Ecosystem Research", Kyoto / Japan 09.–10. September 1981

11. DEUTSCHES MAB-NATIONALKOMITEE (Hrsg.) (1981): Bericht über das internationale Seminar „Der Einfluß des Menschen auf Hochgebirgsökosysteme im Alpen- und Nationalpark Berchtesgaden", Berchtesgaden vom 02.–04. Dezember 1981

12. DEUTSCHES MAB-NATIONALKOMITEE (Hrsg.) (1983): Podiumsdiskussion im Rahmen des MAB 13-Seminars „Wechselwirkungen zwischen ökologischen, ökonomischen und sozialen Systemen agrarischer Intensivgebiete", Vechta am 08. Oktober 1982

13. DEUTSCHES MAB-NATIONALKOMITEE (Hrsg.) (1983): Kurzbeschreibung der Bildtafeln für die MAB-Ausstellung „Ecology in Action"

14. DEUTSCHES MAB-NATIONALKOMITEE und ARBEITSGRUPPE SYSTEMFORSCHUNG DER UNIVERSITÄT OSNABRÜCK (Hrsg.) (1983): Modellierung der sozio-ökonomischen und ökologischen Konsequenzen hoher Wirtschaftsdüngerabgaben (MOSEC); Das Problem der Nitrat-Kontamination des Grundwassers in Regionen mit intensiver Landwirtschaft: Ein regionales Pilotmodell mit explizitem Bezug zu nichtökonomischen Institutionen – Modelling of the socio-economical and ecological consequences of high animal waste application (MOSEC); The problem of nitrate-pollution of ground water in regions of intensive agriculture: a regional pilotmodel with explicite reference to noneconomic institutions

15. BICK, H. / H. P. FRANZ / G. ECKARTZ / K. LAAKES und J. MÜLLER (1983): Übertragung der Postertexte für die MAB-Ausstellung „Ecology in Action" in die deutsche Sprache

16. HABER, W. / J. SCHALLER / H. F. KERNER / L. SPANDAU et al. (1983): Ziele, Fragestellungen und Methoden. Ökosystemforschung Berchtesgaden

17. HABER, W. / J. SCHALLER / L. SPANDAU et al. (1983; 1984): Szenarien und Auswertungsbeispiele aus dem Testgebiet Jenner. Ökosystemforschung Berchtesgaden

18. FRANZ, H. P. (1984; 1985): Der deutsche Beitrag zum UNESCO-Programm „Der Mensch und die Biosphäre" (MAB). Stand, Entwicklung und Ausblick, Analyse eines umfassenden Forschungsprogramms

19. DEUTSCHES MAB-NATIONALKOMITEE (Hrsg.) (1984; 1985): Bericht über das III. Internationale MAB-6-Seminar „Der Einfluß des Menschen auf Hochgebirgsökosysteme im Alpen- und Nationalpark Berchtesgaden vom 16.–17. April 1984 in Berchtesgaden

20. DEUTSCHES MAB-NATIONALKOMITEE (Hrsg.) (1984): „Biosphären-Reservate". Bericht über den I. Internationalen Kongreß über Biosphären-Reservate vom 26.09.–02.10.1983 in Minsk / UdSSR

21. DEUTSCHES MAB-NATIONALKOMITEE (Hrsg.) (1985; 1988): Bericht über das IV. Internationale MAB-6-Seminar „Der Einfluß des Menschen auf Hochgebirgsökosysteme im Alpen- und Nationalpark Berchtesgaden" vom 12.–14. Juni 1985 in Berchtesgaden

22. HABER, W. / J. SCHALLER / L. SPANDAU et al. (1986): Mögliche Auswirkungen der geplanten Olympischen Winterspiele 1992 auf das Regionale System Berchtesgaden. Deutscher Beitrag zum MAB-Projektbereich 6

23. NOHL, W. und K.-D. NEUMANN (1986; 1988): Landschaftsbildbewertung im Alpenpark Berchtesgaden – Umweltpsychologische Untersuchung zur Landschaftsästhetik. Ökosystemforschung Berchtesgaden

24. BRUENIG, E. F. / H. BOSSEL / K.-P. ELPEL / W.-D. GROSSMANN et al. (1987): Ecologic-Socioeconomic System Analysis to the Conservation, Utilization and Development of Tropical and Subtropical Land Resources in China

25. MÜLLER, N. (1987): Probleme interdisziplinärer Ökosystem-Modellierung. MAB-Workshop März 1985 in Osnabrück

26. ARBEITSGRUPPE SYSTEMFORSCHUNG UNIVERSITÄT OSNABRÜCK (Hrsg.) (1987): Studien zum Osnabrücker Agrarökosystem-Modell OAM für das landwirtschaftliche Intensivgebiet Südoldenburg

27. TJADEN, K. H. / H. BIEHLER und U. RICHTER (1988): Wirtschafts- und Sozialwissenschaften in der Ökosystemforschung. Ökosystemforschung Berchtesgaden

28. LIETH, H. et al. (1988): Problems with future land-use changes in rural areas. Working meeting for the organization of an UNESCO theme study November 02–05, 1987, in Osnabrück

29. LEWIS, R. A. / M. PAULUS / C. HORRAS und B. KLEIN (1989): Auswahl und Empfehlung von Ökologischen Umweltbeobachtungsgebieten in der Bundesrepublik Deutschland

30. WEIGMANN, G. (Hrsg.) (1989): Report on MAB-Workshop „International scientific workshop on soils and soil zoology in urban ecosystems as a basis for management and use of green / open spaces" in Berlin, September 15–19, 1986

31. DEUTSCHES MAB-NATIONALKOMITEE (Hrsg.) (1989): Final Report of the International Workshop „Long-Term Ecological Research – A Global Perspective". September 18–22, 1988, Berchtesgaden

32. BRETTSCHNEIDER, G. (1990): Vermittlung ökologischen Wissens im Rahmen des MAB-Programms. Erarbeitung eines spezifischen Programmbeitrages für das UNESCO-Programm „Man and the Biosphere" (MAB)

33. GOERKE, W. / J. NAUBER und K.-H. ERDMANN (Hrsg.) (1990): Tagung der MAB-Nationalkomitees der Bundesrepublik Deutschland und der Deutschen Demokratischen Republik am 28. und 29. Mai 1990 in Bonn

34. ASHDOWN, M. und J. SCHALLER (1990; 1993): Geographische Informationssysteme und ihre Anwendung in MAB-Projekten, Ökosystemforschung und Umweltbeobachtung / Geographic Information Systems and their Application in MAB Projects, Ecosystem Research and Environmental Monitoring

35. KERNER, H. F. / L. SPANDAU und J. G. KÖPPEL (1991): Methoden zur angewandten Ökosystemforschung – Werkstattbericht MAB-6-Projekt „Ökosystemforschung Berchtesgaden", Band 1 und 2

36. ERDMANN, K.-H. und J. NAUBER (Hrsg.) (1992): Beiträge zur Ökosystemforschung und Umwelterziehung

37. ERDMANN, K.-H. und J. NAUBER (Hrsg.) (1993): Beiträge zur Ökosystemforschung und Umwelterziehung II

38. ERDMANN, K.-H. und J. NAUBER (Hrsg.) (1995): Beiträge zur Ökosystemforschung und Umwelterziehung III (in Vorbereitung)

39. DEUTSCHES MAB-NATIONALKOMITEE (Hrsg.) (1994): Entwicklungskonzept Bayerischer Wald, Sumava (Böhmerwald), Mühlviertel

40. GERMAN MAB NATIONAL COMMITTEE (Ed.) (1994): Development concept Bavarian Forest, Sumava (Bohemian Forest), Mühlviertel

8.5.2 Sonderausgaben des Deutschen Nationalkomitees für das UNESCO-Programm „Der Mensch und die Biosphäre" (MAB)

ELLENBERG, H. / O. FRÄNZLE und P. MÜLLER (1978): Ökosystemforschung im Hinblick auf Umweltpolitik und Entwicklungsplanung. Bonn

ELLENBERG, H. / O. FRÄNZLE und P. MÜLLER (1978): Ecosystem Research with a view to environmental policy and development planning. – Bonn

GOERKE, W. (1990): Die deutschen Wattenmeer-Schutzgebiete als Teil eines grenzüberschreitenden Biosphären-Reservates? – BMU, Ref. Öffentlichkeitsarbeit

DEUTSCHES MAB-NATIONALKOMITEE (Hrsg.) (1990; 1991): Der Mensch und die Biosphäre. Internationale Zusammenarbeit in der Umweltforschung

DEUTSCHES MAB-NATIONALKOMITEE und REFERAT FÜR ÖFFENTLICHKEITSARBEIT DES BUNDESMINISTERIUMS FÜR UMWELT, NATURSCHUTZ UND REAKTORSICHERHEIT (Hrsg.) (1990): MAB stellt sich vor

ERDMANN, K.-H. und J. NAUBER (1990): Der deutsche Beitrag zum UNESCO-Programm „Der Mensch und die Biosphäre" (MAB) im Zeitraum Juli 1988 bis Juni 1990

DEUTSCHES MAB-NATIONALKOMITEE (Hrsg.) (1992): Biosphärenreservate in Deutschland. Begleitbroschüre zur Wanderausstellung

GOODLAND, R. / H. DALY / S. EL SERAFY und B. von DROSTE (Hrsg.) (1992): Nach dem Brundtland-Bericht: Umweltverträgliche wirtschaftliche Entwicklung

ERDMANN, K.-H. und J. NAUBER (1993): Der deutsche Beitrag zum UNESCO-Programm „Der Mensch und die Biosphäre" (MAB) im Zeitraum Juli 1990 bis Juni 1992

SOLBRIG, O.T. (1994): Biodiversität. Wissenschaftliche Fragen und Vorschläge für die internationale Forschung

8.6 Aktivitäten der Geschäftsstelle des Deutschen Nationalkomitees für das UNESCO-Programm „Der Mensch und die Biosphäre" (MAB) im Berichtszeitraum

8.6.1 Im Berichtszeitraum führte die Geschäftsstelle des Deutschen MAB-Nationalkomitees folgende Veranstaltungen / Treffen durch

30.09.–02.10.1992   7. Sitzung der „Ständigen Arbeitsgruppe der Biosphärenreservate in Deutschland" in Dessau / BR Mittlere Elbe

12.10.1992   29. Sitzung des Deutschen MAB-Nationalkomitees in Bonn

09.–10.12.1992   Treffen der MAB-AG „Umweltbewußtsein – Umwelthandeln" in Chorin / Brandenburg

19.–22.01.1993   8. Sitzung der „Ständigen Arbeitsgruppe der Biosphärenreservate in Deutschland" in St. Oswald / BR Bayerischer Wald

02.–03.03.1993   Sitzung der Redaktionsgruppe „Leitlinien für Schutz, Pflege und Entwicklung der Biosphärenreservate in Deutschland" im Bayerischen Staatsministerium für Landesentwicklung und Umweltfragen (BStMLU) in München

20.–21.04.1993   Konstituierende Sitzung der Arbeitsgruppe des Deutschen MAB-Nationalkomitees „Kriterien zur Anerkennung von Biosphärenreservaten" in Fulda

11.–14.05.1993   9. Sitzung der „Ständigen Arbeitsgruppe der Biosphärenreservate in Deutschland" in Horumersiel / BR Niedersächsisches Wattenmeer

28.–29.06.1993   Gemeinsame Sitzung der Ausschüsse des Deutschen MAB-Nationalkomitees „Ökologische Umweltbeobachtung und -bewertung" und „Biosphärenreservate" im Bundesamt für Naturschutz (BfN), Bonn

12.–13.07.1993   Sitzung der Redaktionsgruppe „Leitlinien für Schutz, Pflege und Entwicklung der Biosphärenreservate in Deutschland" bei der Allianz Stiftung zum Schutz der Umwelt, München

09.–10.08.1993	Sitzung der Redaktionsgruppe „Leitlinien für Schutz, Pflege und Entwicklung der Biosphärenreservate in Deutschland" bei der Allianz Stiftung zum Schutz der Umwelt, München
19.08.1993	Organisation und Moderation eines Kolloquiums zum Naturschutz in der Dominikanischen Republik im Bundesamt für Naturschutz (BfN), Bonn
22.09.1993	Besprechung im BR Schorfheide-Chorin – gemeinsam mit Vertretern des Bundesministeriums für Ernährung, Landwirtschaft und Forsten (BML) – zur Etablierung eines Pilotprogrammes zum in-situ / on farm Erhalt pflanzengenetischer Ressourcen, Eberswalde
06.–08.10.1993	10. Sitzung der „Ständigen Arbeitsgruppe der Biosphärenreservate in Deutschland" in Trippstadt / BR Pfälzerwald
14.10.1993	Eröffnung der Ringvorlesung „Umwelt und Naturschutz am Ende des 20. Jahrhunderts. Aufgaben, Probleme, Lösungen" in der Universität Bonn, gemeinsam veranstaltet von dem Deutschen MAB-Nationalkomitee, der Universität Bonn, der Deutschen UNESCO-Kommission (DUK) und der Gesellschaft für Mensch und Umwelt (GMU); jeden Donnerstag im Wintersemester 1993 / 1994
23.–24.11.1993	2. Sitzung der Arbeitsgruppe des Deutschen MAB-Nationalkomitees „Kriterien zur Anerkennung von Biosphärenreservaten" im Bundesamt für Naturschutz (BfN), Bonn
24.–25.11.1993	30. Sitzung des Deutschen MAB-Nationalkomitees im Bundesministerium für Umwelt, Naturschutz und Reaktorsicherheit (BMU), Bonn, sowie dem Bundesamt für Naturschutz (BfN), Bonn
06.–07.12.1993	Sitzung der Redaktionsgruppe „Leitlinien für Schutz, Pflege und Entwicklung der Biosphärenreservate in Deutschland" bei der Allianz Stiftung zum Schutz der Umwelt, München
09.–10.12.1993	Vorbereitung, Durchführung und Leitung eines Internationalen Workshops zu „Permanent Plots in Biosphere Reserves" im Bundesamt für Naturschutz (BfN), Bonn

17.–18.02.1994	Sitzung der Redaktionsgruppe „Leitlinien für Schutz, Pflege und Entwicklung der Biosphärenreservate in Deutschland" bei der Allianz Stiftung zum Schutz der Umwelt, München
24.–25.02.1994	3. Sitzung der Arbeitsgruppe des Deutschen MAB-Nationalkomitees „Kriterien zur Anerkennung von Biosphärenreservaten" im Bundesamt für Naturschutz (BfN), Bonn
15.–16.03.1994	4. Sitzung der Arbeitsgruppe des Deutschen MAB-Nationalkomitees „Kriterien zur Anerkennung von Biosphärenreservaten" im Bundesamt für Naturschutz (BfN), Bonn
17.03.1994	Besprechung mit zuständigen Bundesressorts bezüglich Fortschreibung des MAB-Programms der Bundesrepublik Deutschland für den Zeitraum 1996–2001, im Bundesministerium für Umwelt, Naturschutz und Reaktorsicherheit (BMU), Bonn
18.03.1994	Sitzung der Redaktionsgruppe „Leitlinien für Schutz, Pflege und Entwicklung der Biosphärenreservate in Deutschland" bei der Allianz Stiftung zum Schutz der Umwelt, München
23.–24.03.1994	31. Sitzung des Deutschen MAB-Nationalkomitees im Bundesamt für Naturschutz (BfN), Bonn
18.–19.04.1994	Expertengespräch zu den Kriterien für Biosphärenreservate, München
26.–29.04.1994	11. Sitzung der „Ständigen Arbeitsgruppe der Biosphärenreservate in Deutschland" in Middelhagen / BR Südost-Rügen
03.–04.05.1994	Expertengespräch zu den Kriterien für Biosphärenreservate, Kaltensundheim
17.05.1994	Besprechung mit Herrn Dr. Wahmhoff, Deutsche Bundesstiftung Umwelt, im Bundesministerium für Umwelt, Naturschutz und Reaktorsicherheit (BMU), Bonn
26.05.1994	Besprechung mit Oberst Meier, BMVg, im Bundesministerium für Umwelt, Naturschutz und Reaktorsicherheit (BMU), Bonn

30.05.1994	5. Sitzung der Arbeitsgruppe des Deutschen MAB-Nationalkomitees „Kriterien zur Anerkennung von Biosphärenreservaten" im Bundesamt für Naturschutz (BfN), Bonn
13.–14.06.1994	Expertengespräch zu den Kriterien für Biosphärenreservate, Hamburg

8.6.2 Die Geschäftsstelle vertrat das Deutsche MAB-Nationalkomitee an folgenden Veranstaltungen

22.–24.07.1992	Teilnahme an dem 2. EUROMAB-BRIM Workshop in Paris
01.08.1992	Vortrag im Rahmen der in Burg / Spreewald vom Bundesverband Deutscher Gartenfreunde organisierten Tagung zu Biosphärenreservaten
31.08–03.09.1992	Teilnahme und Sitzungsleitung der Jahrestagung der Gesellschaft für Ökologie in Zürich / Schweiz
09.–10.09.1992	Begleitung der israelischen Delegation anläßlich des Biosphärenreservat-Seminares in Deutschland
21.–24.09.1992	Teilnahme und wissenschaftliche Leitung des EUROMAB-Workshop „Waldökosysteme" in Wien / Österreich
28.–29.09.1992	Teilnahme an der Deutsch-Russischen Tagung „Die Zukunft des Naturschutzes auf der Taimyr-Halbinsel / Nordsibirien" aus Anlaß der Unterzeichnung des Wattenmeer-Abkommens bei der INA / Insel Vilm. Vortrag über den deutschen Beitrag zu MAB
30.10.1992	Teilnahme an der Jahreshauptversammlung des Vereins „Natur- und Lebensraum Rhön" in Fulda
09.–10.11.1992	Teilnahme an der Sitzung des „MAB-Büros" in Paris
10.11.1992	Vortrag über Biosphärenreservate in Deutschland im Rahmen der auf Gut Sunder in Winsen / Aller durchgeführten Tagung zum „Flächenschutz und -management in Biosphärenreservaten"

13.11.1992	Vortrag über Umwelterziehung in Deutschland in Bozen / Italien im Rahmen einer vom Pädagogischen Institut für die deutsche Sprachgruppe durchgeführten „Tagung zur Umwelterziehung"
01.12.1992	Eröffnung der Ausstellung „Biosphärenreservate in Deutschland" im Museum Koenig, Bonn
17.12.1992	Führung einer baltischen Delegation durch die Ausstellung „Biosphärenreservate in Deutschland" im Museum Koenig, Bonn
14.01.1993	Teilnahme am Abschlußseminar des MAB-Projektes „Intensivlandwirtschaft und Nitratbelastung des Grundwassers im Kreis Vechta" in der Universität Osnabrück
25.–29.01.1993	Teilnahme an der Sitzung des 12. Internationalen Koordinationsrates (ICC) des MAB-Programms bei der UNESCO in Paris
28.01.1993	Teilnahme an dem Fachkolloquium „Erarbeitung von Entscheidungsgrundlagen für die Ausweisung eines Biosphärenreservates ‚Gipskarstlandschaft Südharz / Kyffhäuser' unter besonderer Berücksichtigung des Bodenschutzes" im Landratsamt Nordhausen / Thüringen
10.02.1993	Teilnahme an der 43. Sitzung des Wissenschaftlichen Beirates des Deutschen Nationalkomitees für das Internationale Hydrologische Programm (IHP) bei der Deutschen Forschungsgemeinschaft (DFG), Bonn
11.02.1993	Teilnahme an der 15. Sitzung des Deutschen Nationalkomitees für das „Internationale Hydrologische Programm" (IHP) im Auswärtigen Amt (AA), Bonn
01.04.1993	Teilnahme an der Sitzung des Vorstandes des Naturparks Pfälzerwald zum Thema „Biosphärenreservat Pfälzerwald" in der Kreisverwaltung Südliche Weinstraße, Landau
01.–02.04.1993	Teilnahme an einer Tagung über Informationsnetze im Bereich der Landwirtschaft, durchgeführt von der Arbeitsgemeinschaft Tropische und Subtropische Agrarforschung (ATSAF), Bonn
14.–16.04.1993	Teilnahme an der 53. Sitzung des Fachausschusses Naturwissenschaften der Deutschen UNESCO-Kommission (DUK), Bonn

16.04.1993	Vortrag im Rahmen der Fachtagung „Einen neuen Anfang setzen – Sind wir bereit, zugunsten der Umwelt unseren Lebensstil zu ändern?" der Konrad-Adenauer-Stiftung in Wesseling, Schloß Eichholz
23.04.1993	Teilnahme an der Veranstaltung aus Anlaß der Überreichung der Urkunde „Biosphärenreservat Pfälzerwald" durch den Vorsitzenden des Deutschen MAB-Nationalkomitees Dr. Andreas v. Gadow an die Umweltministerin des Landes Rheinland-Pfalz Klaudia Martini auf dem Hambacher Schloß
07.05.1993	Vortrag über Biosphärenreservate in Deutschland im Rahmen der Internationalen Fachmesse und des Kongresses für Geowissenschaften und Geotechnik „GEOTECHNICA 1993" in Köln
15.05.1993	Vortrag über Biosphärenreservate in Deutschland im Rahmen der Jahrestagung der Gesellschaft für Mensch und Umwelt (GMU) in Bonn
07.–11.06.1993	Teilnahme am IUCN Kongreß der „Commission on National Parks and Protected Areas" (CNPPA) für Europa (Nyköping / Schweden) in Nyköping / Schweden
14.06.1993	Teilnahme an der Veranstaltung aus Anlaß der Überreichung der Urkunde „Biosphärenreservat Niedersächsisches Wattenmeer" durch den Vorsitzenden des Deutschen MAB-Nationalkomitees Dr. Andreas v. Gadow an die Niedersächsische Umweltministerin Monika Griefahn im Rathaus Wilhelmshaven
17.06.1993	Teilnahme an der Veranstaltung aus Anlaß der Überreichung der Urkunde „Biosphärenreservat Hamburgisches Wattenmeer" durch den Vorsitzenden des Deutschen MAB-Nationalkomitees Dr. Andreas v. Gadow an den Umweltsenator der Freien und Hansestadt Hamburg Dr. Fritz Vahrenholt, Insel Neuwerk
09.07.1993	Teilnahme an der Veranstaltung aus Anlaß der Überreichung der Urkunde „Biosphärenreservat Südost-Rügen" durch den Vorsitzenden des Deutschen MAB-Nationalkomitees Dr. Andreas v. Gadow an den Umweltminister des Landes Mecklenburg-Vorpommern Frieder Jelen in der Kirche in Middelhagen / Rügen

18.08.1993	Vortrag zur Eröffnung der Ausstellung „Biosphärenreservate in Deutschland" im Rahmen der Eröffnung der Blekkeder Umweltwochen 1993 in Bleckede bei Lüneburg
06.–10.09.1993	Teilnahme an der 4. Tagung der MAB-Nationalkomitees Europas (EUROMAB IV) in Zakopane / Polen
14.09.1993	Vortrag im Rahmen des Bundeslehrgangs für Referendare der Fachrichtung Landespflege „Zuständigkeiten, Aufgaben und Schwerpunkte des Bundes im Bereich Naturschutz und Ökologie" im Bundesamt für Naturschutz (BfN), Bonn
29.09.1993	Teilnahme an einer Vorbesprechung zur 27. Generalkonferenz der UNESCO im Auswärtigen Amt (AA), Bonn
05.10.1993	Vortrag zur Umwelterziehung im Rahmen des 49. Deutschen Geographentages in Bochum
29.10.1993	Teilnahme und Vortrag anläßlich einer Anhörung der F.D.P.–Fraktion des Bayerischen Landtages zum Thema „Nationalparkregion Ostbayern – Biosphärenreservat Bayerischer Wald / Böhmerwald / Sumava" in Freyung
05.–11.11.1993	Teilnahme an der 27. Generalkonferenz der UNESCO, Paris
08.–09.11.1993	Besprechung mit der Verwaltung des Naturparks Schaalsee – auf Einladung der Landesregierung Mecklenburg-Vorpommern – im Hinblick auf eine mögliche Ausweisung des Gebietes Naturpark Schaalsee als Biosphärenreservat
03.–05.12.1993	Besprechung mit Vertretern der Verwaltung des Biosphärenreservates Bayerischer Wald zur Erarbeitung eines Fragebogens „Umweltbildung in den Biosphärenreservaten in Deutschland" in Grafenau
15.12.1993	Vortrag im Rahmen der Fachtagung „Einen neuen Anfang setzen – Sind wir bereit, zugunsten der Umwelt unseren Lebensstil zu ändern?" der Konrad-Adenauer-Stiftung in Wesseling, Schloß Eichholz
17.12.1993	Vortrag zu „Biosphärenreservaten in Deutschland" im Rahmen einer Fortbildungsveranstaltung für Lehrer, organisiert durch das Pfalzmuseum, Pirmasens

21.12.1993	Teilnahme an der 2. Sitzung der IHP / OHP-Arbeitsgruppe „Deutscher Beitrag zum IHP-IV 1990–1995" in der Bundesanstalt für Gewässerkunde (BfG), Koblenz
13.01.1994	Vortrag anläßlich der Eröffnung der Ausstellung „Biosphärenreservate in Deutschland" in Bayreuth
03.–06.02.1994	Teilnahme an der Konferenz „European Scientific Consultation on the Influence on Cities, Protected Areas and the Concept and Practice of Biosphere Reserves" in Manchester, U.K.
21.02.1994	Teilnahme an der Sitzung des Fachausschusses Naturwissenschaften der Deutschen UNESCO-Kommission
03.03.1994	Teilnahme an der Sitzung des Wissenschaftlichen Beirates sowie des Nationalkomitees des IHP-Programmes, Bonn
04.03.1994	Teilnahme an Besprechungen mit Dr. Schaaf und Dr. Clüsener-Godt (beide UNESCO) im Bundesministerium für wirtschaftliche Zusammenarbeit (BMZ) und Bundesministerium für Umwelt, Naturschutz und Reaktorsicherheit (BMU)
18.03.1994	Teilnahme an der Besprechung „Naturschutzorientierte Umweltbeobachtung", Bundesamt für Naturschutz (BfN), Bonn
13.04.1994	Teilnahme an der „Fachkonferenz zur Einleitung der Planung für ein Biosphärenreservat Rothaargebirge", Schmallenberg
18.–19.04.1994	Leitung der Sitzung der EUROMAB Working Group „Biosphere Reserves Integrated Monitoring Programme" (BRIM), Paris
20.–21.04.1994	Teilnahme an der Sitzung des „ad hoc Programme Committee for the International Conference on Biosphere Reserves 1995 in Sevilla", Paris
12.05.1994	Vortrag über Biosphärenreservate in Deutschland anläßlich der Jahrestagung der Höhlen- und Karstforscher in Nordhausen
04.06.1994	Teilnahme am „Tag der Umwelt", veranstaltet vom Umweltbundesamt, Berlin

07.–10.06.1994	Teilnahme am UNEP / HEM-Workshop „Global Terrestrial Observation Systems" (GTOS), München
22.06.1994	Teilnahme an der Jahrestagung des Vereins „Biosphärenreservat Odermündung e.V.", Pasewalk
27.–29.06.1994	Teilnahme an der Hauptversammlung der Deutschen UNESCO-Kommission, Bonn

8.7 Liste der von der UNESCO weltweit anerkannten Biosphärenreservate (Stand: 01.01.1994)

	Biogeographische Provinz	Fläche (ha)	Jahr der Anerkennung
Ägypten			
Omayed Experimental Research Area	2.18.07	1,000	1981
Wadi Allaqui Biosphere Reserve	2.19.07	2,575,809	1993
Algerien			
Parc National du Tassili	2.18.07	7,200,000	1986
El Kala	2.17.06	76,438	1990
Argentinien			
Reserva de la Biosfera San Guillermo	8.37.12	981,460	1980
Reserva Natural de Vida Silvestre Laguna Blanca	8.25.07	981,620	1982
Parque Costero del Sur	8.31.11	30,000	1984
Reserva Ecológica de Ñacuñán	8.25.07	11,900	1986
Reserva de la Biosfera de Pozuelos	8.37.12	405,000	1990
Australien			
Croajingolong	6.06.06	101,000	1977
Danggali Conservation Park	6.10.07	253,230	1977
Konsciusko National Park	6.06.06	625,525	1977
Macquarie Island Nature Reserve	7.04.09	12,785	1977
Prince Regent River Nature Reserve	6.03.04	633,825	1977
Southwest National Park	6.02.02	403,240	1977
Unnamed Conservation Park of South Australia	6.09.07	2,132,600	1977
Uluru (Ayers Rock-Mount Olga) National Park	6.09.07	132,550	1977
Yathong Nature Reserve	6.13.11	107,241	1977
Fitzgerald River National Park	6.04.06	242,727	1978
Hattah-Kulkyne National Park & Murray-Kulkyne Park	6.05.06	49,500	1981
Wilson's Promontory National Park	6.05.06	49,000	1981

257

	Biogeo-graphi-sche Provinz	Fläche (ha)	Jahr der Aner-ken-nung
Benin			
Réserve de la Biosphère de la Pendjari	3.04.04	880,000	1986
Bolivien			
Parque Nacional Pilón-Lajas	8.06.01	100,000	1977
Reserva Nacional de Fauna Ulla Ulla	8.36.12	200,000	1977
Estación Biológica Beni	8.35.12	135,000	1986
Brasilien			
Système des Réserves de Biosphère de la Forêt Atlantique	8.07.01	29,713,881	1993
Réserve de biosphère Cerrado	8.30.10	226,000	1993
Bulgarien			
Parc National Steneto	2.33.12	2,889	1977
Réserve Alibotouch	2.33.12	1,628	1977
Réserve Bistrichko Branichté	2.33.12	1,177	1977
Réserve Boatione	2.33.12	1,281	1977
Réserve Djendema	2.33.12	1,775	1977
Réserve Doupkata	2.33.12	1,210	1977
Réserve Doupki-Djindjiritza	2.33.12	2,873	1977
Réserve Kamtchia	2.33.12	842	1977
Réserve Koupena	2.33.12	1,084	1977
Réserve Mantaritza	2.33.12	576	1977
Réserve Maritchini Ezera	2.33.12	1,510	1977
Réserve Ouzounboudjak	2.33.12	2,575	1977
Réserve Parangalitza	2.33.12	1,509	1977
Réserve Srébarna	2.11.05	600	1977
Réserve Tchervenata Sténa	2.33.12	812	1977
Réserve Tchoupréné	2.33.12	1,440	1977
Réserve Tsaritchina	2.33.12	1,420	1977
Burkina Faso			
Forêt Classée de la Mare aux Hippopotames	3.04.04	16,300	1977
Chile			
Parque Nacional Fray Jorge	8.23.06	14,074	1977
Parque Nacional Juan Fernández	5.04.13	9,290	1977
Parque Nacional Torres del Paine	8.37.12	184,414	1978
Parque Nacional Laguna San Rafael	8.11.02	1,742,448	1979
Reserva Nacional Lauca	8.36.12	358,312	1981
Reserva de la Biosfera Araucarias	8.22.05	81,000	1983
Reserva de la Biosfera La Campana-Peñuelas	8.23.06	17,095	1984

	Biogeo-graphische Provinz	Fläche (ha)	Jahr der Aner-kennung
China			
Changbai Mountain Nature Reserve	2.14.05	217,235	1979
Dinghu Nature Reserve	4.06.01	1,200	1979
Wolong Nature Reserve	2.39.12	207,210	1979
Fanjingshan Mountain Biosphere Reserve	2.15.05	41,533	1986
Xilin Gol Natural Steppe Protected Area	2.30.11	1,078,600	1987
Fujian Wuyishan Nature Reserve	2.01.02	56,527	1987
Bogdhad Mountain Biosphere Reserve	2.22.08	217,000	1990
Shennongjia	2.15.05	147,467	1990
Yancheng	2.15.06	280,000	1992
Xishuangbanna	4.10.04	241,700	1993
Costa Rica			
Reserva de la Biosfera de la Amistad	8.16.04	584,592	1982
Cordillera Volcánica Central	8.16.04	144,363	1988
Dänemark			
North-east Greenland National Park	1.17.09	70,000,000	1977
Deutschland			
Mittlere Elbe	2.11.05	43,000	1979
Vessertal-Thüringer Wald	2.11.05	17,242	1979
Bayerischer Wald	2.32.12	13,300	1981
Berchtesgaden	2.32.12	46,742	1990
Schleswig-Holsteinisches Wattenmeer	2.09.05	285,000	1990
Schorfheide-Chorin	2.09.05	129,100	1990
Spreewald	2.11.05	48,463	1991
Südost-Rügen	2.11.05	23,500	1991
Rhön	2.11.05	166,674	1991
Pfälzerwald	2.09.05	179,800	1992
Niedersächsisches Wattenmeer	2.09.05	240,000	1992
Hamburgisches Wattenmeer	2.09.05	11,700	1992
Ecuador			
Archipiélago de Colón (Galápagos)	8.44.13	766,514	1984
Reserva de la Biosfera de Yasuni	8.05.01	679,730	1989
Elfenbeinküste			
Parc National de Tai	3.01.01	330,000	1977
Parc National de la Comoé	3.04.04	1,150,000	1983
Estland			
West Estonian Archipelago Biosphere Reserve	2.10.05	1,560,000	1990

	Biogeographische Provinz	Fläche (ha)	Jahr der Anerkennung
Finnland			
Northern Karelia	2.03.03	350,000	1992
Archipelago Sea Area	2.10.05	420,000	1994
Frankreich			
Atoll de Taiaro	5.04.13	2,000	1977
Réserve de la Biosphère de la Vallée du Fango	2.17.06	25,110	1977
Réserve Nationale de Camargue Biosphère Réserve	2.17.06	13,117	1977
Réserve de la Biosphère des Cévennes	2.09.05	323,000	1984
Réserve de la Biosphère d'Iroise	2.09.05	21,400	1988
Réserve de la Biosphère des Vosges du Nord	2.09.05	120,000	1988
Mont Ventoux	2.17.07	72,956	1990
Guadeloupe Archipelago	8.41.13	69,000	1992
Gabun			
Réserve Naturelle Intégrale d'Ipassa-Makokou	3.02.01	15,000	1983
Ghana			
Bia National Park	3.01.01	7,770	1983
Griechenland			
Gorge of Samaria National Park	2.17.06	4,840	1981
Mount Olympus National Park	2.17.06	4,000	1981
Großbritannien			
Beinn Eighe National Nature Reserve	2.31.12	4,800	1976
Braunton Burrows National Nature Reserve	2.08.05	596	1976
Caerlavaerock National Nature Reserve	2.08.05	5,501	1976
Cairnsmore of Fleet National Nature Reserve	2.08.05	1,922	1976
Dyfi National Nature Reserve	2.08.05	1,589	1976
Isle of Rhum National Nature Reserve	2.31.12	10,560	1976
Loch Druidibeg National Nature Reserve	2.31.12	1,658	1976
Moor House-Upper Teesdale Biosphere Reserve	2.08.05	7,399	1976
North Norfolk Coast Biosphere Reserve	2.08.05	5,497	1976
Silver Flowe-Merrick Kells Biosphere Reserve	2.08.05	3,088	1976
St Kilda National Nature Reserve	2.08.05	842	1976
Claish Moss National Nature Reserve	2.31.12	480	1977
Taynish National Nature Reserve	2.31.12	326	1977
Guatemala			
Maya	8.01.01	1,000,000	1990
Sierra de las Minas	1.03.03	236,300	1992

	Biogeo-graphische Provinz	Fläche (ha)	Jahr der Aner-kennung
Guinea			
Réserve de la Biosphère des Monts Nimba	3.01.01	17,130	1980
Réserve de la Biosphère du Massif du Ziama	3.01.01	116,170	1980
Honduras			
Río Plátano Biosphere Reserve	8.16.04	500,000	1980
Indonesien			
Cibodas Biosphere Reserve (Gunung Gede-Pangrango)	4.22.13	14,000	1977
Komodo Proposed National Park	4.23.13	30,000	1977
Lore Lindu Proposed National Park	4.24.13	231,000	1977
Tanjung Puting Proposed National Park	4.25.13	205,000	1977
Gunung Leuser Proposed National Park	4.21.13	946,400	1981
Siberut Nature Reserve	4.21.13	56,000	1981
Iran			
Arasbaran Protected Area	2.34.12	52,000	1976
Arjan Protected Area	2.34.12	65,750	1976
Geno Protected Area	2.20.08	49,000	1976
Golestan National Park	2.34.12	125,895	1976
Hara Protected Area	2.20.08	85,686	1976
Kavir National Park	2.24.08	700,000	1976
Lake Oromeeh National Park	2.34.12	462,600	1976
Miankaleh Protected Area	2.34.12	68,800	1976
Touran Protected Area	2.24.08	1,000,000	1976
Irland			
North Bull Island	2.08.05	500	1981
Killarney National Park	2.08.05	8,308	1982
Italien			
Collemeluccio-Montedimezzo	2.32.12	478	1977
Forêt Domaniala du Circeo	2.17.06	3,260	1977
Miramare Marine Park	2.17.06	60	1979
Japan			
Mount Hakusan	2.02.02	48,000	1980
Mount Odaigahara & Mount Omine	2.02.02	36,000	1980
Shiga Highland	2.15.05	13,000	1980
Yakushima Island	2.02.02	19,000	1980
Jugoslawien (Serbien und Montenegro)			
Réserve Écologique du Bassin de la Rivière Tara	2.33.12	200,000	1976

	Biogeo-graphische Provinz	Fläche (ha)	Jahr der Anerkennung
Kamerun			
Parc National de Waza	3.04.04	170,000	1979
Parc National de la Benoué	3.04.04	180,000	1981
Réserve Forestière et de Faune du Dja	3.02.01	500,000	1981
Kanada			
Mont St Hilaire	1.05.05	5,550	1978
Waterton Lakes National Park	1.19.12	52,597	1979
Long Point Biosphere Reserve	1.22.14	27,000	1986
Riding Mountain Biosphere Reserve	1.04.03	297,591	1986
Réserve de la Biosphère de Charlevoix	1.04.03	460,000	1988
Niagara Escarpment Biosphere Reserve	1.05.05	207,240	1990
Kenia			
Mount Kenya Biosphere Reserve	3.21.12	71,759	1978
Mount Kulal Biosphere Reserve	3.14.07	700,000	1978
Malindi-Watamu Biosphere Reserve	3.14.07	19,600	1979
Kiunga Marine National Reserve	3.14.07	60,000	1980
Amboseli	3.14.07	483,200	1991
Kirgisien-Usbekistan			
Chatkal Mountains Biosphere Reserve	2.26.12	71,400	1978
Kolumbien			
Cinturón Andino Cluster Biosphere Reserve	8.33.12	855,000	1979
El Tuparro Nature Reserve	8.27.10	928,125	1979
Sierra Nevada de Santa Marta (inc. Tayrona Nacional Parque)	8.17.04	731,250	1979
Kongo			
Parc National d'Odzala	3.02.01	110,000	1977
Réserve de la Biosphère de Dimonika	3.02.01	62,000	1988
Kroatien			
Velebit Mountain	2.17.06	150,000	1977
Kuba			
Sierra del Rosario	8.39.13	10,000	1984
Cuchillas de Toa	8.39.13	127,500	1987
Peninsula de Guanahacabibes	8.39.13	101,500	1987
Baconao	8.39.13	84,600	1987
Madagaskar			
Réserve de la Biosphère du Mananara Nord	3.03.01	140,000	1990

	Biogeo-graphische Provinz	Fläche (ha)	Jahr der Anerkennung
Mali			
Boucle du Baoulé	3.04.04	771,000	1982
Mauritius			
Macchabee / Bel Ombre Nature Reserve	3.25.13	3,594	1977
Mexiko			
Reserva de Mapimi	1.09.07	103,000	1977
Reserva de la Michiliá	1.21.12	42,000	1977
Montes Azules	8.01.01	331,200	1979
Reserva de la Biosfera „El Cielo"	1.10.07	144,530	1986
Reserva de la Biosfera de Sian Ka'an	8.16.04	528,147	1986
Reserva de la Biosfera Sierra de Manantlán	8.14.04	139,577	1988
Reserva de la Biosfera de Calakmul	8.01.01	723,185	1993
Reserva de la Bisofera „El Pinacate y Gran Desierto de Altar"	1.08.07	714,556	1993
Reserva de la Biosfera „El Triunfo"	1.21.12	120,000	1993
Reserva de la Biosfera „El Vizcaíno"	1.08.07	2,546,790	1993
Mongolei			
Great Gobi	2.35.12	5,300,000	1990
Niederlande			
Waddensea Area	2.09.05	260,000	1986
Nigeria			
Omo Strict Natural Reserve	3.01.01	460	1977
Nordkorea			
Mount Paekdu Biosphere Reserve	2.14.05	132,000	1989
Norwegen			
North-east Svalbard Nature Reserve	2.25.09	1,555,000	1976
Österreich			
Gossenkollesse	2.32.12	100	1977
Gurgler Kamm	2.32.12	1,500	1977
Lobau Reserve	2.32.12	1,000	1977
Neusiedler See – Österreichischer Teil	2.12.05	25,000	1977
Pakistan			
Lal Suhanra National Park	4.15.07	31,355	1977

	Biogeographische Provinz	Fläche (ha)	Jahr der Anerkennung
Panama			
Parque Nacional Fronterizo Darién	8.02.01	597,000	1983
Peru			
Reserva de Huascarán	8.37.12	399,239	1977
Reserva del Manu	8.05.01	1,881,200	1977
Reserva des Noroeste	8.19.04	226,300	1977
Philippinen			
Puerto Galera Biosphere Reserve	4.26.13	23,545	1977
Palawan Biosphere Reserve	4.26.13	1,150,800	1990
Polen			
Babia Gora National Park	2.11.05	1,741	1976
Bialowieza National Park	2.10.05	5,316	1976
Lukajno Lake Reserve	2.10.05	710	1976
Slowinski National Park	2.11.05	18,069	1976
East Carpathians / East Beskid	2.11.05 /		
(gemeinsam mit Slowakei)	2.32.12	149,525	1992
Karkonosze (gemeinsam mit Tschech. Republik)	2.32.12	60,351	1992
Tatra (gemeinsam mit Slowakei)	2.11.05	123,566	1992
Portugal			
Paul do Boquilobo Biosphere Reserve	2.17.06	395	1981
Ruanda			
Parc National des Volcans	3.20.12	15,065	1983
Rumänien			
Pietrosul Mare Nature Reserve	2.11.05	3,068	1979
Retezat National Park	2.11.05	20,000	1979
Danube Delta	2.29.11	591,220	1992
Russische Föderation			
Kavkazskiy Zapovednik	2.34.12	263,477	1978
Oka River Valley Biosphere Reserve	2.10.05	45,845	1978
Sikhote-Alin Zapovednik	2.14.05	340,200	1978
Tsentral'nochernozem Zapovednik	2.10.05	4,795	1978
Astrakhanskiy Zapovednik	2.21.08	63,400	1984
Kronotskiy Zapovednik	2.07.05	1,099,000	1984
Laplandskiy Zapovednik	2.03.03	278,400	1984
Pechoro-Ilychskiy Zapovednik	2.03.03	721,322	1984

	Biogeo-graphische Provinz	Fläche (ha)	Jahr der Anerkennung
Sayano-Shushenskiy Zapovednik	2.35.12	389,570	1984
Sokhondinskiy Zapovednik	2.30.11	211,000	1984
Voronezhskiy Zapovednik	2.11.05	31,053	1984
Tsentral'nolesnoy Zapovednik	2.11.05	21,348	1985
Lake Baikal Region Biosphere Reserve	2.04.03	559,100	1986
Tzentralnosibirskii Biosphere Reserve	2.03.04	5,000,000	1986
Chernyje Zemli Biosphere Reserve	2.21.08	532,901	1993
Schweden			
Lake Torne Area	2.06.05	96,500	1986
Schweiz			
Parc National Suisse	2.32.12	16,870	1979
Senegal			
Forêt Classée de Samba Dia	3.04.04	756	1979
Delta du Saloum	3.04.04	180,000	1980
Parc National du Niokolo-Koba	3.04.04	913,000	1981
Slowakei			
Slovensky Kras Protected Landscape Area	2.11.05	36,165	1977
Polana Biosphere Reserve	2.11.05	20,079	1990
Tatra (gemeinsam mit Polen)	2.11.05	123,566	1992
East Carpathians / East Beskid (gemeinsam mit Polen)	2.11.05 / 2.32.12	149,525	1992
Spanien			
Reserva de Grazalema	2.17.06	32,210	1977
Reserva de Ordesa-Vinamala	2.16.06	51,396	1977
Parque Natural de Montseny	2.17.06	17,372	1978
Reserva de la Biosfera de Doñana	2.17.06	77,260	1980
Reserva de la Biosfera de la Mancha Húmeda	2.17.06	25,000	1980
Las Sierras de Cazorla y Segura Reserva de la Biosfera	2.17.06	190,000	1983
Reserva de la Biosfera de las Marismas del Odiel	2.17.06	8,728	1983
Reserva de la Biosfera del Canal y los Tiles	2.40.13	511	1983
Reserva de la Biosfera del Urdaibai	2.16.06	22,500	1984
Reserva de la Biosfera Sierra Nevada	2.17.06	190,000	1986
Cuenca Alta del Rio Manzanares	2.16.06	101,300	1992
Reserva de la Biosfera de Lanzarote	2.40.13	73,550	1993
Reserva de la Biosfera de Menorca	2.17.06	70,000	1993
Sri Lanka			
Hurulu Forest Reserve	4.13.04	512	1977
Sinharaja Forest Reserve	4.02.01	8,864	1978

	Biogeographische Provinz	Fläche (ha)	Jahr der Anerkennung
Sudan			
Dinder National Park	3.13.07	650,000	1979
Radom National Park	3.05.04	1,250,970	1979
Südkorea			
Mount Sorak Biosphere Reserve	2.15.05	37,430	1982
Tansania			
Lake Manyara National Park	3.05.04	32,500	1981
Serengeti-Ngorongoro Biosphere Reserve	3.05.04	2,305,100	1981
Thailand			
Sakaerat Environmental Research Station	4.10.04	7,200	1976
Hauy Tak Teak Reserve	4.10.04	4,700	1977
Mae Sa-Kog Ma Reserve	4.10.04	14,200	1977
Tschechische Republik			
Krivoklátsko Protected Landscape Area	2.11.05	62,792	1977
Trebon Basin Protected Landscape Area	2.11.05	70,000	1977
Palava Protected Landscape Area	2.11.05	8,017	1986
Sumava Biosphere Reserve	2.32.12	167,117	1990
Krkokonose (gemeinsam mit Polen)	2.32.12	60,351	1992
Tunesien			
Parc National de Djebel Bou-Hedma	2.28.11	11,625	1977
Parc National de Djebel Chambi	2.28.11	6,000	1977
Parc National de l'Ichkeul	2.17.06	10,770	1977
Parc National des Iles Zembra et Zembretta	2.17.06	4,030	1977
Turkmenistan			
Repetek Zapovednik	2.21.08	34,600	1978
Uganda			
Queen Elisabeth (Rwenzori) National Park	3.05.04	220,000	1979
Ukraine			
Chernomorskiy Zapovednik	2.29.11	87,348	1984
Askaniya-Nova Zapovednik	2.29.11	33,307	1985
Carpathian	2.11.05	38,930	1992
Ungarn			
Aggtelek Biosphere Reserve	2.11.05	19,247	1979
Hortobágy National Park	2.12.05	52,000	1979

	Biogeographische Provinz	Fläche (ha)	Jahr der Anerkennung
Kiskunság Biosphere Reserve	2.12.05	22,095	1979
Lake Fertö Biosphere Reserve	2.12.05	12,542	1979
Pilis Biosphere Reserve	2.11.05	23,000	1980
Uruguay			
Bañados del Este	8.32.11	200,000	1976
Venezuela			
Reserva de Biosfera „Alto Orinoco-Casiquiare"	8.05.01	8,700,000	1993
Vereinigte Staaten von Amerika			
Aleutian Islands National Wildlife Refuge	1.12.09	1,100,943	1976
Big Bend National Park	1.09.07	283,247	1976
Cascade Head Experimental Forest Scenic Research Area	1.02.02	7,051	1976
Central Plains Experimental Range	1.18.11	6,210	1976
Channel Islands Biosphere Reserve	1.07.06	479,652	1976
Coram Experimental Forest (incl. Coram National Area)	1.19.12	3,019	1976
Denali National Park and Biosphere Reserve	1.03.03	2,441,295	1976
Desert Experimental Range	1.11.08	22,513	1976
Everglades National Park (incl. Ft. Jefferson National Monument)	8.12.04	585,867	1976
Fraser Experimental Forest	1.19.12	9,328	1976
Glacier National Park	1.19.12	410,202	1976
H.J. Andrews Experimental Forest	1.20.12	6,100	1976
Hubbard Brook Experimental Forest	1.05.05	3,076	1976
Jornada Experimental Range	1.09.07	78,297	1976
Luquillo Experimental Forest (Caribbean National Forest)	8.40.13	11,340	1976
Noatak National Park	1.13.09	3,035,200	1976
Olympic National Park	1.02.02	363,379	1976
Organ Pipe Cactus National Monument	1.08.07	133,278	1976
Rocky Mountain National Park	1.19.12	106,710	1976
San Dimas Experimental Forest	1.07.06	6,947	1976
San Joaquin Experimental Range	1.07.06	1,832	1976
Sequoia-Kings Canyon National Parks	1.20.12	343,000	1976
Stanislaus-Tuolumne Experimental Forest	1.20.12	607	1976
Three Sisters Wilderness	1.20.12	80,900	1976
Virgin Islands National Park & Biosphere Reserve	8.41.13	6,127	1976
Yellowstone National Park	1.19.12	898,349	1976
Beaver Creek Experimental Watershed	1.08.07	111,300	1976

	Biogeographische Provinz	Fläche (ha)	Jahr der Anerkennung
Konza Prairie Research Natural Area	1.18.11	3,487	1978
Niwot Ridge Biosphere Reserve	1.19.12	1,200	1979
The University of Michigan Biological Station	1.18.11	4,048	1979
The Virginia Coast Reserve	1.05.05	13,511	1979
Hawaii Islands Biosphere Reserve	5.03.13	99,545	1980
Isle Royale National Park	1.22.14	215,740	1980
Big Thicket National Reserve	1.06.05	34,217	1981
Guanica Commonwealth Forest Reserve	8.40.13	4,006	1981
California Coast Ranges Biosphere Reseve	1.02.02	62,098	1983
Central Gulf Coast Plain Biosphere Reserve	1.06.05	72,964	1983
South Atlantic Coastal Plain Biosphere Reserve	1.06.05	6,125	1983
Mojave and Colorado Deserts Biosphere Reserve	1.08.07	1,297,264	1984
Carolinian-South Atlantic Biosphere Reserve	1.06.05	125,545	1986
Glacier Bay-Admiralty Island Biosphere Reserve	1.01.02	1,515,015	1986
Central California Coast Biosphere Reserve	1.07.06	543,385	1988
New Jersey Pinelands Biosphere Reserve	1.05.05	445,300	1988
Southern Appalachian Biosphere Reserve	1.05.05	247,028	1988
Champlain-Adirondak Biosphere Reserve	1.05.05	3,990,000	1989
Mammonth Cave Area	1.09.07	83,337	1990
Land between the Lakes	1.05.05	1,560,000	1991
Weißrussland			
Berezinskiy Zapovednik	2.10.05	76,201	1978
Belôvezhskaya Pushcha Biosphere Reserve	2.11.05	177,100	1993
Zaire			
Réserve Floristique de Yangambi	3.02.01	250,000	1976
Réserve Forestière de Luki	3.02.01	33,000	1976
Vallée de la Lufira	3.06.04	14,700	1982
Zentralafrikanische Republik			
Basse-Lobaye Forest	3.02.01	18,200	1977
Bamingui-Bangoran Conservation Area	3.04.04	1,622,000	1979

324 Biosphärenreservate in 82 Staaten

Gesamtfläche: 211,532,058 ha

9. Summary of the Report of the German Contribution to the UNESCO-Programme „Man and the Biosphere" (MAB) for July 1992 till June 1994

In 1970, the 16th UNESCO General Conference adopted the interdisciplinary and problem-oriented programme „Man and the Biosphere" (MAB); MAB is directed to improve the partnership of humankind and environment. It is therefore the task of the programme to overcome scientific deficits for facilitating more environmentally compatible uses or sustainable protection of natural resources. This requires a systematic approach which comprises natural scientific, economic, social, ethical and cultural aspects.

9.1 The German National Committee

The German National Committee was founded in 1972. The chairmanship falls into the responsibility of the Federal Ministry for the Environment, Nature Conservation and Reactor Safety. At present, the German National Committee consists of 44 members. They represent science of the different disciplines, several Federal Ministries, the Länder, the big research institutes and the Deutsche Forschungsgemeinschaft (DFG).

The tasks of the National Committee are the following:
– scientific assistance of the German contribution to the MAB-programme,
– identification of new MAB-relevant areas of cooperation,
– further development of the national contribution to the international programme,
– advising of the Federal Government in the field of UNESCO MAB policy,
– promotion of the MAB-philosophy by public relation and
– realization of MAB symposia or workshops.

The affairs of the National Committee and its chairman are conducted by a secretariat which consists of four persons. The secretariat is located at the German Federal Agency for Nature Conservation.

9.2 German Contribution to the MAB-Programme – National Projects

9.2.1 Forest Ecosystems Close to Urban Agglomerations in Berlin

Since 1986, this project is executed by the Federal Environment Agency and the Senator for Urban Development and Environmental Protection of Berlin. The main topics are the research about complex relationships in the ecosystem forest, the elaboration and securing of the necessary basic knowledge for a sustainable-oriented forest recultivation and the development of a catalogue of measures for a sustainable development.

9.2.2 Stability Conditions in Forest Ecosystems, Göttingen

This project is carried out by the Research Centre Forest Ecosystems in Göttingen and is financed by the Federal Ministry for Research and Technology. It was labelled MAB-project in 1989. The research focuses on the causal interpretation of the effects which have input matters on forest ecosystems and of the effects which originate by matter output out of forest ecosystems to their environment. The understanding of these effects is the basis:
-1- for the definition for critical loads
-2- for the elaboration of measures for stabilizing forest ecosystems and for its sustainable management and
-3- to avoid long-term negative effects on forest ecosystems.

9.2.3 Ecosystem Research at the Bornhöveder Seenkette

Since 1989, 26 research groups from different universities realize this interdisciplinary project at the University of Kiel. The objective of the project, which is financed by the Federal Ministry for Research and Technology, is to detect the consequences of anthropogenic impact on nature-like ecosystems and agrarian ecosystems as well as to detect and predict the consequences in terrestrial matter balances and in aquatic ecosystems. By this means, environmental managers shall be supplied with improved instruments for a sustainable and rational land use management.

9.2.4 Ecosystem Research in the Waddensea in the Länder Niedersachsen and Schleswig-Holstein

Since 1989, the Federal Ministry for the Environment, Nature Conservation and Reactor Safety is conducting in cooperation with the Länder Schleswig-Holstein and Niedersachsen the MAB-project Ecosystems Research in the

Waddensea. The research which is executed in the National Parks of the Waddensea has the aims
- -1- to originate general understanding of the human-nature system of the Waddensea,
- -2- to supply the knowledge which is needed for the solution, e.g. minimizing of actual environmental problems in coastal areas and
- -3- to develop criteria and instruments for the improvement of the long-term protection of the ecosystem Waddensea. In the research programmes, ecological as well as socioeconomical subsystems are subject of examination which, by the means of a Geographical Information System, is the basis for future-oriented environmental planning.

9.2.5 Research Network Agricultural Ecosystems Munich, Abbey Scheyern / Bavaria

In november 1988, six scientific groups of the Scientific Research Centre for Environment and Health (GSF) in Munich / Neuherberg and 11 departments of the Technical University of Munich joined up to the „Scientific network agricultural ecosystems Munich" (FAM). The basis of investigations is the Benedictine Abbey Scheyern farm near Pfaffenhofen / Ilm, which amounts to 150 ha and lies in a hilly landscsape derived from tertiary sediments. It has been leased for 15 years, so that ideal conditions exist for controlled long-term studies. The area illustrates the typical features of an intensively farmed landscape: erosion, soil compaction, contamination of ground water and lack of compensation areas and of biodiversity, and is thus very suitable for the project.

The FAM aims at elaborating approaches of how to link the preservation and regeneration of the natural fundamentals of life of an agricultural landscape with its land use. The range of systems to be studied include laboratoric systems (microcosmo), model ecosystems (lysimeter, ponds, exposition chambers) and the agricultural landscape. Among the applied methods are the analysis of ecological processes, the mathematical analysis, the simulation of processes and finally long-term studies of selected land use systems on the Abbey Scheyern.

The aim of the concept is to improve the spatial organisation of the research area based on the ecological conditions and the demands of a practice-oriented land management.

This involves the planning of
- the spatial distribution, the form and the size of „ecological compensation areas",

- steps to be taken to either expand already existing plots and structures or to create new ones and of
- an improved structure of the future farmed area, considering its position, form and management system.

9.2.6 Environmental Consciousness and Action, Values and Change of Values; Investigation on the conditions and forms of practice-oriented ecological learning, accompanying the establishment of the biosphere reserve Schorfheide-Chorin

The establishment of the biosphere reserves as laid down in the UNESCO-programme „Man and the biosphere" needs high scientific attention and evaluation, as it represents a new, large-scale instrument of protection, maintenance and development of a landscape. A biosphere reserve being a „model of an ecological economic region" retains the possibility of examining the reactions of people who are directly affected by steps directed towards the protection of the environment.

In the biosphere reserve Schorfheide-Chorin, the realization of a concrete programme of environmental politics can be observed from beginning to end. This is an opportunity to develop methods of observation and analysis as well as educational means and strategies which could contribute to the realization of an optimum combination and coordination of environmental politics on the one hand, and needs, aims and habits of the concerned persons on the other. Only when such a harmonization of both sides is given, „directions from above" will probably induce the necessary changes of people's consciousness and behaviour. Furthermore, the intensive study on the environmental psychology of a selected group of persons suggested here is constructed to perform as some kind of „early warning system": the inquiries focus on the long-term changes of habits, values, levels of knowledge and strategies of resolving conflicts etc. of the population in the biosphere reserve Schorfheide-Chorin. Possible negative developments can be recognised and political interventions to correct them can be taken in time.

The project has also the political aim to make an exemplary contribution to the implementation of the MAB-programme of the UNESCO and the German Land Brandenburg. The notion „exemplary" implies that the findings should also be applicable to other biosphere projects. Furthermore, the project helps the management plan of the biosphere reserve Schorfheide-Chorin to be implemented successfully.

9.3 German Contribution to the MAB-Programme – International Projects

9.3.1 Management of Tropical Forests; Interregional Project with main Activities in Africa (Madagascar), Asia (Papua New Guinea and Malaysia) and Latin America (Bolivia, Brazil, Mexico and Peru)

Project background, content and objectives

The general objective of this five-year cooperative project on tropical forest ecosystems between UNESCO and the Federal Republic of Germany, as mentioned in the original project document, is to contribute to the development of substainable land use systems in the humid and sub-humid tropics that are in tune with the social, cultural and biological characteristics of the peoples and ecological systems of these regions in a time of rapid and far-reaching change.

A long-term perspective must be taken to allow for realistic achievements in this field. Within the five-year period the project will gain demonstrable experiences of ecologically substainable management of tropical forests in three specified areas and make known to the public.

A status report on the management of humid tropical forests, sponsored by FAO and published in 1987, concluded that only a very small proportion of existing tropical rain forests are currently managed in any real sense of the term. Even when management is attempted, any shortcoming – whether silvicultural, socio-economic, political or institutional – rather effectively prevents success. So intractable might seem these factors that there is a tendency among some involved in resource management and land use planning to discuss mixed tropical forest management: as unrealistic, unworkable or unpractical.

However, the substainability of logging rain forest through successive timber extraction cycles has been demonstrated well in cases such as the Malayan Uniform System, the Selective Management System or the Celos Silvicultural System in Suriname. Nevertheless, problems remain to be solved including the degree of damage done during each logging operation (particulary to the soil), the slow rate of recovery growth, soil and nutrient erosion, the unprofitability of maximizing the growth of commercially valuable species after logging, and the hidden subsidies to the timber extraction industry. It is often suggested most rain forest logging is a one-off activity with no foreseeable second or third harvest. Fears are also expressed for loss of habitat and species due to forest disturbances; loss of potential for non-timber forest products such as cane, fruit and chemicals; and the impact of humans using fire and cultivation on forest after logging is completed.

Substainable development that supports human beings depends on our ability to utilize the properties of plants, animals and micro-organisms for our benefit. Our understanding of and consequent ability to utilize the great majority of these organisms for our benefit is extremely limited, yet we are threatening a quarter of them with extinction over the next few decades. And much of the traditional knowledge of local farmers, forest dwellers and other resource users remains unrecorded and unexploited, with every year seeing part of this knowledge being lost with the transformation of ecosystems and local cultures.

The development of buffer zones and transition areas contiguous to areas of intact mixed tropical forest is one way of reducing pressure on threatened forest ecosystems through providing alternatives to forest encroachment and shifting cultivation. One aspect of buffer zone development is that of forest and woodland regeneration and ecosystems rehabilitation in the tropics. Secondary forests (those that remain after logging or grow up on abandoned clearing lands), degraded zones and other human impacted areas comprise an increasingly large proportion of tropical lands. Such systems have received comparatively little attention, compared to „natural" systems, and there is a growing need for improved scientific understanding on which the effective management of impacted systems (including rehabilitation of degraded areas) could be based. These systems may well hold the key for long-term solutions to human environment problems in the tropics.

As tropical forests are exploited ever more rapidly and irreversible, public awareness of the problem and political willingness to effect change have grown apace. Unfortunately, much of this willingness remains untapped as there is still a need for further information and experiences to provide a solid basis for policies and activities. A major need is to integrate and fill the gaps in existing information to enable tropical forests to be used sustainably over long periods in such a way that development is ensured for local people.

While the exact target group varies from country to country, the overall aim is to improve the situation of communities living in and around tropical forest and depending on these for their livelihood. The projects should provide them with the tools to derive sustainable benefits from the forests emphasizing both the revaluation of traditional knowledge and methods and the introduction of modern techniques.

The programme is based on an interlinked set of field research and demonstration activities, underpinned by efforts to heighten awareness on the ecology and resource management of tropical forest ecosystems and to contribute to human resources development in the tropical regions.

One major demonstration project is being promoted in each of the three principal regions of the humid tropics of Africa, Asia and Latin America, aimed at elucidating and demonstrating ways and means of managing tropical forest ecosystems in ways that are economically viable and environmentally sound. In addition, technical and financial support is provided to other field studies which address particular research issues relating to land management in the humid and subhumid tropics. Thus, within an overall framework of the ecological and economic substainability of tropical forest management, among the issues and topics being addressed within the cooperative project are the following: taking advantage of traditional ecological knowledge in the humid tropics; buffer zone and transition area development in selected biosphere reserves and World Heritage sites; biological diversity and its variation in time and space and tropical soil fertility and its biological management.

To the extent possible, each of the field projects includes an environmental awareness and training component. The site-focussed activities within the present project are complemented by a separate project which seeks to synthesize and diffuse scientific information on tropical forest ecosystems, for use in environmental education and related activities, together with a substantial programme for human resources development which entails both individual and group training.

Africa

In Africa, the focus is on Madagascar where the project is closely linked with ongoing efforts to promote an integrated approach to the conservation and sustained management of the natural resources of the country. The work is undertaken within the framework of the Environmental Action Plan being developed for Madagascar through a multi-institutional effort led by the World Bank, and in close cooperation with IUCN and WWF.

Madagascar

With 10,000–12,000 plant species (85 % endemic), Madagascar is probably the most floristically rich area in the world for its size. The fauna is also exceptional in terms of high endemism – 53 % among birds, 95 % among reptiles, 100 % among non-flying mammals. Rates of change and transformation offer threats to many species, illustrated by the rates of deforestation (on an island of 600,000 km^2 which was originally covered mainly by various types of forest, only 80,000–100,000 km^2 or about 15 % of the total land area remain under

275

'primary forest'). It is within such a context that UNESCO has been cooperating since 1986 with a range of Malagasy institutions in seeking to incorporate conservation as an integral part of rural development. With support the Federal Republic of Germany adn UNEP, multi-faceted field projects are being developed in different parts of the island. The aim in all sites is to realize to the greatest extent possible the potential of their great floral and faunistic diversity.

There are close links between the present project and another UNESCO-implemented project which is financed by UNEP. While the overall coordination of the two projects is entrusted to the Chief Technical Adviser of the UNEP-financed project, the logistical support is to a large extent provided by the FRG financed project. Guy Suzon Ramangason succeeded to Roland Albignac in mid-1992 as coordinator for the UNESCO environment projects in Madagascar.

The three main objectives were:
– Intervention in the agricultural or husbandry filed in order to reduce pressure on the natural environment by replacing traditional methods of production such as „tavy" (slash and burn agriculture) or savanna fires with alternatives methods;
– Compensate the loss access to natural resources by providing the local population with services (health factilities, education activities and infrastructure);
– Increase the standard of living for the populations and thus make them less dependant on specific exploitation of natural resources.

Asia

Papua New Guinea

The principal focus of activities in Asia is in Papua New Guinea. With a land area of 467,500 km^2 (77 % forested), a population of four million people and some 97 % of the land mass remaining under the control of local communities, forest development in PNG is faced with an almost unique set of challenges and opportunities. Within such a context, major emphasis of the project has been given to the training of local scientists and resource managers and to the development of a project on indicators of sustainability within a larger initiative on the economic, ecological and social sustainability of tropical rain forest use (known by the acronym EESSTRU). Training support has included technical and financial constribution to a national workshop convened in late 1990 by the Forest Research Institute of Papua New Guinea and to a M.Sc. programme at the University of Queensland by a young botanist.

Malaysia

In Sabah, in eastern Malaysia, two projects have been supported which are both rooted in the underlying philosophy that sustaining economic returns from rain forests is the best long-term strategy for conservation.

Latin America

The activities in Latin America take place in Bolivia, Brazil, Mexico and Peru with main emphasis on Brazil.

Bolivia

The activities in Bolivia were concentrated in the Estación Biológica del Beni Biosphere Reserve (EBB). Two sets of activities were started, one aiming at establishing a programme of regional communication, information and promotion of the Beni Biosphere Reserve, in close collaboration with the local population; and one project on ethnobotanical inventory in the biosphere reserve. The Beni Biosphere Reserve covers 135,000 hectares in the nothern part of Bolivia. Declared a biosphere reserve in 1986 by the International Coordinating Council of the UNESCO Man and the Biosphere Programme (MAB), it includes extensive forests, savannahs and swampland. It is estimated that there are over 2,000 species of plants in the reserve, including valuable timber trees and many minor forest products. Some 800 Chimane indigenous people live within the reserve, which includes 30,000 hectares designated as indigenous territory. Many non-indigenous agriculturists and small-scale cattle farmers live in communities around the perimeter of the reserve. In 1982, the Bolivian National Academy of Sciences established the Beni Biological Station, which has become an important research centre on tropical ecosystems. The personnel of the Biological Station manage the reserve through a varied programme of research, conservation, training, ecotourism and community development.

Ethnobotanical inventory in the Beni Biosphere reserve: This project takes place within the People and Plants initiative. The directors of the Beni Biosphere Reserve are seeking to carry out projects which foster appropriate development in Chimane and other local communities while ensuring the conservation of the forest within the reserve. In the context of this general goal, it is proposed that Bolivian students and local people work together to create an inventory of useful plants in the vicinity of the Beni Biological Reserve. Three objectives will be accomplished:
1) training and support of local ethnobotanists;
2) exploring the potential contribution of non-timber forest products to local development; and
3) increasing scientific knowledge of plants in the biosphere reserve.

Brazil

The institutions involved in this project are the National Research Institute for the Amazon (INPA); the Institute for Amazon Studies (IEA); and the Association of Amazonian Universities (UNAMAZ). The objectives as specified in 1989 were to:
- support research on extractivism; results: research on extractivism concentrated on seed germination and seed storage of different tropical forest tree species; regeneration of „Rose Wood" and remote sensing and geographical information system. The results of this project in comparison with two other scientific papers on the topic of extractivism are being published as a MAB Digest.
- organize a conference on „Environmentally Sound Socio-Economic Development in the Humid Tropics" in Manaus; results: the Conference on „Environmentally Sound Socio-Economic Development in the Humid Tropics", held in Manaus 13–19 June 1992, was the first follow-up to UNCED aiming at transforming into action the recommendations of the Agenda 21 adopted in Rio de Janeiro.
- support research in the Caxiuana National Forest; results: a new project entitled „Comparison of the vegetative growth and reproductive phenology of pioneer and climax tree species of the Caxiuana National forest" has been initiated in mid 1993 with the collaboration of the CNPq, Museu Paraense Emílio Goeldi, Belém, Brazil.
- establish a programme on „Ecodevelopment Strategies for Extractive Reserves"; results: a programme on „Ecodevelopment Strategies for Extractive Reserves" is currently being established with the Institute of Amazonian Studies. A preliminary report is expected in due course.
- Promote the establishment of new biosphere reserves in the Brazilian Amazon Region; results: in 1993, with the collaboration of the INPA, the foundation „Fundaçao Djalma Batísta" was created of which the main objective is the organization of the different steps for the elaboration of the project proposal for a new biosphere reserve in the Brazilian Amazon region (Manaus area). The project proposal for the creation of the new biosphere reserve „Adolpho Ducke" has been received by the Division of Ecological Sciences as well as by the constitution of the Foundation.

Mexico

Two sets of activities were undertaken in Mexico which contributed to an evolving collaborative programme of WWF and UNESCO for the promotion of ethnobotany and sustainable use of wild plant resources: the „People and Plants" initiative. Community management of forest resources in the Sierre

Norte, Oaxaca, Mexico. The Sierra Norte, the most complex of the eight geographical regions of Oaxaca state, is traversed by a deeply dissected mountain range that forms the southernmost portion of the Sierra Madre Oriental of Mexico. Although no functional protected areas exist in the region, there are efforts to identify and declare priority areas for conservation. Several communities are seeking to ensure the sustainability of their forest resources. The village authorities of a Chinantec municipality, Santiago Comaltepec, are assessing the value of their cloud and pine forests.

Peru

In cooperation with the Asociación Raiz, Lima, research has been supported on the utilisation of plant resources by the local population (Shipibo-Conibo) in the Ucayali valley. The general objectives of the project were to deepen the knowledge on natural resources linked to their ecological location and to realize a survey on plant resources use for health and nutrition in villages and indigenous communities of the Ucayali Valley. Five plots were established for the study. The project team was composed of six persons: Dr. Jaques Tournon from CNRS France and six Peruvians including two students, in permanent contact with the local population. The next step of the project, which started in October 1993, concerns the economic evaluation of these natural resources, in qualitative and quantitative terms. It will be done at a community village level. This second phase of the project is designed for Pucallpa University students doing their doctorate and for diffusing the information and the results to research centres and other universities of the region. The intermediate report is available at the Division of Ecological Sciences and gives information on the results achieved.

Human Environmental Awareness Raising for the Protection of Tropical Forests

The duration of this project was from January 1991 to March 1994 and it was financed through funds-in-trust from the Federal Ministery for Economic Cooperation and Development of the Federal Republic of Germany with a contribution of US 1,065,090 $ million, and constristutions in kind from the different parties involved.

The general purpose of the project was to contribute to the development of human resources and the raising of environmental awareness for the sustainable management of tropical forests through a global project component and through components geared towards particular areas. While the global component concentrates on environmental awareness-raising through better use of scientific information, the geographically oriented components concentrate on human resources development through training and other field activities such as school curriculum development.

Concerning human resources development, activities include support to individual training and to group activities. A number of individual study grants have been made available, in part within the MAB Young Scientists Research Award Scheme allocated through a competitive review procedure on such topics as: genetic variation within wild populations of selected shorea species in Sri Lanka; environmental perceptions of Iraya Mangyans and other communities in Puerto Galera Biosphere Reserve, Philippines; relationships between structure, soil nutrient content and nutrient supply in mountain forests in Papua New Guinea; gap dynamics and regeneration processes of tropical cloud forest in the El Cileo Biosphere Reserve in Mexico; factors inducing sedentarization of shifting cultivators in the buffer and transition zones of Basse Lobaye Forest Biosphere Reserve in Central African Republic.

In the environmental awareness-raising component two principals types of activities have been carried out: first, commissioning propagation, and diffusion by UNESCO and collaborating bodies of information materials designed for different groups of users and second, technical and financial support to national groups for the reinforcement of environmental awareness-raising in the humid tropics. Results include syntheses, diversification and diffusion of information on tropical ecology and land management (illustrated reports; state-of knowledge syntheses, Digests, Nature and Resources issues, television and video films). Support of participating institutions was also made available within the project.

The total budget was divided into three parts: 35 % used for Asia, 35 % for Africa and 30 % for Latin America.

In Asia, the main objective was to contribute to the training of specialists in fields related to the ecology and sustainable management of tropical forests notably through the MAB Young Scinstist Award Scheme.

In Africa, part of the project supports the projects in Madagascar. The training activities (for school, children and women) are concentrated in the sites at Mananara Nord, Ankarafantsika and Bemaraha which are also sites for other projects. Individual grants were made available as well as the organization of seminars.

In Latin America, the project contributes to the development of human resources and the raising of environmental awareness for the sustainable management of tropical forests, and in particular in geographical areas situated in Brazil, Bolivia, the Dominican Republic and Peru.

Through the cooperative aspect of the project, close working links between the countries involved have been established, which are expected to continue beyond the three years existence of the project. National and local decision makers have been kept informed on the progress of the project.

The project was an opportunity for linking education aspects to pilot projects in sciences. It might seem obvious that scientific research should aim at increasing the level of knowledge, and thus ensure an educative component, but in the field it may seem a difficult concept to apply.

The gap existing between the level of formation and training is often noticed when field projects are undertaken. In some countries, educative and training structures are often inexistent or inadequate.

By specially focusing on the training and environmental awareness-raising components, the project put emphasis on a crucial aspect of development and conservation. Because education and training are of a long-term nature and aim at contributing to the mechanistic understanding of the functioning of ecosystems, they should represent the sine qua non conditions for sustainable development and conservation plans.

The activities and projects undertaken within the project, had different impacts and results. Often, the money provided by the project allowed initiatives and activities that go beyond the three years time of the project and thus fulfill the goal and confirm the success of the project. Other activities are in their beginning phase and thus time is needed for reviewing the results.

Such actions and orientations should guide future activities and programmes of UNESCO whose main role is to offer a consultative help to countries and projects who wish to implement activities as well as to diffuse the results and knowledge to the widest audience possible. But the overall riding goal should be to encourage host countries to include a strong educative and enviromental awareness-raising component in each field project and in their own scientific and sectoral development plans.

9.3.2 Project „Arid Ecosystem Research Centre" in Beer Sheba / Israel

Since 1987, the Federal Ministry of Research and Technology is supporting the German-Israel project Arid Ecosystem Research Centre at the Hebrew University in Beer Sheba / Israel. In the centre of the scientific work are questions of arid areas and its agrarian appraisal. Besides the development of new irrigation methodologies and the research of salt resistent plants, priority is put on research on agro-forestry. The German and the Israel National Committees decided 1989 to incorporate the AERC as a German-Israel common project into the MAB-programme.

9.3.3 „Cooperative Integrated Project on Savanna Ecosystems in Ghana"

Environmental degradation in Ghana's northern savanna areas is posing a serious threat to the biological diversity as well as to the economic development potential of this bioclimatic zone. Human impacts on the climax vegetation communities has been so great that few, if any of the existing plant communities are still primary climax communities. Although the extent of species extinction has not been recorded, it can be assumed that biodiversity has decreased considerably over the last decades. The existing natural vegetation has been destroyed, damaged or disturbed by fire, floods, agricultural cultivation, overgrazing, cutting and urban and village sprawl. However, a few relict climax vegetation patches still exist in „fetish / sacred groves" which have been protected due to religious (animistic) beliefs. The project goal is therefore to develop a scientific knowledge base of the relict fetish groves with a view to help restore the surrounding degraded ecosystems by transferring plant communities which are well adapted to the climatic and pedological conditions of the environment. This requires interdisciplinary approaches and models for formulating sound managemnt guidelines and development interventions in close cooperation with the local populations. The project is financed (funds-in-trust) by the Federal Ministry for Economic Cooperation and Development.

9.3.4 „Strengthening of Scientific Capacities in the Field of Agrosilvo-pastoral Management in the Sahel"

During the last two to three decades, the countries of the Sahel (the nine member states of the Comité inter-état pour la lutte contre la sécheresse au Sahel, CILSS) located in the arid and semi-arid zone had to face a rapid degradation of their natural resources. The phenomenon resulted from the synergistic combination of population pressure and several periods of drought which, in many cases, accelerated the process of desertification. The Sahel project approaches these problems by strengthening the scientific capacities of the countries of the Sahel in the applied research and education fields. It was launched in 1989, succeeding the „FAPIS" project („Formation en aménagement pastoral intégré au Sahel"), which had also been realized by the UNESCO (Department of Ecological Sciences, International MAB Secretariat) and financed by the „Treuhand" of the German Federal Ministry for Economic Cooperation and Development (BMZ). The main emphasis of the project is given to specific problems of the Sahel concerning soil fertility, silvo-pastoral and agroforestry production systems, sustainable use of the natural resources and protection of the environment.

9.3.5 „Cooperative Ecological Research Project" in China

In the most populated country in the world, environmental problems represent a special challenge and imply the need for sound scientific resolution strategies. Since 1987, the International MAB Secretariat (UNESCO, Paris), in cooperation with the Chinese MAB National Committee (Academia Sinica), carries out a network project in China which is financed by the German Federal Ministry for Science and Technology (BMFT). It resulted in important findings on forest and aquatic ecosystems and on urban ecology. A newsletter informing about the project is regularly published.

In the first phase (1987 until 1991), German and Chinese scientists worked on eight field projects in China: In the south of the country, studies on the structure and functioning of tropical forests have been undertaken - in Bawangling on the island Hainau near the mainland, in Xiaoliang close to the town of Guangzhou (Kanton) and finally in Xishuangbanna, situated near the Vietnamese border. Furthermore, the biosphere reserve Changbaishan, located at the border to North Korea, has been examined as an example of a forest ecosystem of the temperate zone.

Three studies focussed on the influence of contaminated waste water on aquatic ecosystems: one project was concerned with the problem of eutrophication of one of the largest freshwater lakes, the Chao sea (Anhui province). Another study dealt with the problematic situation of rivers in the Jian Xi province due to heavy metal pollution from the Dexing copper mine. Additionally, investigations on ecological treatment of sewage have been undertaken at the town of Shenyang. In a further project in the third biggest town of China, Tianjin, main emphasis was given to research in urban ecology.

9.3.6 Culture Area Karakorum in Pakistan

Pakistanian and German scientists are working interdisciplinary together in the research project Culture Area Karakorum which is financed by the Deutsche Forschungsgemeinschaft. Among anthropogeographers, scientists from the fields of economy, ethnology and the linguistic sciences are participating. The culture area Karakorum has traditionally been a „retreat area" for ethnological, linguistic and religious minorities. It was characterized by extreme environmental conditions, historical and cultural magnifoldness and heavy horizontal and vertical differentiation. By the latest developments (i. e. infrastructure), the culture area Karakorum is subject to strong changing processes in the ecological, ecomonic and social sense. It is the aim of the project to detect these changes and to elaborate developing models for the future.

9.4 German Contribution to the MAB-Programme – Biosphere Reserves

In the founding phase of the MAB-programme, UNESCO determined project areas for the coordination of the programme. In this context, a special position is held by the 8th project area of which the aim is the „Conservation of natural areas and of the genetic material they contain" (MAB 8). As early as at the first meeting of the MAB Coordinating Council (ICC) which was held from 9 to 19 November 1971 in Paris, the future work was specified for the first time. In addition, the term „biosphere reserve" was defined for those natural areas to be designated by UNESCO in order to obtain a global network for the development of strategies for nature conservation and sustainable land use on a practicable and long-term basis.

Biosphere reserves are spacious, protected, internationally recognised areas connected to a global UNESCO network. They are of paramount importance for nature conservation and sustainable development. Biosphere reserves represent certain natural areas defined in terms of biogeography. They are graded on the basis of interference by human activities, constituting different zones: one or several minimally disturbed core areas, one or several buffer zones and the surrounding transition zone.

Ever since the first biosphere reserves were recognised in 1976, they have become the key element of the MAB-programme and today, they are an important component of international protection of the environment, nature conservation and development of sustainable land use systems. At present, the international network comprises 324 biosphere reserves in 82 countries.

9.4.1 Purpose of Biosphere Reserves

In 1983, the USSR hosted the „First International Congress on Biosphere Reserves" in Minsk. UNESCO organised the meeting together with UNEP and the participation of FAO and IUCN. The consultations resulted in the „International Action Plan for Biosphere Reserves". It calls upon the participating countries and international organisations to initiate concrete steps
- to improve and expand the global network of biosphere reserves,
- to support the compilation of basic knowledge on measures to protect ecosystems, biodiversity and genetic resources and
- to use biosphere reserves as instruments to protect and / or develop landscapes.

9.4.1.1 Development and Land Use

A major aspect of the biosphere reserve concept is the development of new land use systems, if necessary, or the reintroduction of traditional ones passed on from one generation to the next. The latter illustrate the traditional connection between the indigenous population and their surrounding environment. These systems often reflect centuries-old human experience of handling nature and the environment. In many cases, they provide valuable information for rational further development of land uses. The partnership of regional population, administrations, scientists and private enterprises accelerates the application of new scientific and technological knowledge to reach a sustainable basis for the existence of man and nature without destroying social traditions with their ruling values.

9.4.1.2 Protection of Ecosystems, Biodiversity and Genetic Resources

There seems to be general agreement that it will be impossible to preserve the entire diversity of organisms and ecosystems globally and forever. However, this shall be achieved in a basic number of ecosystems designated as biosphere reserves. The concept of a biosphere reserve is that of an open protected system. It provides for areas of undisturbed natural and / or naturelike ecosystems to be surrounded by areas determined by human activities. The latter are to be managed in such a way that they fulfill long-term conservation of these ecosystems. In this context, the term „reserve" stands for an ecologically representative landscape in which measures for total protection by extensive or intensive but sustainable use are being combined. A graded zoning of the landscape makes it possible to take account of the individual regional circumstances into the concept of each biosphere reserve.

Each biosphere reserve represents a majority of the indigenous fauna and flora, hence, they represent an important reservoir of genetic material. These resources are becoming increasingly useful for the development of new medical drugs, industrial chemicals, construction materials, food and other products that might contribute to increasing human well-being. Moreover, they serve as a pool of genetic material for the repatriation of indigenous species in those areas where they had already become extinct.

Conseqeuently, biosphere reserves contribute to improving the stability and diversity of regional ecosystems of global or regional importance.

9.4.1.3 Environmental Research and Monitoring

Due to the conservation of ecosystems – including areas of human use – biosphere reserves provide ideal sites for monitoring changes. They are suitable areas for studies in particularly in the field of ecosystem research – structure and function of ecosystems – through an ecological monitoring. Since these areas are partly subject to unlimited protection, long-term research projects can be conducted there in a unique way. The collection of data in geographical information systems (GIS) – which are sited at the administrations of biosphere reserves – provides the basis for safeguarding large and continuously increasing quantities of data and making them accessible for interested parties. Due to the inter- and intra-specific complexity of ecological issues, only long-term research and observation programmes allow to detect the kind of data that meet the information demand of the regional population, of the management, the administration and science at the same time.

The incorporation into the international biosphere reserve network provides a basis for implementing the global „ecological environmental monitoring". This requires a harmonized and coordinated continuation of national and regional ecological monitoring endeavours as well as the technical improvement of more efficient DP-systems. Standardisation, scaling and sharing of environmental data and issues concerning the establishment of a coordinating central body will be tasks of the near future.

In other concepts of protected areas – such as national parks or nature parks – research and observation are regarded as a secondary objective and serve primarily for the collection of direct information on the issues that are associated with the objectives of protection.

Entering the field of sustainable development in practice, one has to confess that new – mostly unknown – horizones have to be reached. The only way to do this scientifically sound is through research programmes which are appropriately considering the diversity of parameters governing the relations of humans and the biosphere. Biosphere reserves are ideal sites to conduct those necessary interdisciplinary studies which must cover natural and human sciences. Their aim is to develop models for measures in order to improve the protection of ecosystems, biodiversity and genetic resources within wide regions and to find avenues for the implementation of sustainable rational land use procedures.

9.4.1.4 *Training and Environmental Education*

Biosphere reserves are predestinated to supply practice-oriented training of administrative personel, staff working in protected areas, visitors, scientists and of the local population. The specific contents of programmes have to consider possibilities as well as needs of the individual biosphere reserves and their surrounding area with their specific conditions. Activities focus on: scientific and technical training; environmental education; practical demonstration;

information of the local population. The inclusion of anthropologists, behaviourists, educationalists and psychologists in the working programmes will be imperative.

9.4.2 Zoning of Biosphere Reserves

Biosphere reserves have various functions (cf. Chapter 9.4.1). In order to meet these different requirements, a differentiated zoning concept has been developed for them which comprises three graded zones depending on the intensity of human interference.

9.4.2.1 Core Area

Each biosphere reserve has at least one core area of particular protection in which human disturbance is to be minimized. The protection of these natural and / or minimally disturbed nature-like ecosystems is of paramount priority. Research activities are only allowed to the extent that they do not interfere with the ecosystem. Examinations on its structure and function are to be conducted in the core area. However, this requires that the core zone has the necessary size, allowing to identify long-term developments and trends in the composition of the natural balance.

9.4.2.2 Buffer Zone

The concept of biosphere reserves determines that the core area is to be surrounded by a buffer zone which protects it from adverse effects. Human interferences in the natural balance of the buffer zone are only allowed if they are compatible with the protection of the core area(s). A deliberate change of the ecosystems, e.g. for scientific purposes, is only allowed if implications on the core area can be excluded. Moreover, the development of tourist activities is to be adapted to the protection criteria for the core area. The core and buffer zones often constitute one administrative unit (e.g. a national park).

9.4.2.3 Transition Zone

The core and buffer areas are surrounded by a transition zone which is primarily determined by human activity. The concept aims at the preservation and / or further development of primarily traditional land use systems according to the potential of the relevant area. In devastated areas, the focus of measures is on recultivation. Special attention is given to the traditional cultivation methods of the indigenous population. Due to the cultivation of biosphere reserves sometimes lasting for centuries, cultural landscapes have evolved as a result of the various uses. In these areas, possible solutions can be achieved only in cooperation between administrations, regional population, scientists and private enterprises in order to optimise land use and preserve natural resources at the same time. The target is development and implementation of sustainable management which meets both the needs of man and those of nature. These managed areas, which are primarily used traditionally, have a significant aesthetic value. This aspect is of great importance for the development of tourist industries. The promotion of „soft" tourism which contributes to the conservation of the environment and of nature is very important.

9.4.3 Biosphere Reserves in Germany

Germany has been involved in the International MAB Biosphere Reserve Programme since 1979. Only three years after the creation of MAB, the government of the then German Democratic Republic (GDR) was able to designate the areas Mittlere Elbe (Saxony-Anhalt today) and Vessertal (Thuringia today) as international UNESCO biosphere reserves. In 1981, the Federal Republic of Germany designated the Bayerischer Wald Biosphere Reserve.

The biosphere reserve programme in Germany gained particular momentum through a decision by the GDR Council of Ministers of 22 March 1990 which adopted a programme on national parks. In addition to the five national parks and three nature parks, this programme included four new biosphere reserves (Rhön, Schorfheide-Chorin, Spreewald and Südost-Rügen) and the extension of two already recognised areas.

Even before German unification, on 12 September 1990, the landscape designated in the programme on national parks became subject to protection. The regulations entered into force on 1 October 1990. Due to a supplement to the unification treaty, it was possible to safeguard the protection provisions for the period after unification.

The German biosphere reserve network now comprises 12 areas with an overall surface of nearly 12,000 km^2 (10 November 1992) which amounts to 3,3 % of Germany's total surface. The German National MAB-Committee has installed a „Permanent Working Group on German Biosphere Reserves" to
– prepare a national action plan („Guidelines for the Protection, Management and Development of Biosphere Reserves in Germany"),
– harmonize development plans,
– concert management plans,
– exchange experiences,
– develop and produce a harmonized data basis,
– outline a national contribution to the international network of biosphere reserves (e.g. global ecological monitoring)

- promote cooperation within the UN-Euro-Region (EUROMAB),
- organize and make use of an exchange of experiences and information gained in the global network.

The German National MAB-Committee established a panel for developing criteria for the establishment of new and the evaluation of existing UNESCO biosphere reserves in Germany.

9.4.3.1 Biosphere Reserve Bavarian Forest

The Bavarian Forest and the adjacent Bohemian Forest form the largest unitary forest in Central Europe. The biosphere reserve lies in the centre of this low mountain range. About 95 % of its surface is covered with forest, partly with natural mountain forest (mixed mountain forest and mountain spruce forest). Among many protected animals, also the lynx and the capercaillie can be found in the Bavarian Forest. Plenty of rare birds, insects and fungi depend on the jungle-like forests of the biosphere reserve. It is still suffering from heavy transboundary air pollution. The unification of this region with the neighbouring area (Bohemian Forest) to a very large biosphere reserve is planned.

9.4.3.2 Biosphere Reserve Berchtesgaden

Mighty mountains of the limestone Alps tower the high mountain landscape of the biosphere reserve Berchtesgaden. In higher altitudes of the biosphere reserve, still large scale natural areas exist. In the valleys, grassland farming dominates. It is necessary to preserve this combination of natural and cultivated landscape in order to maintain it as a living, working and recreational area. It is the site where the first modern German ecosystem study was performed and many tools for sampling, analysis, evaluation and prognosis were elaborated.

9.4.3.3 Biosphere Reserve Wadden Sea of Hamburg

The Wadden Sea of Hamburg with its three islands represents an important habitat for many threatened plants and animals. The naturally high inputs of nutrients into the delta of the river Elbe favour a rich bird and fish fauna. Alone on the dune island Scharhörn, you will find more than 10,000 pairs of breeding tern species. Unfortunately, strong pollution of the river Elbe threatens this richness.

9.4.3.4 Biosphere Reserve Middle Elbe

The biosphere reserve Middle Elbe includes one of the biggest flood-plain areas of Central Europe. Flood-plain forests today belong to the most threatened ecosystems in Germany because of the frequent artificial regulation of rivers. Typical animals of the flood-plains are the Elbe-beaver and the red kite. Other rare species such as the white tailed eagle and the short eared owl spend the winter in the biosphere reserve. Vegetation is characterized by fluvial forests rich in field maple. The pollution load of the rivers Elbe and Mulde threatens these ecosystems. But in the last years, water quality has improved considerably. For the first time on the European continent – in the 18th century –, an artificial park-landscape was created in the Dessau area. This „Dessau-Wörlitzer cultivated area" was included into the biosphere reserve 1988. In this biosphere reserve there is a strong programme to keep old orchard trees, crop seeds from ulmus minor and shoots from pyrus pyraster.

9.4.3.5 Biosphere Reserve Wadden Sea of Lower Saxony

Apart from the Alps, the Wadden Sea of the North Sea shore is the last large natural area in Central Europe. It is one of the most populated ecosystems on earth and encompasses many diverse habitats: permanently subtidal channels, salt marshes and different dune islands. The Wadden Sea has great international importance because it serves as a breeding and resting area for many birds, as nursery for different North Sea fishes and as a habitat for seals. Increasing pollution of the North Sea and mass tourism represent a big threat to the Wadden Sea. The biosphere reserves of the Wadden Sea perform the main ecosystem study for coastal areas in Germany. An ecological programme is being performed since years. A tripartite (NL, D, DK) monitoring programme will be introduced in the near future.

9.4.3.6 Biosphere Reserve Palatinate Forest

The biosphere reserve Palatinate Forest consists of a low mountain range on new red sandstone which is almost completely covered by forests. It is planned to design a crossfrontier biosphere reserve together with the French biosphere reserve „Vosges du Nord". Many bizarre sandstone rocks are spectacular characteristics of the Palatinate Forest. Viniculture has given the agricultural landscape its special feature. Especially the walls of the terraces of old vinyards offer habitats to species attracted by warmth. A specific long term monitoring programme of natural wood plots is performed there.

9.4.3.7 Biosphere Reserve Rhön

The biosphere reserve Rhön covers parts of the three Länder Bavaria, Hesse and Thuringia. Origin of this low mountain range is the basaltic vulcanism of the tertiary. Among the special features are about 50 big basalt cones with semi-natural forests and screes as well as the plateau of the „Long Rhön" with high moors and mountain meadows rich in species which still remains without forests. Characteristic species of the Rhön are black grouse and blessed milk thistle. They only can survive with environmentally sound agriculture. But for economic reasons, agriculture is mostly intensified or totally abandoned today. In both cases, precious habitats are in danger of being lost. One of the tasks will be to reintroduce Thuringian goats together with sheep to keep the area open and preserve the high diversity of plants and insects.

9.4.3.8 Biosphere Reserve Wadden Sea of Schleswig-Holstein

The biosphere reserve Wadden Sea of Schleswig-Holstein is the largest protected area in Germany. It amounts to about 285,000 hectars and represents Europe's most important resting area for migrating birds. The biosphere reserve is sometimes populated by more than 1,3 million birds at the same time. Dunlin, curlew, avocet and oyster catcher live here together. More than 30 other bird species breed in the biosphere reserve. The main element of the landscape are the „Halligen" (dune islands) and the almost natural salt-marshes. Common salt-marsh grass and sea lavender grow here. More than 2,000 animal species find sufficient food. Among those are numerous endemic species which can only be found in the Wadden Sea.

9.4.3.9 Biosphere Reserve Schorfheide-Chorin

The landscape of the biosphere reserve Schorfheide-Chorin was formed by the last ice age. Different landscape elements can be found in close neighbourhood: hills and plains, lakes and swamps. The high number and the diversity of lakes and rivers and wet areas are most impressive. However, only one third of the many hundred lakes are ecologically intact. Orchids, globeflower and crystal tea ledum are rare plants which can be found in the biosphere reserve. Beaver, otter, crane, black stork, European pond terrapin and white tailed eagle which are very rare in other areas can still be observed. As Berlin is very close to the biosphere reserve, the impact of tourism is considerable.

9.4.3.10 Biosphere Reserve Spree Forest

The biosphere reserve Spree Forest consists of lowlands with a park-like floodplain landscape. Small channels, called „Fliesse", ramify in this area, with a total lenght of 700 km. Hundreds of years of traditional agriculture created a small scale mosaic of the landscape including semi-natural forests with a high richness in species. The Spree Forest hosts marsh-gentian and sibirian iris. Black stork and osprey find retreating areas here. In order to preserve this cultivated landscape, concepts for ecologically sound agriculture and for „soft tourism" (2 million tourists per year) have to be realized.

9.4.3.11 Biosphere Reserve South-East Rügen

A multifold landscape shaped by ground moraines gives the biosphere reserve South-East Rügen its present image. Sea, islands and shore host a magnifold flora and fauna. Fishery and agriculture, often in combination, dominate human economic activities. The importance of tourism is steadily growing to ceiling values. The beech forests of the island Vilm belong to the oldest and most precious natural forests in Northern Germany. On the island of Vilm, the German Federal Government has situated its International Nature Protection Academy. A priority task of this institution is to deal with the ecological problems of the Baltic Sea in cooperation with other Baltic states.

9.4.3.12 Biosphere Reserve Vesser Valley-Thuringian Forest

This biosphere reserve represents a low range mountain landscape in the Thuringian forest. It is covered to a large extent by forests – natural beech forests dominate the image. Many different sites allow a high level of biodiversity. This was supported by the ecologically sound management which was traditional during the past few centuries: many additional habitats evolved. Examples are multicoloured mountain meadows which only can be maintained by continuing respective forms of land use.

9.5 International cooperation within the MAB-programme

The MAB-programme of UNESCO is an intergovernmental programme. This implies that the governments of the member states are responsible for the organisation of their national contributions, which are connected by the International MAB Secretariat.

Cooperation between National Committees can be realized between neighbours, in special fields or as part of the bilateral cooperation. Examples for this are the German projects with Pakistan financed by the Deutsche Forschungsgemeinschaft (9.4.6) and with Israel financed by the German Federal Ministry for Research and Technology (9.4.2).

The role of biosphere reserves as instruments in the international cooperation is increasing. They are used for the development of strategies for sustainable development and for the protection and rational use of the biodiversity. National MAB committees of developing countries can make projects in these fields using biosphere reserves within their national strategies subject to bilateral cooperation.

The Federal Republic of Germany realizes another form of international cooperation: it gives ear-marked funds-in-trust from the „Treuhand" to UNESCO which uses them to execute projects. Examples for the application of funds-in-trusts are the CERPproject with China financed by the German Federal Ministry for Research and Technology (9.4.5) and the tropical forest-project financed by the German Federal Ministry for Economic Cooperation and Development.

The global cooperation between the MAB National Committees is coordinated by the International MAB Secretariat and organised in different regional networks. At present, such networks are being set up in Central and South Amerika and are planned in West Africa. Recently, the European MAB network EUROMAB, which includes North America, has been set up successfully.

Following the „All-European Concertation Meeting" of all European MAB National Committees in Berchtesgaden 1987, Germany initiated the organisation of the regional cooperation within Europe which was institutionalised as EUROMAB on the EUROMAB-II congress at Trebon (former Czechoslovakia). In 1991, France organised the congress EUROMAB-III in Strasbourg, and Poland has invited to EUROMAB-IV at Zakopane.

The aim of these congresses is the coordination of the MAB working fields and the initiation of „Comparative Studies" across frontiers. One result of the European cooperation within the MAB-programme is the establishment of several thematic and subregional networks:
– the Ecotone-programme,
– the network for investigation on consequences of land use changes,
– the network for research in temperate forest-ecosystems,
– the „Northern Science Network",
– the Biosphere Reserve Integrated Monitoring Programme (BRIM).

The German National Committee for MAB is especially committed to the development of a monitoring programme in biosphere reserves. In Strasbourg 1991, the conference EUROMAB-III has decided to set up an environmental monitoring in Europe based on the approximately 180 European biosphere reserves.

In biosphere reserves, data from environmental monitoring in research projects have often been collected for many years. These data will be assembled and analysed and further information on new parameters will be gathered in a purposive and harmonized system. By this means, MAB tries to characterize the present condition of the environment in Europe and to make predictions on its further development. According to the concept of the MAB-programme, not only observations in the natural sciences field are considered, but also the relevant socio-economic ones.

The establishment of a national nodes in each participating state is planned, and a European focal centre will assemble the national data to an overall European picture. Later on, the harmonized cooperation with other regional networks of environmental monitoring from allover the world is intended.

EUROMAB has set up a specific task force for BRIM, for which the MAB National Committee of the USA has published a directory named „ACCESS" in the beginning of 1993. It informs about the approximately 180 biosphere reserves, especially concerning their working priorities, installations for observation and research and their contact addresses.

In 1993 and 1994, the German MAB-Secretariat has started an inquiry in the European biosphere reserves which aimed at demonstrating the potential of their permanent plots for monitoring and research. In mid-1995, the results will be published as „ACCESS II". Additionally, programmes for a harmonized inventory of the biodiversity are being worked out. The results of BRIM will probably be available on-line by INTERNET from 1996 onwards.

9.6 Perspectives of the future work of the German National Committee for MAB

At present, an ad-hoc working group of the National Committee is elaborating a strategy for adaptation of the German MAB-programme to new priorities for the period from 1996 until 2001, taking into consideration the international development of the programme. The German contribution is harmonized with the medium-term plan of the UNESCO, which covers a planning period of six years.

The further realization of the biosphere reserve concept will represent one of the main working topics of the coming years. Besides the direct function of biosphere reserves for the planning of land use systems and for nature conservation, MAB research projects are preferably carried out in these areas. The objective is to harmoniously implement the national MAB-programme.

In the next medium-term national programme, research will focus on the fields of sustainable development, environmentally conscious behaviour, biodiversity and change of land use. The contribution of the biosphere reserves to national and international environmental monitoring plays another important role in the national programme.